U0204239

重庆工商大学学术著作出版基金（编号：631915008）
重庆工商大学经济学院国家级一流专业建设经费（编号：62011601001）
资助

杜　丹◎著

中国经济发展转型下的农业生态补偿绩效研究

—— 基于政府、企业与农户的行为视角

ZHONGGUO JINGJI FAZHAN ZHUANXINGXIA DE NONGYE SHENGTAI BUCHANG JIXIAO YANJIU

—— JIYU ZHENGFU，QIYE YU NONGHU DE XINGWEI SHIJIAO

中国财经出版传媒集团
经济科学出版社
Economic Science Press

图书在版编目（CIP）数据

中国经济发展转型下的农业生态补偿绩效研究：基于政府、企业与农户的行为视角 / 杜丹著. -- 北京：经济科学出版社，2023.7

ISBN 978-7-5218-4951-6

Ⅰ. ①中… Ⅱ. ①杜… Ⅲ. ①农业生态-生态环境-补偿机制-研究-中国 Ⅳ. ①S181.3

中国国家版本馆 CIP 数据核字（2023）第 132164 号

责任编辑：杜 鹏 刘 悦
责任校对：隗立娜
责任印制：邱 天

中国经济发展转型下的农业生态补偿绩效研究
——基于政府、企业与农户的行为视角
杜 丹◎著
经济科学出版社出版、发行 新华书店经销
社址：北京市海淀区阜成路甲 28 号 邮编：100142
编辑部电话：010-88191441 发行部电话：010-88191522
网址：www.esp.com.cn
电子邮箱：esp_bj@163.com
天猫网店：经济科学出版社旗舰店
网址：http://jjkxcbs.tmall.com
固安华明印业有限公司印装
710×1000 16 开 17 印张 260000 字
2023 年 8 月第 1 版 2023 年 8 月第 1 次印刷
ISBN 978-7-5218-4951-6 定价：98.00 元

前　言

自经济转型以来，我国的经济建设取得了重大成就，经济总量已位居世界第二，人民的生活条件得到很大的改善，生活水平也取得显著的提升。但是，我国的经济增长与生态环境污染存在并行的窘境。因此，处理好经济增长与生态环境之间的关系，有助于经济、社会和生态的可持续发展。而从生态资源及其环境所涉及的产业部门来看，农业无疑是其涉及的重要部门，对于我国这样一个拥有14亿多人口的发展中国家而言，农业的基础性作用更为重要。农业生态环境是农业的重要载体，农业生态环境的质量状况会影响农业生产的可持续发展、食品安全、粮食安全、农村居民生活质量和其他产业的健康发展。长期以来，我国粗放型的农业生产方式，造成农业资源锐减、农业环境污染、耕地土壤质量不容乐观等农业生态环境问题，已经影响到我国农业生产力水平的提高和农业的可持续发展。同时，随着我国现代农业发展所要求的农业工业化和农业集约化程度的提高，以及城镇化的不断快速推进，与之不相称的各种污染物排放量却不断增加，导致水体黑臭、农地重金属污染、酸雨频发等化工污染，加剧了农业生态环境污染的程度。总之，由于多种影响因素的叠加，我国农业生态环境问题变得越来越严峻。

面对日益恶化的生态环境，我国积极转变经济发展方式，统筹协调经济增长、社会发展与生态环境保护之间的关系，高度重视生态文明建设，在顶层设计的战略安排和思想观念上发生了一系列的变化。具体表现为：从单纯追求国内生产总值（GDP），转向强调环境保护到“五大文明建设”中的“生态文明建设”，再到“五大发展理念”，进而到新发展理念中的“绿色发展观念”的不断演进。国家倡导的“美丽乡村、美丽中国”建设是贯彻落实绿色发展理念与生态文明建设的体现，要“金山银山”，更要“绿水青山”已经成为实施乡村振兴战略的具体行动指南。习近平总书记在2018年5月18~19日召开的全国生态环境保护大会上强调，“加大力度推进生态文明建设、解决生态环境问题，坚决打好污染防治攻坚战，推动我国生态文明建设迈上新台阶”①。尤其是我国农村地域面积大、分布广，人口基数大，农村的生态文明建设直接影响全国的生态文明建设，而健康的农业生态环境状况是实现农村生态文明建设的基础保证。并且党的十九大报告也指出：“我们要建设的现代化是人与自然和谐共生的现代化，既要创造更多物质财富和精神财富以满足人民日益增长的美好生活需要，也要提供更多优质生态产品以满足人民日益增长的优美生态环境需要。”② 因此，改善农业生态环境状况、修复农业生态系统服务功能，对解决以满足人们日益增长的优美生态环境需要与农业生态环境不平衡不充分发展之间的矛盾具有重要意义。尤其是党的十八大以来，国家出台的一系列重要文件中已将生态补偿制度列入生态文明制度建设的重要内容。因此，从农业生态补偿的视角解决农业生态环境问题具有重大的战略性意义。

而农业生态补偿是一种有效解决农业生态环境问题的制度安排。进入21

---

① 顾仲阳．习近平在全国生态环境保护大会上强调　坚决打好污染防治攻坚战　推动生态文明建设迈上新台阶［N］．人民日报，2018-05-20（第001版）．

② 习近平．决胜全面建成小康社会夺取新时代中国特色社会主义伟大胜利——在中国共产党第十九次全国代表大会上的报告［M］．北京：人民出版社，2017：50．

世纪以来，我国积极开展农业生态补偿实践，出台实施了一系列的农业生态补偿政策措施，例如退耕还林，退牧还草，大江、大河、湖泊及农地的污染整治，防风防沙林的建设，等等。多年以来，虽然我国农业生态环境状况有所好转，但是农业生态环境问题依然严峻。在推进农业生态补偿制度过程中，结合我国农业发展的实际情况，一个值得深入研究的问题呈现出来，这就是政策实施以来，我国农业生态补偿的绩效到底如何？如何科学地评估农业生态补偿绩效？如何有效提高农业生态补偿绩效？政府、企业和农户的有限理性经济人行为对我国农业生态补偿绩效影响的机制机理是怎样的？对此，我国理论界关于农业生态补偿绩效的研究尚待深入探究，本书以此问题为导向开展农业生态补偿绩效研究，这也为本书选题提供了现实需求和直接动力。

本书围绕“中国经济发展转型下的农业生态补偿绩效研究”的选题，以“破题→理论构建→现状及经验借鉴→理论分析→实证分析→政策建议”为逻辑线索，构建全书的篇章结构，渗透“提出问题→分析问题→解决问题”的基本分析思路，并依其这样的研究思路构建本书的章节结构。

本书的可能创新之处主要体现在以下三个方面。

(1) 农业生态补偿及其绩效是一个理论与现实意义很强的研究问题，本书以“中国经济发展转型下的农业生态补偿绩效研究——基于政府、企业与农户的行为视角”作为研究选题，这个选题较新且分析视角独特。通过现有相关文献的梳理发现，开展农业生态补偿机制研究的较多，而涉及农业生态补偿绩效研究的尚少，尤其是把政府、企业和农户这三大利益主体放在一个整体框架下来系统设计农业生态补偿绩效的研究更少。根据“谁受益谁补偿、谁破坏谁补偿”的生态补偿原则，这里面隐含着主体的行为功能。这种从政府、企业与农户的有限理性经济人行为出发探讨农业生态补偿绩效问题更具有针对性和有效性。本书尝试从政府、企业和农户的行为一个三维分析视角来探讨农业生态补偿绩效问题，为丰富和发展农业生态补偿理论提供理论元素和实践素材。在某种意义上讲，这也是对发展经济学的现代农业理论和资源环境理论一定的丰富和拓展。

（2）本书从政府、企业与农户三个层面构建了提升农业生态补偿绩效的机制，提出了政府补偿机制是提升农业生态补偿绩效的宏观补偿机制，可以通过激励机制和约束机制来实现；企业补偿机制是提升农业生态补偿绩效的微观补偿机制，可以通过自我约束机制、自我创新机制和外部约束机制来实现；农户补偿机制也是提升农业生态补偿绩效的微观补偿机制，可以通过自我约束机制、自我发展机制和外部约束机制来实现。在此基础上，根据埃莉诺·奥斯特罗姆和文森特·奥斯特罗姆夫妇提出的“多中心”协同治理理论，构建了“政府补偿+企业补偿+农户补偿”这一多主体协同治理机制，来解释提升农业生态补偿绩效的作用机理。这样的机制构建及其理论解释对开展农业生态补偿绩效研究具有一定的创新性，这也可以为政策操作者提供有价值的理论支撑。

（3）本书运用经济学相关理论、发展经济学相关理论、管理学相关理论及博弈相关理论等工具，在经济学和管理学边缘交叉的基础上，从政府、企业和农户的行为出发，探讨政府、企业和农户的有限理性经济人行为对农业生态补偿绩效影响的机制机理。在此基础上，把政府、企业和农户这三个层面作为子系统，在整体上构建了一个包括1个目标层、3个一级指标、10个二级指标和42个三级指标的农业生态补偿绩效评价指标体系，并分别运用DEA方法、模糊综合评价方法和AHP方法进行绩效评价，可以为深入探讨“农业生态补偿绩效评估”这一重大理论和实践问题提供方法工具支撑和实证依据，虽然本书的这种尝试性研究还待完善，但在同类研究中尚不多见。

本书参阅或引用了相关作者文献的观点与部分引述，在此深表感谢！由于笔者水平有限，书中难免出现疏漏或错误之处，恳请专家和读者批评指正。

杜　丹

2022年2月

目　　录

第1章

导　　论

1.1　选题背景

自转型以来，我国经济一直保持着较高的增长速度，综合国力持续增强，经济建设取得了重大成就。进入经济新常态以来，我国经济仍保持中高速发展的态势，在世界上名列前茅，国内生产总值从54万亿元增长到80万亿元，稳居世界第二，对世界经济增长贡献率超过30%①。但与此同时，我国的经济高增长与环境污染、生态恶化存在并行的窘境。2015年出台的《中共中央　国务院关于加快推进生态文明建设的意见》中指出："从总体上看，我国生态文明建设水平仍滞后于经济社会发展，资源约束趋紧、环境污染严重、生态系统退化，发展与人口资源环境之间的矛盾日益突出，已成为制约经济社会可持续发展的重大瓶颈。"② 这也正如《习近平新时代中国特色社会主义思想三十讲》一书中所指出："经过改革开放40年的快速发展，我国经济建设取得历史性的成就，同时也积累了大量生态环境问题，成

---

① 习近平．决胜全面建成小康社会夺取新时代中国特色社会主义伟大胜利——在中国共产党第十九次全国代表大会上的报告［M］．北京：人民出版社，2017：3.

② 新华社．中共中央　国务院关于加快推进生态文明建设的意见［N］．人民日报，2015－05－06（第001版）.

为明显的短板。各类环境污染呈高发态势，成为民生之患、民心之痛。”①

而从生态资源及其环境所涉及的产业部门来看，农业无疑是其涉及的重要部门。农业是国民经济的基础，关系到人们的生存与发展。对于我国这样一个拥有14亿多人口的发展中国家而言，从国家安全战略上讲尤为重要。农业生态环境是农业的重要载体，农业生态环境的质量状况会影响农业生产的可持续发展、食品安全、粮食安全、农村居民生活质量和其他产业的健康发展。长期以来，我国粗放型农业生产方式，造成了农业资源锐减、农业环境污染、耕地质量不容乐观等农业生态环境问题，已经影响我国农业生产力水平的提高和农业的可持续发展。根据国土资源部（现为自然资源部）于2009年公布的《中国耕地质量等级调查与评定》与2016年发布的《全国耕地质量等级更新评价主要成果》的相关数据整理得出全国耕地质量等别面积比例统计表，具体数据如表1－1所示。

表1－1　全国耕地质量等别面积比例统计

2009年			2015年		
耕地质量（等级）	面积（万亩）	比例（%）	耕地质量（等级）	面积（万亩）	比例（%）
一	251.85	0.13	一	664.88	0.33
二	449.715	0.24	二	888.98	0.44
三	1493.895	0.80	三	1711.15	0.85
四	2810.895	1.50	四	2583.58	1.28
五	6418.725	3.42	五	5496.10	2.72
六	13361.595	7.12	六	13298.29	6.59
七	18204.375	9.70	七	17140.97	8.49
八	18279.555	9.74	八	17758.21	8.79
九	19342.815	10.31	九	21002.91	10.40
十	25019.265	13.33	十	26609.86	13.18
十一	26307.24	14.02	十一	30487.73	15.10

① 中共中央宣传部．习近平新时代中国特色社会主义思想三十讲［M］．北京：学习出版社，2018：244.

续表

2009年			2015年		
耕地质量（等级）	面积（万亩）	比例（%）	耕地质量（等级）	面积（万亩）	比例（%）
十二	24371.595	12.98	十二	28361.90	14.04
十三	15035.475	8.01	十三	16901.20	8.37
十四	9702.84	5.17	十四	11503.60	5.70
十五	6618.255	3.23	十五	7526.60	3.73
合计	187672.59	100.00	合计	201935.95	100.00

资料来源：根据2009年完成的《中国耕地质量等级调查与评定》与2016年的《全国耕地质量等级更新评价主要成果》相关数据整理而得。

根据表1-1所示，全国耕地质量等级评定为15个等级，一等耕地质量最好，十五等耕地质量最差，并将一等~四等划分为优等地，五等~八等划分为高等地，九等~十二等划分为中等地，十三等~十五等划分为低等地。2009年，全国耕地评定总面积为19.77亿亩，其中，优等地的面积为0.50亿亩，占2.67%；高等地的面积为5.63亿亩，占29.98%；中等地的面积为9.51亿亩，占50.64%；低等地的面积为3.14亿亩，占16.71%。采用面积加权法，计算得到全国耕地质量平均等别为9.80等，与平均等级相比，高于平均等级的一等~九等耕地占全国耕地评定总面积的43%，低于平均等级的十等~十五等耕地占全国耕地评定总面积的57%。[①] 而2015年，全国耕地评定总面积为20.19亿亩，其中，优等地的面积为0.59亿亩，占2.90%；高等地的面积为5.37亿亩，占26.59%；中等地的面积为10.64亿亩，占52.72%；低等地的面积为3.59亿亩，占17.79%。采用面积加权法，计算得到全国耕地质量平均等级为9.96等，与平均等级相比，高于平均等级的一等~九等耕地占全国耕地评定总面积的39.89%，低于平均等级的十等~十五等耕地占全国耕地评定总面积的60.11%。[②] 比较表1-1中，2009年与

① 国土资源部（现为自然资源部）于2009年公布的《中国耕地质量等级调查与评定》中相关数据整理而成。

② 国土资源部（现为自然资源部）. 2016年全国耕地质量等别更新评价主要成果发布［EB/OL］. http://www.mlr.gov.cn/xwdt/jrxw/201712/t20171227_1712648.htm.

2015 年的全国耕地质量等级数据可知：第一，全国耕地质量平均等级由 2009 年的 9.80 等下降到 2015 年的 9.96 等。第二，优等地面积占比由 2009 年的 2.67% 增加到 2015 年的 2.90%，增加了 0.23%；高等地面积占比由 2009 年的 29.98% 下降到 2015 年的占 26.59%，减少了 3.39%；中等地面积占比由 2009 年的 50.64% 增加到 2015 年的 52.72%，增加了 2.08%；低等地面积占比由 2009 年的 16.71% 增加到 2015 年的占 17.79%，增加了 1.08%。第三，低于平均等别的十等～十五等地占全国耕地质量等级调查与评定总面积的比例由 2009 年的 57% 增加到 2015 年的 60.11%，增加了 3.11%。以上数据表明，我国的耕地质量等级下降了[①]，同时，随着我国现代农业发展所要求的农业工业化和农业集约化程度的提高，以及城镇化的不断快速推进，与之不相称的各种污染物的排放量却不断增加，导致水体黑臭、农地重金属污染、酸雨频发等化工污染，加剧了农业生态环境污染的程度[②]。例如，2014 年的《全国土壤污染状况调查公报》中显示，全国土壤重金属点位超标率达 19.4%，中度和重度污染点位比例达到 2.9%；在调查的 55 个污水灌溉区中，有 39 个存在土壤污染；在 1378 个土壤点位中，超标点位占 26.4%，主要污染物为镉、砷等，农地重金属污染对粮食安全造成极其不利的影响。[③] 总之，多种影响因素的叠加，我国农业生态环境问题变得越来越严峻。

面对日益恶化的生态环境，我国积极转变经济发展方式，统筹协调经济增长、社会发展与生态环境保护之间的关系，高度重视生态文明建设，在顶层设计的战略安排和思路观念上发生一系列的变化。具体表现为：从单纯追求国内生产总值（GDP），转向强调环境保护到“五大文明建设”中的“生态文明建设”，再到“五大发展理念”，进而到新发展理念中的“绿色发展观念”的不断演进。例如党的十九大报告指出，“建设生态文明是中华民族

---

① 郭珍．中国耕地保护制度的演进及其实施绩效评价［J］．南通大学学报（社会科学版），2018（2）：71.

② 金京淑．中国农业生态补偿机制研究［M］．北京：人民出版社，2015：1.

③ 2014 年 4 月 17 日环境保护部与国土资源部联合发布的《全国土壤污染状况调查公报》。

永续发展的千年大计。必须树立和践行‘绿水青山就是金山银山’的理念，坚持节约资源和保护环境的基本国策，像对待生命一样对待生态环境，统筹山水林田湖草系统治理，实行最严格的生态环境保护制度，形成绿色发展方式和生活方式，坚定走生产发展、生活富裕、生态良好的文明发展道路，建设美丽中国，为人民创造良好生产生活环境，为全球生态安全作出贡献”①。目前，国家倡导的“美丽乡村、美丽中国”建设是贯彻落实绿色发展理念与生态文明建设的体现，要“金山银山”，更要“绿水青山”已经成为实施乡村振兴战略的具体行动指南。2018 年 5 月 18 ~19 日召开的全国生态环境保护大会上习近平总书记强调指出，“加大力度推进生态文明建设、解决生态环境问题，坚决打好污染防治攻坚战，推动我国生态文明建设迈上新台阶”②。尤其是我国农村地域面积大、分布广，人口基数大，农村的生态文明建设直接影响全国的生态文明建设，而健康的农业生态环境状况是实现农村生态文明建设的基础保证。并且“我们要建设的现代化是人与自然和谐共生的现代化，既要创造更多物质财富和精神财富以满足人民日益增长的美好生活需要，也要提供更多优质生态产品以满足人民日益增长的优美生态环境需要”。③ 随之具体落实的战略部署上着手生态文明建设的安排，例如 2018 年中央 1 号文件《中共中央 国务院关于实施乡村振兴战略的意见》中明确指出，“良好的生态环境是农村最大优势和宝贵财富。必须尊重自然、顺应自然、保护自然、推动乡村自然资本加快增值、实现百姓富、生态美的统一”。④ 因此，改善农业生态环境状况，修复农业生态系统服务功能，对满足人民日益增长的优美生态环境需要具有重要意义。尤其是中共十八大以来，国家重要文件中已将生态补偿制度列入生态文明制度建设的重要

---

① 习近平．决胜全面建成小康社会 夺取新时代中国特色社会主义伟大胜利——在中国共产党第十九次全国代表大会上的报告［M］．北京：人民出版社，2017：23 -24.

② 顾仲阳．习近平在全国生态环境保护大会上强调 坚决打好污染防治攻坚战 推动生态文明建设迈上新台阶［N］．人民日报，2018 -05 -20（第 001 版）.

③ 习近平．决胜全面建成小康社会夺取新时代中国特色社会主义伟大胜利——在中国共产党第十九次全国代表大会上的报告［M］．北京：人民出版社，2017：50.

④ 新华社．中共中央 国务院关于实施乡村振兴战略的意见［N］．人民日报，2018 -02 -05（第 001 版）.

内容。[①] 因此，从农业生态补偿的视角解决农业生态环境问题具有重大的战略性意义。

而农业生态补偿作为生态补偿的一种类型，是一种有效解决农业生态环境问题的制度安排。进入 21 世纪以来，我国更加重视农业生态环境建设，积极开展农业生态补偿实践，出台实施了一系列的农业生态补偿政策措施，例如，2008 年的《中共中央关于推进农村改革发展若干重大问题的决定》中第一次明确提到要建立农业生态补偿机制，也投入大量资金实施了农业生态环境建设工程项目，例如退耕还林，退牧还草，大江、大河、湖泊及农地的污染整治，防风防沙林的建设，等等。多年以来，虽然我国农业生态环境状况有所好转，但农业生态环境问题依然严峻[②]。在推进农业生态补偿制度过程中，结合我国农业发展的实际情况，一个值得深入研究的问题呈现出来，这就是政策实施以来，我国农业生态补偿的绩效到底如何？政府、企业和农户的有限理性经济人行为对我国农业生态补偿绩效影响的机制机理是怎样的？如何科学地评估农业生态补偿绩效？如何有效提升农业生态补偿绩效？对此，我国理论界关于农业生态补偿绩效的研究尚待深入探究，本书以此问题为导向开展农业生态补偿绩效研究，这也为本书选题提供了现实需求和直接动力。

1.2 研究目的与研究范围

1.2.1 研究目的

“人与自然是生命共同体，人类必须尊重自然、顺应自然、保护自然。人类只有遵循自然规律才能有效防止在开发利用自然上走弯路，人类对大自

① 梁丹，金书秦．农业生态补偿：理论、国际经验与中国实践［J］．南京工业大学学报（社会科学版），2015（3）：53.

② 金京淑．中国农业生态补偿机制研究［M］．北京：人民出版社，2015：1.

然的伤害最终会伤及人类自身，这是无法抗拒的规律”。[①] 因此，人们在农业生产实践中，应该遵循自然规律，转变农业发展方式，合理开发和利用农业生态环境资源。

农业既是一个自然产业，也是一个风险产业。人类对农业的经济行为就像一把“双刃剑”，在经济增长的同时也可能破坏了农业生态环境。为了保证农业的可持续发展，农业生态环境这个重要载体必须修复和改善。21 世纪 90 年代以来，我国采用了农业生态补偿这种政策措施来修复和改善农业生态环境，取得了一定的绩效。如何评价农业生态补偿绩效？如何提升农业生态补偿绩效？不同补偿主体的有限理性经济人行为对农业生态补偿绩效的影响机理是怎样的？弄清这些问题，是有效解决农业生态环境问题的关键所在。

正因为如此，本书以“中国经济发展转型下的农业生态补偿绩效研究——基于政府、企业与农户的行为视角”为选题，旨在从政府、企业与农户的有限理性经济人行为角度构建理论分析框架，运用经济学相关理论、发展经济学相关理论、管理学相关理论，以及有关博弈理论等，探讨其对农业生态补偿绩效影响的机制机理，以一种新的分析视角探究农业生态环境问题及其治理。其研究目的主要体现在以下三个方面。

（1）探讨经济发展转型与农业生态补偿、农业生态补偿绩效之间的内在逻辑关联。经济发展转型的核心要义就是转变经济发展方式，实现经济向高质量发展转变。而农业生态补偿的目的就是通过改善农业生态环境状况，实现农业经济发展的可持续性，是经济发展转型的重要举措。因此，经济发展转型的主旨，也就包含着转变农业经济发展方式可以有效地降低对农业生态环境的污染，可以有效实现绿色农业、高效农业和生态农业，从而促进农业生态补偿绩效的提升。同时，农业生态补偿绩效也反过来影响经济发展转型。

（2）阐明经济发展转型下的农业生态补偿绩效机制。农业生态补偿绩效

---

① 习近平. 决胜全面建成小康社会夺取新时代中国特色社会主义伟大胜利——在中国共产党第十九次全国代表大会上的报告［M］. 北京：人民出版社，2017：50.

涉及多个相关利益主体。根据“谁受益谁补偿，谁污染谁付费”原则，本书从政府、企业和农户的有限理性经济人行为视角出发，结合相关理论构建本书的分析框架。同时，借鉴国外发达国家提升农业生态补偿绩效的有益做法，深入分析农业生态补偿绩效中的政府补偿机制、企业补偿机制与农户补偿机制，以及各主体行为之间相互影响的运行状况。

（3）构建指标体系，运用 DEA、模糊综合评价、AHP 等绩效评估方法对经济发展转型下的农业生态补偿绩效进行评价，这样可以弄清经济发展转型下农业生态补偿绩效的事实特征及现实状况，也可以为政策决策者在优化农业生态补偿政策时提供实证依据。

1.2.2 研究范围

农业生态补偿及其绩效是一个复杂的问题，也是一项系统性工程，它涉及很多具体问题。为了研究问题的深入，本书需要对所研究的相关核心概念和涉及的范围进行说明及界定。

1.2.2.1 农业生态补偿绩效主体的提出

本书的研究是基于政府、企业和农户的行为视角开展农业生态补偿绩效研究。为了研究问题的针对性，本书需要提出农业生态补偿绩效所涉及的三类主体：政府、企业和农户。

（1）政府。本书中的政府包括中央政府和地方政府两个层次，它们是农业生态补偿绩效的主要责任主体。但是，中央政府对农业生态补偿及其绩效的关注点主要集中在农业生态环境的公共服务功能上。而地方政府面对农业生态补偿及其绩效体现出双重角色定位，一方面会保护农业生态环境；另一方面也可能牺牲农业生态环境。长期以来，这种双重角色的转换，在很大程度上取决于中央政府对地方政府的考核取向和监督力度。

（2）企业。本书中的企业是指农业企业。并且借鉴王学林（2005）的定义，农业企业是指主要原材料和企业增加值来自农产品，从事农产品生产、加工、流通以及提供相关服务，以营利为目的且具有独立法人资格的经济组织，在农业生态补偿绩效中，企业是重要的参与主体。

(3) 农户。农户是指户口在农村的常住户，是以家庭为统计依据，以户为统计单位。改革开放以来，我国农业的基本经营单位是农户，是最直接与农业生态补偿绩效相关的主体。

1.2.2.2 农业生态补偿绩效的研究对象范围界定

2018年中央一号文件明确提出，农业生态环境的治理是统筹山水林田湖草系统治理，具体指出，“把山水林田湖草作为一个生命共同体，进行统一保护、统一修复”。[①] 农业生态系统是一个包括山水林田湖草等元素的系统工程，是自然环境系统重要的组成部分。当人为污染和过度开发造成其损害后，需要保护和修复。而农业生态补偿就是对农业生态系统进行保护和修复的一项有效的制度安排。

虽然研究农业生态补偿及其绩效应该围绕山水林田湖草系统展开，但是，为了研究更深入，针对性更强，本书将农业生态补偿及其绩效的研究对象范围确定为以下具体三个方面：一是农业生态环境建设，主要包括退耕还林、退牧还草等；二是农业面源污染治理，主要包括化肥的污染、农药的污染、地膜的污染、畜禽粪便的污染、农业废弃物的污染、生活垃圾及工业“三废”污染等方面的治理；三是环境友好型生产方式的应用，主要包括投入品减量化、农业废弃物资源化、生产清洁化及产业模式生态化等。这种以项目为依托来开展农业生态补偿绩效研究更具有现实性和可操作性。

1.2.2.3 农业生态补偿绩效的区域界定

为了分析问题具有针对性和代表性，本书以我国生态脆弱区为研究范围。具体而言，采用2008年环境保护部（现为生态环境部）划分的八大生

---

① 新华社．中共中央 国务院关于实施乡村振兴战略的意见［N］．人民日报，2018-02-05（第001版）．

态脆弱区，即包括东北林草交错生态脆弱区、北方农牧交错生态脆弱区、西北荒漠绿洲交接生态脆弱区、南方红壤丘陵山地生态脆弱区、西南岩溶山地石漠化生态脆弱区、西南山地农牧交错生态脆弱区、青藏高原复合侵蚀生态脆弱区及沿海水陆交接带生态脆弱区等。这些生态脆弱区主要涉及的行政区域包括河北、山西、内蒙古、辽宁、吉林、黑龙江、安徽、江西、湖北、湖南、广西、重庆、四川、贵州、云南、西藏、陕西、甘肃、青海、宁夏、新疆21个省（自治区、直辖市）。本书借鉴李虹（2011）的做法，概括地将这21个省级行政区划归为生态脆弱区，纳入本书的研究范围。

1.3 研究意义

农业生态补偿是推进生态文明建设的重要手段，是转变农业发展方式的重要载体，是推行绿色农业、高效农业和生态农业的重要组成，是落实“美丽乡村、美丽中国”建设和乡村振兴战略的重要举措。在农业生态补偿实践中，强化农业生态补偿政策措施的落实，弄清政府、企业和农户这三大利益主体的有限理性经济人行为对农业生态补偿绩效的影响机理，从而提升我国的农业生态补偿绩效，达到保护好农业生态环境，以满足人们日益增长的优美生态环境需要。本书的研究对实现我国农业可持续发展和农业现代化具有重要的理论意义和实践意义。

1.3.1 理论意义

（1）传统农业的改造、农业的可持续发展等问题一直是发展经济学研究的焦点问题。农业生态环境资源是农业发展的重要因素，对农业生产的产品质量起着决定性作用，而农业生态补偿绩效是农业生态环境资源可持续的保证，农业生态环境资源的可持续又是农业可持续发展的先决条件。因此，从某种意义上讲，本书的研究成果丰富和发展了发展经济学的现代农业和资源环境理论，尝试推进发展经济学的理论创新。

（2）本书运用经济学相关理论、发展经济学相关理论、管理学相关理论及有关博弈理论等理论工具，在经济学和管理学边缘交叉的基础上，从政府、企业和农户行为的三维视角构建理论分析框架，旨在探讨三大补偿主体的经济行为对农业生态补偿绩效影响的机制机理，以一种新的理论分析框架探究农业生态环境问题及其治理。这一理论分析框架可以为政策决策及制定者在优化农业生态补偿政策措施时提供理论依据。

1.3.2 实践意义

（1）农业生态环境恶化已经影响了我国农业后劲发展，提升农业生态补偿绩效势在必行。经济发展转型下农业生态补偿绩效的提高对农业发展方式的转变起着重要推动作用。因此，本书的研究有利于促进我国农业发展方式的转变，实现农业可持续发展，并对实现我国绿色农业、高效农业和生态农业具有重要实践意义。

（2）农业生态补偿绩效是一个复杂的系统工程，提升农业生态补偿绩效与其涉及的补偿主体有很重要的关系。本书主要从政府、企业和农户三大补偿主体的有限理性经济人行为出发，分析三大补偿主体的行为在影响农业生态补偿绩效方面的具体表现，通过理论与实证分析得出基本结论。同时，在此基础上分析归纳提出政策建议，这一研究在扭转农业生态环境污染局面和提升农业生态补偿绩效方面都具有重要的现实意义。

（3）实践证明，近年来，虽然我国农业生态补偿取得了较大进展，但农业生态补偿绩效如何？如何提升农业生态补偿绩效？怎样评价农业生态补偿绩效？现有的研究文献不多，尤其是如何从政府、企业和农户行为三维视角开展农业生态补偿绩效研究。这方面的研究文献更少。本书在借鉴国外发达国家提升农业生态补偿绩效成功经验的基础上，结合我国农业生态补偿实际，提出可操作性的对策措施，这一研究可以为相关政策操作者在实施农业生态补偿政策措施，提升农业生态补偿绩效方面具有重要的实践参考价值。

（4）“生态文明建设功在当代、利在千秋。”[①] 提升农业生态补偿绩效，保护好维护好农业生态环境，是推动生态文明建设的重要举措，也是践行“绿水青山就是金山银山”理念的重要保障。因此，本书研究在推进生态文明建设，满足人们日益增长的优美生态环境需要，保证粮食安全战略，践行“美丽乡村、美丽中国”建设战略、实施“乡村振兴战略”等方面具有重要的实践意义。

1.4 国内外研究现状

1.4.1 国内外相关研究状况

生态环境作为经济社会发展的重要载体，对人类社会进步和文明至关重要。为了保护好生态环境，国际上比较通用的做法是生态服务付费（PES）或生态效益付费（PEB），其内涵与我国界定的生态补偿这一概念相同，后面统一用生态补偿来表示。国外开展生态补偿研究较早，于20世纪50年代就开始了相关方面的研究，例如美国、欧盟、日本等许多国家和地区都进行了广泛的生态补偿研究和生态补偿绩效的初步探讨，在理论上和实践上都取得了很大的进展。而我国对生态补偿的研究起步较晚，从20世纪80年代开始，近些年来，随着国家对生态文明建设的高度重视，生态补偿无论是在理论方面，还是在实践方面都取得了颇多的研究成果。具体到农业生态补偿绩效方面，也取得了一定的研究成果。本书主要从生态补偿、农业生态补偿、生态补偿绩效、农业生态补偿绩效等方面进行文献梳理和综述。

---

① 习近平．决胜全面建成小康社会夺取新时代中国特色社会主义伟大胜利——在中国共产党第十九次全国代表大会上的报告［M］．北京：人民出版社，2017：52.

1.4.1.1 国外研究现状

1. 关于生态补偿问题的研究

（1）生态补偿的概念。国外没有生态补偿这个概念，国际上比较通用的是生态服务付费（PES）或生态效益付费（PEB），其实质就是对生态系统服务管理者或生态系统服务提供者进行补偿[①]。国外学者对PES或PEB的理解主要有以下观点。

卡普鲁斯（Cuperus，1996）等认为，PES或PEB是针对生态系统服务功能或生态环境质量受损而采取的一系列替代措施。艾伦等（Allen et al.，1996）认为，PES或PEB是对生态环境破坏地区的生态系统服务进行恢复，从替代角度指出人为因素对生态环境恢复的作用，通过补偿可以提高生态环境破坏区的生态环境质量；考威尔（Cowell，2000）认为，PES或PEB是采取一些积极的生态环境修复措施去纠正、平衡或者弥补已被损失的生态环境资源。帕吉奥拉（Pagiola，2005）认为，PES或PEB是对自然资源管理者产生的部分生态系统服务给予一定的补助，以提高其保护生态系统服务价值的积极性。旺德（Wunder，2005）认为，PES或PEB是一种以生态系统服务提供者能够提供生态环境服务为前提，生态环境服务的购买者向生态环境服务的提供者购买生态系统服务的自愿交易行为。

（2）生态补偿的机制。国外生态补偿经历了一个从政府补偿主导机制向多元化补偿机制演变的过程。20世纪80年代，美国通过并实施了“保护性储备计划”，耕地生态补偿成效显著，土地荒漠化得到有效防治。在森林补偿方面，国外主要通过政府有关补助政策措施与市场机制相结合来进行。爱尔兰在20世纪20年代采取了分期的方式对私有林提供补助，例如造林补贴、林业奖励等[②]。当然市场补偿也是国外生态补偿的主要方式，例如，2003年墨西哥政府成立了一个价值2000×104美元的基金，主要用于森林补

---

① 任勇，等．中国生态补偿理论与政策框架设计［M］．北京：中国环境科学出版社，2008：24.

② 转引自黄立洪．生态补偿量化方法及其市场运作机制研究［D］．福州：福建农林大学，2013：5.

偿（西拉等，2004），巴西、哥斯达黎加等国家也对生态服务采用了类似的补偿机制[①②]。还有设立资源税，例如欧盟推行二氧化碳税的措施开展生态补偿。另外，社会补偿也是国外生态补偿的重要方式。例如，2010 年，克莱门茨（Clements）等对柬埔寨的三项生态补偿项目开展了比较研究，其研究结果表明：第一，在制度约束不力时，与个人签订合约，虽然具有操作简单、管理成本最低、最有利于居民与保护生态环境资源等好处，但是这种做法存在两点不足：一是不利于形成地方的生态环境管理组织；二是起不到宣传生态环境保护的效果。第二，鼓励具有影响力的地方组织参与到生态补偿项目中，虽然在实践中推进比较慢，但是容易得到当地居民的广泛关注和参与，有利于增强内生激励，提升补偿计划的可持续性，这样更能发挥制度效应的优势。2011 年，克兰弗德（Cranford）和莫拉托（Mourato）尝试提出了同时将居民和所在社区作为补偿对象的一种两阶段补偿方式。第一阶段补偿，把社区作为补偿对象，对社区开展生态补偿，从而激励集体参与生态补偿的态度和行为。在第一段补偿的基础上把居民作为补偿对象开展第二阶段补偿，主要通过市场补偿机制对居民开展生态补偿，可以更进一步激励居民个人参与到生态补偿中。

2. 关于农业生态补偿问题的研究

国外关于农业生态补偿问题的研究与对耕地保护的政策探索有关[③]，国外的农业生态补偿主要以政府补偿为主，其他补偿方式为补充，补偿对象基本是参与农业生态补偿项目的农户，补偿标准与项目所要求的标准相联系。

国外开展农业生态补偿方面的研究比较早，从 20 世纪 30 年代开始，美国政府就启动了农业生态环境保护和农业生态补偿政策，并且以立法的形式进行了有关规定。1936 年，美国国会通过《土壤保持和作物调配法》，实施

---

① Heimlich R E. The U. S. Experience with Land Retirement for Natural Resource Conservation [J]. Forestry Economics, 2008.

② Jenkins M, Scherr S, Inbar M. Markets for Biodiversity Services: Potential Roles and Challenges [J]. Environment, 2004 (6): 32 -42.

③ 转引自马爱慧. 耕地生态补偿及空间效益转移研究 [D]. 武汉：华中农业大学，2011：41 -42.

了农业保护计划，规定对土壤保护的农场主可以获得政府的农业补贴。为了进一步保护土壤，鼓励农户对已遭受侵蚀的土地停止耕种，政府还规定对愿意将土地转租给国家的农户发放土地租金。1938 年，修订的《农业调整法》将美国农业生态环境保护的基本政策以立法的形式确立下来。根据 1956 年的《土壤银行法案》与 1985 年的《食品安全保障法案》的相关规定，美国政府设立了保护性储备计划，主要鼓励农户退耕、休耕。1996 年，为了更好地保护土地和生态环境，美国政府在整合农业保护计划的基础上，推出了环境质量激励计划，为在耕土地的环境保护提供更有效的补助。后来，美国政府不断完善相关农业法案，加大农业生态补偿额度，改善了农业生态环境。另外，欧盟和日本等也实施了相应的农业生态补偿政策及措施。从 1992 年开始，欧盟在“共同农业政策”中增加生态环境保护方面的政策目标，将生态环境保护目标作为农业补贴政策的目标之一，并规定农户在从事农业生产活动中只有达到基本生态环境保护要求，才能获得农业补贴。同时，对采用环境友好型生产行为的农户提供生态补偿。而日本的农业生态补偿主要是对自愿采取环境保全型农业生产的农户提供补偿①②。

3. 关于生态补偿绩效问题的研究

国外关于生态补偿绩效的研究主要集中在成本、有效性、效率与公平等方面。旺德（2005）认为，提升生态补偿绩效的关键在于核算生态环境保护的机会成本。布苷（Bulte，2006）等认为，政策有效性主要取决于政府在生态补偿机制中发挥的作用，政府的命令控制手段可能会产生不利的结果，如通过税收手段限制林农对森林资源的开发使用，会引发林农的经济困难甚至激发社会冲突。因此，在生态补偿项目实施过程中，生态补偿资金的来源情况、政府对成本承担者和受益者的决定权、补贴手段之间的激励抵消作用及政府对民间组织调动的有效性四个方面都影响着生态补偿

---

① 严立冬，等．农业生态补偿研究进展与展望［J］．中国农业科学，2013（17）：3615－3625.

② 梁丹，金书秦．农业生态补偿：理论、国际经验与中国实践［J］．南京工业大学学报（社会科学版），2015（3）：57.

的绩效[①]。西拉（Sierra，2006）等通过对生态补偿农场和非生态补偿农场的土地覆被特征指标进行比较，研究了哥斯达黎加森林生态补偿的绩效。研究结果表明，土地植被变化的滞后性和土地拥有者对土地利用决策扭转的非义务性等影响因素，导致哥斯达黎加森林生态补偿的直接效果并不显著，指出高效的生态补偿并不是针对补偿的地区，而是针对需要补偿的人。帕吉奥拉（2008）等从利益相关者的视角，分析了拉美国家的生态补偿政策对生态服务提供者、受益者以及其他利益相关者的经济影响。他们指出，在生态补偿项目设计合理且实施条件良好的地方，开展生态补偿可以起到减贫作用。马丁（Martin，2014）等以"生态补偿之前与生态补偿之后""开展了生态补偿与没有开展生态补偿"为对比，分析了生态补偿的有效性、效率性和公平性，并指出生态补偿的绩效不应该只关注短期的成本有效性，还应该关注长期行为动机的可持续性[②]。

4. 关于农业生态补偿绩效问题的研究

国外农业生态补偿绩效研究主要集中在补偿项目的效果评价、农民的参与性及其影响因素和生态补偿项目对当地经济发展影响等方面[③]。农业生态环境保护与修复的成本—收益分析，已成为评价农业生态补偿政策是否有效的主要方法之一。林奇等（Lynch et al.，2001）运用了 Farrell 效率分析方法，他们把补偿项目的目标设定为保护规模最大化、保护农地的生产力、保护最脆弱农场和保护大块成片土地这四个指标，并把这四个目标作为 Farrell 效率分析的产出，通过技术效率（TE）和成本效率（CE）分析，得出技术效率（TE）和成本效率（CE）都比较高，这表明补偿机制变化、补偿标准提高后，保护地块的各种特征相互协调。2008 年，卡拉森（Claassen）等以美国农业生态补偿为例，进行了农业生态补偿项目的成本—收益分析。美国

---

① 黄立洪．生态补偿量化方法及其市场运作机制研究［D］．福州：福建农林大学，2013：5.

② 饶芳萍，等．国内外生态补偿模式构建与绩效评价的研究综述与启示［C］．中国生态经济学会第八届会员代表暨生态经济与转变发展方式研讨会论文集，2012（8）：79－87.

③ Albrecht Matthias，Schmid Bernhard Obrist Martin K，et al．Effects of Ecological Compensation Meadows on Arthropod Diversity in Adjacent Intensively Managed Grassland［J］．Biological Conservation，2010，143（3）.

的农业生态环境政策一直是以土地休耕为主导，关注土壤的侵蚀问题和土壤的生产力，而现在更加关注农业生态环境政策的目标制订与实施，包括土壤的保护、空气质量、水质量及野生动物栖息地等方面。并且政策制定者也考虑了收益和成本，例如竞争性的议价提高了美国农业生态环境保护项目的成本效率。高文等（Gauvin et al.，2010）以中国退耕还林项目工程为例，在农业生态环境保护与扶贫双重目标导向下，基于土地和家庭的异质性视角，评价分析了农业生态补偿的成本有效性。

1.4.1.2 国内研究现状

1. 关于生态补偿问题的研究

（1）生态补偿的概念。国内学者对生态补偿这一概念的界定有不同的见解。毛显强等（2002）从外部性原理出发，运用成本—收益方法对行为主体进行了分析，他们认为，“生态补偿是指通过对损害（或保护）资源环境的行为进行收费（或补偿），提高该行为的成本（或收益），从而激励损害（或保护）行为的主体减少（或增加）因其行为带来的外部不经济性（或外部经济性），达到保护资源的目的”。中国工程院李文华院士（2006）认为：“生态补偿是以保护和可持续利用生态系统服务为目的，以经济手段为主，调节相关者利益关系的制度安排。”中国生态补偿机制与政策研究课题组（2007）认为，生态补偿是以保护和可持续利用生态系统服务功能为目的，主要通过经济手段，由生态环境受益者向保护者或修复者提供补偿的制度安排。而有些学者，例如陈兆开（2009）、王兴杰等（2010），从利益相关者和外部性的角度对生态补偿这一概念进行了定义，他们认为，生态补偿是一种经济手段或者制度安排，主要在于调节利益相关者之间的经济利益关系，由生态环境的受益者向生态环境的保护者提供一种经济补偿，从而实现生态环境外部效应内部化。

（2）生态补偿机制。刘璨等（2002）对我国创建森林资源生态服务市场进行了分析，指出了我国森林生态补偿的市场化运作的可行性及其制约因素。陈丹红（2005）基于可持续发展的视角，对我国生态补偿机制的模式进行了探讨。她认为，生态补偿机制主要有财政转移型、反哺式、异地开发和公益性四种模式，并对生态补偿机制的配套机制（包括约束机制、协调机制、核算机制等）进行了分析。何国梅（2005）认为，西部是我国的生态屏障，但西部生态环境恶化，会危及国家的生态安全，因此，他认为，必须构建西部全方位生态补偿机制，具体是建立中央财政转移支付的西部生态补偿基金、开发者补偿与受益者补偿双向调节机制等七个方面的生态补偿机制。王欧等（2005）在构建完整生态补偿机制分析框架基础上，借鉴国外实践经验，对构建农业生态补偿机制的途径进行探讨，并从建立有利于农业生态保护和建设的财政转移支付制度；完善"项目支持"形式，提高补偿资金利用效率；遵循分类补偿原则，逐步完善农业生态补偿措施等五个方面提出了建设性对策建议。张建伟（2009）通过构建了一个"政府补偿 + 市场补偿 + 内在补偿"的多中心自主补偿的分析框架，对转型期我国生态补偿机制进行了研究。

2. 关于农业生态补偿问题的研究

（1）农业生态补偿的定义。农业生态补偿的定义主要是基于生态补偿的概念展开的。一般有两种思路：第一种思路是关于农业生态的补偿；第二种思路是关于农业的生态补偿。根据第 2 章农业生态的定义，由于前者的界定超出了农业本身，目前大多数人对其定义更倾向于农业的生态补偿这一界定（申进忠，2011）。例如，绿色农业生态补偿（严立冬，2008）、环境友好型肥料应用农业生态补偿（王凤等，2011）等。刘尊梅（2012）认为，农业生态补偿是指为保护农业生态环境和改善或恢复农业生态系统服务功能，农业生态环境受益者对农业生态系统服务者（或农业生态环境保护者）所给予的多种方式的经济补偿。金京淑（2015）认为，"农业生态补偿是一种运用财政、税费、市场等经济手段激励农户维持、保育农业生态系统服务功能，调节农业生态保护者、受益者和破坏者之间的利益关系，以内化农业生产活动产生的外部成本，保障农业可持续发展的制度安排"。

（2）农业生态补偿的主体与客体。农业生态补偿的主体与客体研究，就是解决"谁补偿谁"的问题。一般根据"谁保护谁获益、谁受益谁补偿，谁破坏谁补偿”的生态补偿原则来定。

关于农业生态补偿的主体。郭碧銮等（2010）认为，由于农业生态环境的正外部性，农业生态补偿的主体应该是所有生态环境保护的受益者，但根据公共物品理论，政府理应代表受益群体对农业生态系统服务的提供者给予补偿。杨丽韫等（2010）认为，在实践中，农业生态补偿的主体主要是各级政府。董小君（2008）认为，生态补偿的补偿主体可以是政府，也可以是个体、企业或区域组织。王清军（2009）指出，生态补偿主体的建构过程是生态环境利益相关者博弈与合作的过程，既包括补偿主体之间的博弈，也包括补偿主体与客体之间的博弈。刘尊梅（2012）认为，农业生态补偿的主体主要包括政府、企业与社会组织和农业生产者。

关于农业生态补偿的客体。郭金銮等（2010）认为，农业生态补偿的客体属于对生态环境保护者进行补偿，因而农业生态补偿的客体主要是农业生产者。杨丽韫等（2010）认为，农业生态补偿的客体主要包括生态保护做出贡献者、生态破坏的受损者、生态治理过程中的受害者和减少生态破坏者四类。蔡运涛（2011）对农业生态补偿的客体主要划分为直接客体和间接客体，直接客体主要是地方政府和农民，而间接客体是农业生态补偿实施的作用对象。刘尊梅（2012）认为，农业生态补偿的客体主要包括农民、其他非政府组织、个人等。

（3）农业生态补偿方式。李克国等（2006）认为，应该通过建立和完善生态税和资源税等税收政策措施对受益者进行征税，运用财政转移支付对受损者提供补偿。杨欣等（2011）认为，选择交易成本低、操作性强的补偿方式至关重要，指出补偿方式按补偿内容不同划分，可分为政策补偿、资金补偿、实物补偿、技术和智力补偿四类。刘尊梅（2012）也认为，针对不同的补偿客体和对象，可以采用多种补偿方式，主要包括资金补偿、实物补偿、政策补偿和技术补偿。金京淑（2015）指出，在我国目前农业生态补偿机制还不健全的情况下，还是应该以资金补偿和实物补偿这种“输血型”的补偿方式为主，再逐步过渡到政策补偿、技术和智力补偿等方式上。

3. 关于生态补偿绩效问题的研究

随着我国生态补偿实践的不断推进，国内学者也开展了生态补偿绩效方面的研究。现有文献关于生态补偿绩效的研究主要集中在生态补偿绩效概念、绩效评价及影响因素等方面。主要体现在退耕还林①、退牧还草②和生态移民政策③等研究领域。虞慧怡等（2016）指出，生态补偿绩效是生态补偿政策实施的结果和主体行为的综合绩效。生态补偿的绩效评价主要从以定性分析为主向以定量分析为主转变④，从宏观层面分析⑤转向微观层面分析⑥。例如，陶文娣等（2007）利用实地调研数据和相关统计数据，从政策制定和执行角度，分析了我国退耕还林工程的成本有效性及其影响因素，研究指出，长期有效的退耕还林规划和相关政策措施的缺失，导致退耕还林工程成本有效性的损失在微观层面和宏观层面广泛存在，并指出影响退耕还林工程有效实施的主要因素是各利益主体的利益不相容性。张卉（2009）认为，政策客体人群能否接受政策是评价生态补偿绩效至关重要的标准。宿丽霞等（2012）以北京市密云水库为例，运用扎根理论和解释结构方程，构建了密云水库水源保护区生态补偿机制影响因素的多级阶梯有向结构模型，通过实证分析得出，补偿方式、补偿途径、保护者的受偿需求与生态补偿的相关法律法规是其核心影响因素。张方圆等（2014）以甘肃省张掖市、甘南藏族自治州、临夏回族自治州为例，开展了社会资本对农户生态补偿参与意愿的影响研究，其研究结果表明，农户对生态补偿绩效的认知和评价，不仅有助于提高农户的政策参与意识，还直接影响生态补偿项目的实施绩效和可持

---

① 中国西部地区退耕还林政策绩效评价与制度创新［D］. 北京：中央民族大学，2009.

② 唐璐. 天保工程十年来的政府绩效分析及政策建议——以四川省天全县为例［D］. 成都：西南财经大学，2011.

③ 潘晓成. 三峡工程库区生态移民政策绩效分析及建议［J］. 农业经济问题，2006（6）：18-23.

④ 董捷. 退耕还林绩效问题研究［D］. 武汉：华中农业大学，2004：63-77.

⑤ 李文卿，等. 甘肃省退牧还草工程实施绩效、存在问题和对策［J］. 草业科学，2007（1）：2-6.

⑥ 张方圆，赵雪雁. 基于农户感知的生态补偿效应分析——以黑河中游张掖市为例［J］. 中国生态农业学报，2014（3）：349-355.

续性。曾贤刚等（2017）认为，生态补偿政策实施对农户观念、就业方式的转变、农户收入及收入结构都产生了一定程度的影响，且对农户观念的影响较深。

4. 关于农业生态补偿绩效问题的研究

国内农业生态补偿绩效的研究主要体现在绩效评价方法探讨、定性概述与定量分析等方面。张来章等（2010）对黄河流域水土保持生态补偿项目的绩效进行了分析和评价，但没有提出实质性的评价方法和数量结果。蒋爱军等（2013）在阐述开展国家级公益林绩效评价必要性和原则的基础上，提出了绩效评价的主要指标体系和评价方法，并以湖南试点为例进行了绩效评价分析。张宝林（2014）通过运用1993～2011年和1991～2011年的数据分别对两类国家林业治沙重点工程公共投资绩效进行了实证研究。邓远建等（2015）以武汉市重要的农产品生产和供应基地东西湖区为例，以生态价值、经济价值和社会价值为价值取向，构建了绩效评价指标体系，并运用层次分析法与模糊综合分析法，对武汉东西湖区的农业生态补偿绩效进行了评价分析。李红兵等（2018）以西安市蓝田县某村落整治项目为例，运用了数据包罗分析法（DEA）对绿色农业生态补偿绩效进行了评价分析。

1.4.2 研究文献评价

综合上述文献梳理，国内外相关领域专家学者分别从经济学、社会学、管理学、生态学等方面对生态补偿及其绩效问题开展了大量的研究，已取得丰富的研究成果，这为本书的研究打下了坚实的基础。

（1）国外的研究在集政府、市场与第三方组织相结合的生态补偿制度安排下，构建了集成本有效性、政策有效性、生态有效性及社会有效性于一体的生态补偿绩效评价框架体系，而国内学者多侧重于生态环境方面的生态系统综合价值评估和退耕还林等项目的资金利用率分析。这些研究成果为深入开展农业生态补偿绩效研究奠定了坚实的基础。

（2）从现有的文献整理来看，国内外学者从定性和定量方面对生态补偿绩效开展了综合评价研究和影响因素研究。由于农业生态补偿绩效涉及的影响因素多，层次复杂。因此，我们在开展农业生态补偿绩效评价时，一方面要考虑生态补偿实践过程中的生态、社会及经济方面绩效的综合评价；另一方面要分析各补偿主体行为对生态补偿绩效的影响机理，这些研究成果为本书的分析框架构建提供了借鉴的内容。

（3）本书主要从政府、企业和农户三维视角构建农业生态补偿绩效的分析框架与指标体系。在此基础上，进一步开展农业生态补偿绩效评价。这一领域研究中，现有文献较为匮乏，尤其是从政府、企业和农户的有限理性经济人行为三维视角探讨农业生态补偿绩效方面的研究文献更少。因此，从这些方面来看，现有研究成果还存在局限，也就为本书留下了进一步拓展研究的学术空间。

1.5 研究思路与研究内容

1.5.1 研究思路

农业生态补偿是一种平衡经济发展与生态环境保护的重要经济手段和制度安排。自政策实施以来，我国的农业生态补偿绩效状况如何？农业生态补偿绩效存在的问题及原因在哪里？如何评价农业生态补偿绩效？怎样提升农业生态补偿绩效？这些问题的深刻理解有助于下一步更有效地开展农业生态补偿，这正是笔者开展本书选题的基本出发点。为此，本书以“破题→理论构建→现状及经验借鉴→理论分析→实证分析→政策建议”为逻辑线索，构建全书的篇章结构，渗透“提出问题→分析问题→解决问题”的基本分析思路。故依其这样的研究思路构建本书的章节结构，如图 1－1 所示。在此基础上，确立全书各章节，按章概述基本内容。

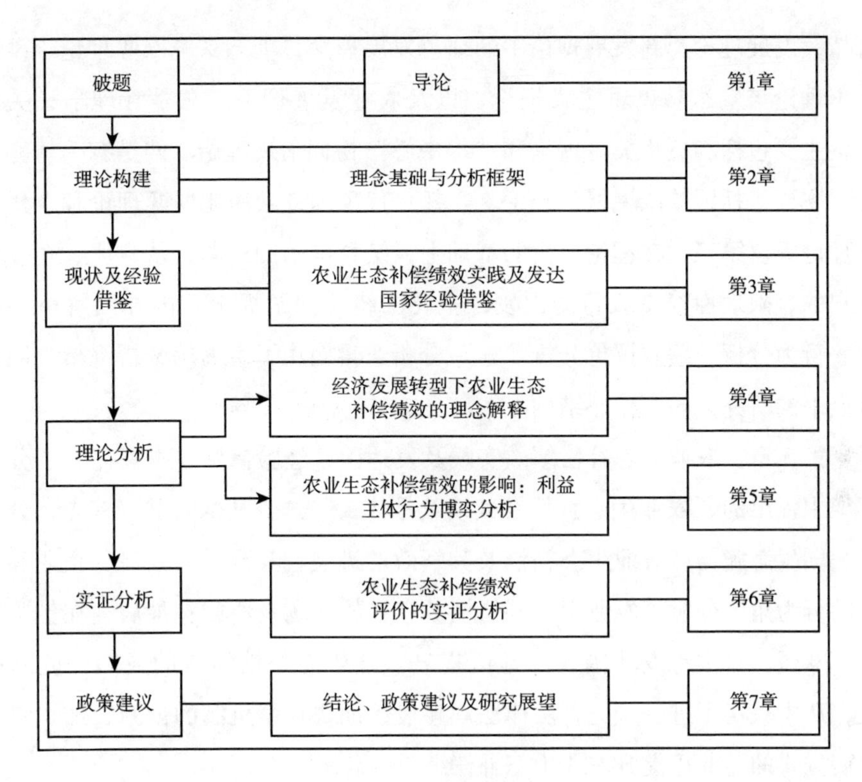

图1-1　章节结构

1.5.2　研究内容

本书共分为7章，主要内容概述如下。

第1章：导论。本章主要阐述了本书的选题背景、研究目的与研究范围、研究意义、国内外研究综述、研究思路与研究内容、研究方法以及可能的创新与不足之处。

第2章：理论基础与分析框架。本章主要从三个方面进行了论述：第一，对本书涉及的核心概念，包括经济发展转型、转变农业发展方式、农业生态补偿、农业生态补偿绩效等概念进行了界定。第二，对构成本书理论分析基础的相关理论进行了梳理和归纳。一是经济学相关理论，包括经济发展转型论、制度变迁理论、有限理性经济人行为理论、外部性理论、公共物品理论和补偿理论。二是发展经济学相关理论，包括资源、环境稀缺性理论，可持续发展理论，新发展理论中的绿色发展理念，生态系统服务理论、生态资本理论与生态马克思主义理论，以及农业发展理论。三是管理学相关理论，主要包括利益相关者理论和“多中心”协同治理理论。四是有关博弈理论，主要包括囚徒困境博弈理论、委托—代理理论、演化博弈理论和合作博弈理论等。第三，在理论分析的基础上，结合本书的选题，从政府、企业和农户的有限理性经济人行为出发，主要围绕“问题提出→内外因解析→机制—行为分析→绩效评价分析”这一分析逻辑构建了本书的分析框架，明确了全书的研究方向和核心结构。

第3章：农业生态补偿绩效实践及发达国家经验借鉴。本章完成了分析框架中提出的“农业生态补偿及其绩效是什么”这一基本问题。首先，分析了我国生态脆弱区农业生态补偿及其绩效的进展；其次，从政府、企业和农户的行为角度分析了农业生态补偿绩效存在的问题及原因；最后，在借鉴美国、欧盟、日本等发达国家和地区提升农业生态补偿绩效的成功经验基础上，从中获得了进一步完善法律法规建设、加快补偿机制的创新、加快农业发展方式的转变等提升农业生态补偿绩效的启示。

第4章：经济发展转型下农业生态补偿绩效的理论解释。本章主要运用了第2章的相关理论，从经济发展转型概述、农业生态补偿的影响因素分析、经济发展转型下农业生态补偿绩效主体层次的理论阐释和农业生态补偿绩机制分析这四个部分对分析框架中提出的“为什么要进行农业生态补偿”和“怎样提升农业生态补偿绩效”开展了理论阐释。

在经济发展转型概述这一部分，主要概述了经济发展转型的演进历程及背景、经济发展转型的内涵与实质以及经济发展转型对本书研究的政府、企业与农户这三大利益主体行为的影响等内容。

在农业生态补偿的影响因素分析这一部分，一是主要运用经济发展转型理论进行了阐述，一方面分析经济增长转变对农业生态补偿的影响；另一方面分析经济发展转变及转变农业发展方式对农业生态补偿的影响。二是运用资源、环境与可持续发展理论，生态系统服务理论，生态资本理论，生态马克思主义理论以及农业发展理论等理论工具对农业生态补偿内在影响因素进行分析。三是运用外部性、公共物品、补偿理论等理论工具对农业生态补偿外在影响因素进行分析。

在农业生态补偿绩效主体层次的理论阐释这一部分，首先基于利益相关者理论对农业生态补偿绩效涉及的政府、企业和农户进行了主体属性的说明。在此基础上，分析了政府、企业与农户这三个层面与农业生态补偿绩效的相互关系，得出以下结论：政府是农业生态补偿绩效的主要责任主体，而促进农业生态补偿绩效是政府转变农业发展方式的重要举措；企业是农业生态补偿绩效的重要参与主体，而农业生态补偿绩效为企业转变农业发展方式提供了生态资本保障；农户是农业生态补偿绩效的直接行动主体，而提升农业生态补偿绩效是实现农户转变农业发展方式的重要措施和根本保障。

在农业生态补偿绩效机制分析这一部分，首先制定了卡尔多—希克斯改进原则、权责对等原则、经济社会生态可持续发展原则、参与主体多元化原则四个基本原则。在此基础上，分别对政府补偿机制、企业补偿机制和农户补偿机制进行了分析。政府补偿主要通过激励机制和约束机制（惩罚问责机制）来实现；企业补偿主要通过自我约束机制、自我创新机制和外部约束机制来实现；农户补偿主要通过自我约束机制、自我发展机制和外部约束机制来实现，并最终归纳出政府、企业和农户三个补偿机制协调合作、相互作用、相互促进的整体观念。

第 5 章：农业生态补偿绩效的影响：利益主体行为博弈分析。本章主要通过相关博弈论工具分析政府、企业和农户的博弈行为对农业生态补偿及其绩效影响的理论机理，即从三大利益主体的行为博弈分析回答了分析框架中提出的“为什么要进行农业生态补偿”及“怎样提升农业生态补偿绩效”这两个基本问题。具体为：首先对政府、企业和农户的行为功能进行了分析，在此基础上，应用囚徒困境博弈模型、委托—代理模型分析了政府、企业和农户的有限理性经济人行为对农业生态环境的影响，回答了“为什么要进行农业生态补偿”的问题。其次应用演化博弈模型（包括非对称演化博弈模型和对称演化博弈模型）和三方完全信息动态博弈模型，通过构建奖惩机制和合作机制，说明如何可以有效促进利益主体开展农业生态补偿和进行生态环境保护，从而解释了“怎样提升农业生态补偿绩效”的基本问题。

第6章：农业生态补偿绩效评价的实证分析。本章完成了分析框架中提出的“如何评价农业生态补偿绩效”的实证分析。首先介绍了农业生态补偿绩效评估的方法；其次在指标体系构建基本标准指导下，构建了一个包含1个目标层、3个一级指标、10个二级指标和42个三级指标的农业生态补偿绩效评价指标体系；最后结合评价指标体系，主要采用了DEA方法、模糊综合评价方法、AHP方法分别对政府层面、企业层面和农户层面的农业生态补偿绩效进行了简要评价，获得与理论分析一致的实证检验结论。

第7章：结论、政策建议及研究展望。在前面分析的基础上，本章首先从政府、企业和农户层面对全书结论进行了归纳总结；其次基于政府、企业和农户这三个层面分别提出了政策建议；最后对本书以后的深入研究进行了展望。

1.6 研究方法

根据本书的研究主题和内容需要，主要采用了历史与制度的分析、静态与动态分析相结合、经验分析与比较分析相结合、定性分析与定量分析相结合、规范分析与实证分析相结合等研究方法，为本书研究从方法论角度提供了各种分析工具。

（1）历史的与制度的分析。本书在农业生态补偿及其绩效现实进展分析中，对我国农业生态补偿及其绩效的实践进程进行了历史的分析，从1999年开始，我国农业生态补偿及其绩效实践历程从试点推开阶段到多元化补偿阶段划分为五个发展阶段。同时针对这一历程中每一阶段的实践变化进行了制度的分析，并指出，强制性制度变迁和诱致性制度变迁共同推进着农业生态补偿制度的变迁。

（2）静态分析与动态分析相结合。本书中对农业生态补偿及其绩效的补偿主体：政府、企业和农户的内在规定性、行为功能做了静态分析，例如在分析农户农业生产行为的正外部性和负外部性分析中采用了静态分析；同时又对政府、企业和农户在农业生态补偿绩效的博弈行为中进行了动态分析，例如在“怎样提升农业生态补偿绩效”中采用了演化博弈分析和三方合作动态博弈分析等。

（3）经验分析与比较分析相结合。本书选择具有代表性的国家、地区提升农业生态补偿绩效的成功经验作为研究佐证，通过比较分析，吸收其长处，为下一步更好地开展农业生态补偿、提升农业生态补偿绩效提供理论和实践借鉴依据。同时，分析美国、欧盟、日本等发达国家和地区在提升农业生态补偿绩效方面的成功做法。借鉴其成功经验，在此基础上，提出促进我国农业生态补偿绩效提升的政策建议和机制分析。

（4）定性分析与定量分析相结合。本书以生态脆弱区的农业生态补偿绩效为研究对象，对生态脆弱区的农业生态补偿绩效状况、农业生态补偿绩效存在的主要问题采用了定性分析。同时，在生态脆弱区农业生态补偿实践的绩效评价方面，为了更具说服力，本部分主要结合收集的数据，采用了定量分析。定性分析与定量分析的有机结合，能够更科学地分析农业生态补偿实践的绩效状况及存在的问题，这为提升农业生态补偿绩效提供可靠依据。

（5）规范分析与实证分析相结合。本书以生态脆弱区为例，对我国农业生态补偿及其绩效评价的现实进展采用了规范分析方法。同时，对农业生态补偿绩效评价中采用了实证分析。将两者结合，才能准确评价我国生态脆弱区农业生态补偿绩效状况及存在的问题，为进一步开展农业生态补偿实践和制定提升农业生态补偿绩效的政策提供有力依据。

1.7 创新与不足之处

1.7.1 创新之处

本书的可能创新之处主要体现在以下三个方面。

（1）农业生态补偿及其绩效是一个理论与现实意义很强的研究问题，本书以“中国经济发展转型下的农业生态补偿绩效研究——基于政府、企业与农户的行为视角”作为研究选题，该选题较新颖，分析视角独特。通过现有相关文献的梳理发现，开展农业生态补偿机制研究的较多，而涉及农业生态补偿绩效研究的尚少，尤其是把政府、企业和农户这三大利益主体放在一个整体框架下来系统设计农业生态补偿绩效的研究更少。根据“谁受益谁补偿、谁破坏谁补偿”的生态补偿原则，这里面隐含着主体的行为功能。这种从政府、企业与农户的有限理性经济人行为出发探讨农业生态补偿绩效问题更具有针对性和有效性。本书尝试从政府、企业和农户的行为一个三维分析视角来探讨农业生态补偿绩效问题，为丰富和发展农业生态补偿理论提供理论元素和实践素材。在某种意义上讲，这也是对发展经济学的现代农业理论和资源环境理论一定的丰富和拓展。

（2）本书从政府、企业与农户三个层面构建了提升农业生态补偿绩效的机制，提出了政府补偿机制是提升农业生态补偿绩效的宏观补偿机制，可以通过激励机制和约束机制来实现；企业补偿机制是提升农业生态补偿绩效的微观补偿机制，可以通过自我约束机制、自我创新机制和外部约束机制来实现；农户补偿机制也是提升农业生态补偿绩效的微观补偿机制，可以通过自我约束机制、自我发展机制和外部约束机制来实现。在此基础上，根据埃莉诺·奥斯特罗姆和文森特·奥斯特罗姆夫妇提出的“多中心”协同治理理论，构建了“政府补偿+企业补偿+农户补偿”这一多主体协同治理机制，来解释提升农业生态补偿绩效的作用机理。这样的机制构建及其理论解释对开展农业生态补偿绩效研究具有一定的创新性，这也可以为政策操作者提供有价值的理论支撑。

（3）本书运用经济学相关理论、发展经济学相关理论、管理学相关理论及博弈相关理论等理论工具，在经济学和管理学边缘交叉的基础上，从政府、企业和农户的行为出发，探讨政府、企业和农户的有限理性经济人行为对农业生态补偿绩效影响的机制机理。在此基础上，把政府、企业和农户这三个层面作为子系统，在整体上构建了一个包括1个目标层、3个一级指标、

10个二级指标和42个三级指标的农业生态补偿绩效评价指标体系，并分别运用DEA方法、模糊综合评价方法和AHP方法进行绩效评价，可以为深入探讨“农业生态补偿绩效评估”这一重大理论和实践问题提供方法工具支撑和实证依据，虽然本书的这种尝试性研究还待完善，但在同类研究中尚不多见。

1.7.2　不足之处

本书的不足之处主要体现在以下两个方面。

（1）本书从政府、企业和农户的行为视角探讨农业生态补偿绩效问题是一个视角较新的热点问题，也是一个跨学科的研究选题，笔者对不计其数的文献资料的处理能力存在不足，一些想法和观点不够成熟，构建的农业生态补偿绩效指标体系及其评价方法未必完善，随着经济社会的发展，指标体系构建及评价方法也要做相应调整，这都需要不断地完善和深入研究。

（2）由于相关数据缺失和部分数据获取困难，实证分析还存在不足。另外，国内外农业生态补偿现有文献中，企业和农户的行为对农业生态补偿绩效影响的文献资料有所不足，这些对深入说明问题还缺乏有力证据，这有待以后进一步的完善。

| 第2章 |

理论基础与分析框架

理论基础是全书分析的基石，而分析框架是全书的主体架构和核心。本章首先对研究涉及的核心概念进行界定；其次对构成本书理论分析基础的相关理论进行梳理与归纳；最后在提炼出的理论工具的基础上，结合本书的选题，从政府、企业和农户的有限理性经济人行为出发，主要围绕“问题提出→内外因解析→机制—行为分析→绩效评价分析”这一分析逻辑构建本书的分析框架，明确了全书的研究方向和核心结构。

2.1 核心概念界定

2.1.1 经济发展转型

现有文献中，还没有对经济发展转型这一概念进行统一界定。本书在界定经济发展转型概念之前，先理解经济发展与经济转型的内涵。

经济发展的概念是在经济增长概念的基础上产生的，是有别于经济增长的一个概念。所谓经济发展，就是除了包含经济增长的内容外，还包括由经济增长引起的一系列经济结构（如生产结构、就业结构、收入分配结构、消费结构、人口结构等）的优化，广大人民物质福利的改善，以及环境质量的提高①。从以上对经济发展的概念界定来看，经济发展的内涵比经济增长的内涵更广、更深刻，不仅注重经济增长的数量，更注重经济增长的质量。

经济转型的概念是在转型这一概念的基础上产生的。2002 年，热若尔·罗兰对转型进行了界定。所谓转型，是指一种大规模的制度变迁过程，或者说是经济体制模式的转换过程②。根据这一定义，转型主要包括制度变迁和体制转型两个方面。由于经济转型受多种因素的影响，包括政治、经济、文化、资源等。因此，对经济转型下一个普遍通用的定义很困难。吴光炳（2008）认为，经济转型至少包含以下三层意思：第一，经济发展形态的改变；第二，资源配置方式的更替；第三，社会制度的变化。

康继军（2009）对经济转型进行了定义，他指出，所谓经济转型，一般是指 20 世纪后期一些国家由计划经济向市场经济过渡的经济及其制度的变革过程。从这个定义上来讲，经济转型应该包括经济管理体制、经济运行体制、所有制结构、经济组织结构、政府与经济组织的关系，以及收入分配和利益关系等方面的根本性转变（杨涛，2003）。

在上述两个概念的基础上，结合本书研究的主题，我们给经济发展转型下个定义。所谓经济发展转型，是指一种经济发展方式的转变及其相应制度的变迁过程。经济发展方式一般是指经济发展的路径、方法及模式。转变经济发展方式也就是指经济发展由粗放型向集约型转变、由封闭性向开放性转变等。而制度变迁在这里主要是经济制度的创新与发展。

2.1.2　转变农业发展方式

2007 年 10 月，在党的十七大报告《高举中国特色社会主义伟大旗帜　为夺取全面建设小康社会新胜利而奋斗》中，第一次提出了“转变经济发展方

① 张卓元．政治经济学大辞典［M］．北京：经济科学出版社，1998：314.
② 热若尔·罗兰．转型与经济学［M］．张帆等，译．北京：北京大学出版社，2002：27.

式”这一概念，相比“转变经济增长方式”这一概念来说，“转变经济发展方式”这一概念的内涵却更加深刻。相应地，“转变农业发展方式”的内涵也要比“转变农业增长方式”的内涵更加深刻，主要体现在，转变农业发展方式更加关注农业经济增长的质量和效益、农业生态环境的改善、农业的可持续发展等内容。

吴向伟（2008）认为，转变农业发展方式的内涵除了要求向集约型增长转变或向内涵型增长转变以外，还应该包括以下四个方面的转变：第一，向农业发展目标的多元化转变；第二，向农业经济增长的质量和效益并举转变；第三，向农业产业结构优化转变；第四，向可持续发展的绿色产业转变。这一内涵界定，丰富了转变农业发展方式的内容，指出了转变农业发展方式以要实现农业的可持续发展为目标。

陈锡文（2010）认为，转变农业发展方式就是将过去只注重农业总产量的增加向更加关注农业产量、农业结构、农村环境、农村社会协同发展的转变。这一内涵界定，指出了转变农业发展方式要实现经济、社会和生态的协调发展。

危朝安（2010）认为，转变农业发展方式，重点体现在以下五个“促进”：一是在农产品供给上，促进从注重数量增长向总量平衡、结构优化和质量安全并重转变；二是在农业生产条件上，促进从主要“靠天吃饭”向提高物质技术装备水平转变；三是在农业发展路径上，促进从主要依靠资源消耗向资源节约型环境友好型转变；四是在农业劳动力上，促进从传统农民向新型农民转变；五是在农业经营模式上，促进从“一家一户”分散经营向提高组织化程度转变。这五个方面的转变，涵盖的内容比较全面，体现了从传统农业向现代农业转变的路径、方法和模式。

综上所述，转变农业发展方式是一个时空范畴，是经济社会发展到一定阶段的历史产物，是农业可持续发展的内在要求。所谓转变农业发展方式，也就是指当经济社会发展到一定阶段，传统农业向现代农业转变的路径、方法及模式，目的是实现农业的可持续发展。

2.1.3　农业生态补偿

2.1.3.1　农业生态价值

农业生态系统服务功能，是指农业生态系统与农业生态过程所形成、所维持的人类赖以生存的自然环境条件与效用。① 它不仅为人类的生存与发展提供有形的物质基础，例如食物和原料等，而且还为人类的生存与发展提供无形的服务功能，例如净化空气、涵养水源和保持生物多样性等。农业生态系统的服务功能主要包括生产功能、生态功能和生活功能，其提供的具体服务功能如表2－1所示。

表2－1　农业生态系统服务功能分析

功能类型	生态系统服务	具体服务功能形式
生产功能	食物生产	粮食、蔬菜、瓜果、糖类、动物肉类产品、蛋奶产品、渔产品、食用菌等
	原料生产	木材产品、纤维产品、药材、工业原料产品等
生态功能	气体调节	调节（CO_2、O_2、N_2O）等温室气体
	补给地下水	增加供水量等
	涵养水源	蓄积水分等
	保持土壤	保持水土、减少土壤侵蚀等
	维持土壤肥力	物质循环、持留养分（N、P、K）等
	废弃物处理	去除SO_2、重金属等污染物，降解转化废弃物等
	生物控制	减少病虫害等
	保有种质资源	保持生物种质基因多样性等
生活功能	生态旅游 娱乐 文化 美学	农业生态美学、自然风光等； 农业文化、农业认知、农业教育等

资料来源：金京淑．中国农业生态补偿研究［M］．北京：人民出版社，2015：24.

① 赵荣钦，等．农田生态系统服务功能及其评价方法研究［J］．农业系统科学与综合研究，2003（4）：267.

通过表2-1可知，农业生态系统服务功能更多是间接地体现在生态环境、投资环境和人居环境等方面，这属于农业生态环境的外部性。把这种生态环境的外部性内部化，就需要对农业生态环境进行经济补偿[①]。这样，所谓农业生态价值，就是指农业生态系统具有的生态功能的价值，包括人类劳动作用于生态环境中创造的价值以及空气净化、涵养水源和保持生物多样性等条件下形成的价值转移。农业生态价值在农业生产中集中体现在农业生态环境保护价值和农业生态系统修复价值两个方面。这里的农业生态价值与马克思劳动价值论所指的一般商品价值在含义上具有内在的逻辑联系。马克思认为，商品价值包括使用价值和价值两个方面。其中，使用价值是商品价值的物质承担者，反映的是人与自然的关系。而价值是凝结在商品中的一般的无差别的人类劳动，反映的是人与人之间的社会关系，这是商品的社会属性。马克思认为，劳动创造价值，而且是人的活劳动创造价值。生态环境的价值中也凝结有人类的抽象劳动，具体表现为人类在对生态环境的发现、保护与修复、开发、利用等过程中耗费的大量活劳动。从表2-1来看，农业生态系统服务功能构成中，除了自然力的作用外，还有人的劳动作用，例如生产功能、生活功能，即使是生态功能中的保持水土、废弃物处理、减少病虫害等功能，也离不开人的劳动。此外，马克思主义政治经济学的资本周转理论还论及农作物生产过程中自然力的作用过程，对生态价值构成的理解也具有重要启示。

总之，本书将从农业生态系统服务的价值构成及其价值运动的角度来分析农业生态补偿绩效。为了体现农业的生态环境保护价值和生态系统修复价值，应通过向农业生态环境保护者支付直接成本和放弃发展机会的机会成本来体现，即体现为修复的农业生态补偿和保护的农业生态补偿两个方面。这样，可以激励农业生产者转变农业发展方式，从粗放型农业生产方式向环境友好型农业生产方式转变，达到保护和改善农业生态环境、修复和增强农业

① 刘尊梅．中国农业生态补偿机制路径选择与制度保障研究［M］．北京：中国农业出版社，2012：22-23.

生态系统服务功能以及实现农业可持续发展的目标[①②]。因此，只有促进农业生态补偿绩效的提升，实现了农业生态价值，才能有效保证我国农业的现代化和农业的可持续发展。

2.1.3.2　生态补偿

基于前面的文献梳理，目前生态补偿还没有统一的定义[③]，从本书的研究主题及其需要出发，是立足于生态系统服务功能来界定生态补偿。因此，本书采纳中国生态补偿机制与政策研究课题组对生态补偿的定义。即所谓生态补偿，就是指以保护和可持续利用生态系统服务功能为目的，以经济手段为主要方式，由生态环境受益者向保护者或修复者提供补偿的制度安排[④]。这个定义主要包括以下三个方面：一是体现了“谁受益谁补偿”的原则，指出生态环境受益者应该向生态系统提供保护或恢复者付出的环保直接成本进行生态补偿；二是强调了生态补偿是一种制度安排，以经济手段进行调节，实现经济效益的外部性内部化；三是包括了生态系统服务的保护者或者修复者为了保护生态系统服务功能，而放弃了发展机会的机会成本，因而也需要对这部分机会成本进行补偿。[⑤] 可见，这个定义比较完整地考虑到生态补偿必须涉及的成本、外部性、投入、机会等要素的补偿问题。

2.1.3.3　农业生态补偿

1. 农业、农业生态与农业生态环境

农业是指利用动植物的生活机能，通过人工培育以获取农产品的社会生

---

① 严立冬，等．农业生态补偿研究进展与展望［J］．中国农业科学，2013（17）：3615－3625.

② 刘尊梅．中国农业生态补偿机制路径选择与制度保障研究［M］．北京：中国农业出版社，2012：23－24.

③ 赖力，黄贤金，刘伟良．生态补偿理论、方法研究进展［J］．生态学报，2008（6）：2870－2877.

④ 中国生态补偿机制与政策研究课题组．中国生态补偿机制与政策研究［M］．北京：科学出版社，2007：69.

⑤ 刘尊梅．中国农业生态补偿机制路径选择与制度保障研究［M］．北京：中国农业出版社，2012：19－20.

产部门[①]。关于农业范围的界定在不同国家或者同一国家的不同时期，因划分国民经济部门的方法有别而有所不同。国内农业的界定有狭义与广义之分。狭义的农业仅指种植业；广义的农业是指农（种植）业、林业、牧业、副业和渔业。在国外，通常农业包括种植业和畜牧业。但有的经济发达国家还把为农业提供生产资料与技术服务的农业前部门和农产品加工、储藏、运输、销售等农业后部门列入农业范围。由于农业的范围界定不清晰，往往导致农业生态环境保护或农村生态环境保护的范围不明确，容易造成理论研究和实践操作的混乱。考虑到前面对农业企业的界定，本书所指的农业是指广义的农业。

所谓农业生态，是指在人类活动的干预下，由农业生物群体与环境因素组成的能量转移和物质循环系统。农业生态系统是兼有自然与人工两个方面特征的复合生态系统[②]。

农业生态环境是指农业生物（包括各种栽培植物、林木、畜牧、家禽和鱼类等）正常生长繁育所需的各种环境要素的综合整体，一般包括气候因素、土壤因素、水体因素、地形因素和生物因素等自然因素及人为的社会环境因素。其中，水和土壤对农业生产来说，既是资源又是环境要素，且种植业与畜牧业对水和土壤影响较大[③]。

2. 农业生态补偿

如前面文献介绍，本书与进忠（2011）等研究者一样倾向于农业的生态补偿这种界定方式。本书采用刘尊梅（2012）对农业生态补偿的定义。所谓农业生态补偿，是指为保护农业生态环境和改善或恢复农业生态系统服务功能，农业生态环境的受益者对农业生态系统的服务者（或农业生态环境的保护者）所给予的多种方式的利益补偿。该定义主要包含两层意思：第一，农业生态补偿的目的集中体现在农业生态系统服务价值。第二，农业生态环境受益者对农业生态系统服务者进行补偿。该内涵体现了农业生态补偿的针对

---

①② 张跃庆．经济大辞海［M］．北京：海洋出版社，1992：78，688.

③ 刘尊梅．中国农业生态补偿机制路径选择与制度保障研究［M］．北京：中国农业出版社，2012：21.

性和目的性，明确了农业生态补偿中的主体与客体，还强调了农业生态补偿是一种制度安排。可见，农业生态补偿作为生态补偿的一种类型，它的研究范围较窄，主要是研究农业的生态补偿。根据第 1 章研究范围的界定，本书的农业生态补偿是针对农业生态环境污染防治和农业生态环境建设方面的补偿。

2.1.4　农业生态补偿绩效

2.1.4.1　绩效

“绩效”一词，单纯地从语义学来理解，就是“成绩”与“效益”的意思，但又与我们通常使用的“效果”和“效率”这两个词汇有区别。效果的意思体现为目标达到的程度，效率则为投入与产出之间的关系。而绩效就是对组织目标的贡献，与效果相比更具行为特征和主观能动性①。

但从概念的界定来看，学术界对绩效含义的认定并不统一，主要有四种代表性定义：“结果”观 、“行为”观、“能力”观和“多维”观。王朝明教授（2013）在这四种观点的基础上进行了扬弃，他更倾向于从行为与结果的有机结合来界定绩效。他认为，“绩效是指为了实现特定目标，在现行法律法规、伦理道德约束下采取行为取得的有效（益）结果”。这样定义较全面、深刻地理解了绩效的内在实质。具体表现在四点上：一是绩效是目标的完成程度，是客观存在而不是主观想象的东西；第二，绩效是（管理）行为的结果，既要反映投入（行为），也要考虑产出（结果），两者相辅相成，缺一不可；第三，取得结果的行为必须是遵守法律法规、符合主流价值观的，是合规合理的。否则，行为的结果可能是恶果，就谈不上什么绩效了；第四，绩效最终落脚在有效（益）的结果上，一项活动的有效性本身就体现了主体作用于客体过程的有效率，并且这个实际结果的有效性

① 王朝明．社会资本视角下政府反贫困政策绩效管理研究——基于典型社区与村庄的调查数据［M］．北京：经济科学出版社，2013：41．

是可度量的①。

2.1.4.2 农业生态补偿绩效

本书在农业生态补偿和绩效这两个概念的基础上界定农业生态补偿绩效的概念。所谓农业生态补偿绩效，是指为恢复农业生态系统服务功能，实现农业可持续发展的目标，在现行法律法规、伦理道德约束下采取农业生态补偿行为取得的有效（益）结果。它是对农业生态补偿政策实施的结果和主体行为的综合绩效。该定义表明：第一，农业生态补偿绩效的目标是农业生态系统服务功能，实现农业可持续发展；第二，农业生态补偿绩效要考虑农业生态补偿的投入与产出之间的关系；第三，农业生态补偿取得结果的行为是遵守法律法规、符合主流价值观的，是合规合理的；第四，农业生态补偿对恢复农业生态系统服务功能是有效的，并且结果的有效性是可以度量的。

2.2 理论基础

本书是以经济发展转型为背景，从政府、企业和农户的有限理性经济人行为出发来开展农业生态补偿绩效研究。首先需要深入分析政府、企业与农户的行为对农业生态补偿绩效影响的机制机理；其次分析如何提升农业生态补偿绩效和评价农业生态补偿绩效。因此，本书的研究涉及三大利益主体的行为分析、利益主体行为对农业生态补偿绩效的影响分析、农业生态补偿绩效的评价分析等，这是一个经济学与管理学边缘交叉的跨学科研究选题，需要以经济学、发展经济学、管理学及博弈论的相关理论作为理论基础，以及绩效评价方法作为分析工具，来搭建本书的分析框架，进而对本书研究进行理论与实证分析。

---

① 王朝明．社会资本视角下政府反贫困政策绩效管理研究——基于典型社区与村庄的调查数据［M］．北京：经济科学出版社，2013：43．

2.2.1　经济学相关理论

经济发展转型是本书的研究背景，需要运用经济发展转型理论作为理论基础；本书的研究主题是农业生态补偿绩效，而农业生态环境问题是一个公共物品，具有外部性，需要运用外部性理论、公共物品理论作为理论基础；而农业生态补偿制度是一种有效平衡经济发展与生态环境关系的重要制度安排，在考察这种制度实施绩效的农业生态补偿绩效改善时，发现是强制性制度变迁与诱致性制度变迁共同作用的结果，这样需要运用制度变迁理论与补偿理论作为理论基础；而本书的研究视角是基于政府、企业与农户的行为视角，也是基于有限理性经济人行为假设出发，因此，需要运用有限理性经济人行为理论作为分析工具。下面将这些主要理论观点分别概述。

2.2.1.1　经济发展转型理论

1. 经济增长转变论

经济增长转变论要追溯到苏联学者对经济发展方式及其转变问题的研究。20 世纪四五十年代，苏联学者关于农业生产方式及其转变问题的研讨，涉及后来学术界论及的经济增长方式转变问题，形成大量的研究成果。归纳起来，主要有以下两个方面：（1）关于粗放型和集约型的经济增长方式的内涵及其划分。20 世纪 60 年代初期，苏联学者在马克思的外延扩大再生产和内含扩大再生产概念的基础上创造性地提出粗放型经济增长方式和集约型经济增长方式的概念，并对其内涵进行了探讨，例如，丘马钦科（1983）、伊凡诺夫（1983）认为，依靠生产要素量的增加来扩大生产的方式称为粗放型经济增长方式，而依靠生产要素质的提高来扩大生产的方式称为集约型经济增长方式。[①] 但也有学者认为，以上学者将集约型经济增长仅认为是生产要

① 转引自章良猷．前苏联学者关于集约型经济增长的若干理论问题的争论［J］．经济研究，1996（8）：5.

素的“质的变化”，而完全忽视了可能有的“量的增长”的观点是不正确的。例如，别尔乌辛（1979）认为，“生产集约化并不排除资金和劳动的追加投入的可能性和必要性”，但“只有在一个不可缺少的条件下追加投资才导致生产集约化，即这些投资不造成生产效率的降低”。梅德维杰夫主编的《政治经济学》中强调了集约型经济增长在两个方面的统一，即集约型经济增长“是通过生产要素的质的完善，以及通过改进现有生产潜力的利用来实现的”。(2) 关于从粗放型经济增长方式向集约型经济增长方式转变的对策措施。苏联学者提出了一些有价值的对策措施：第一，加速科技进步；第二，调整投资政策；第三，调整国民经济的部门结构和技术结构；第四，提高劳动者的文化技术水平，加速智力开发；第五，改革经济体制，使其符合集约化方针的要求。同时分析了转向集约化难以取得进展的根本原因是经济体制问题。①

我国学者也高度重视经济增长方式及其转变理论研究，早在 20 世纪 50 年代中叶，就有学者结合我国经济的实际开始探讨经济增长方式及其转变理论，例如著名经济学家孙冶方先生提出要解决经济运行中的“高浪费、低效率”的观点②，他认为，“发展生产的秘诀在于如何降低社会平均必要劳动量，在于如何用改进技术，改善管理的办法……，落后的、中间的和先进的企业为了降低社会平均必要劳动量水准而不断进行的竞赛，也就是生产发展，社会繁荣的大道”。③ 后来，著名经济学家刘国光（1983）在此基础上作了进一步拓展研究，丰富了经济增长转变论的内容。以刘国光主编的《论经济改革与经济调整》和《中国经济发展战略问题》这两本书为代表。他认为，经济发展有外延型扩大再生产和内涵型扩大再生产两种途径，并对这

---

① 陆南泉．前苏联经济增长方式评述［J］．经济学动态，1995（11）：76－78.

② 孙冶方先生所阐释的观点主要体现在《把计划统计放在价值规律的基础上》及《从“总产值”谈起》这两篇文章中，这可称为关于经济增长方式转变的思想在我国的最早萌芽。孙冶方先生在这两篇论文中列举了当时我国和苏联经济中存在的一些“高浪费、低效率”的现象，并且他对产生这些问题的重要原因进行了精辟的分析。

③ 转引自改革期刊编辑部．我国经济增长方式转变问题综合［J］．改革，1995（6）：64－68.

两种生产方式进行了界定[①]，在此基础上，结合我国经济发展的实际，他强调指出，今后发展生产应从外延扩大再生产的方式向内涵扩大再生产方式转变。而吴敬琏（1995）教授认为，经济发展战略从以外延方式为主向以内涵方式为主转变，需要有一个与新战略相适应的新体制，应该对原来不适应的经济体制进行改革，提出了建立有中国特色的社会主义经济体制的观点。李萍（1999）在《经济增长方式转变的制度分析——从市场机制角度给出的一个基本理论框架》一文中，对转变经济增长方式进行了制度分析。可见，随着我国经济不断发展和经济体制改革的不断深化，我国学者对经济增长方式及其转变理论进行了更加深入的研究。在经济增长方式及其转变的研究中，综合考虑了技术、制度、体制运行以及管理行为等因素，这为发展经济增长转变论提供了丰富的理论素材。

2. 经济发展转型论

经济发展转型论是随着社会主义国家计划经济体制向市场经济体制转轨，怎样在市场经济体制框架下建立新的经济发展战略及其相关问题的学术讨论观点，虽然还有形成严格意义上的学术流派和理论体系，但围绕发展目标、发展方式、发展模式、发展途径以及转变经济发展方式与体制改革、经济增长、结构调整、自主创新、环境保护、劳动就业、思想观念等方面的关系进行了深入而广泛的研讨，已形成一大批研究成果，窥其核心要义就是转变经济发展方式。为此，经济理论界展开了持续的讨论，可择要归纳如下。

关于转变经济发展方式内涵及若干关系的讨论。唐龙（2009）指出，转变经济发展方式不是对转变经济增长方式的替代，而是针对经济增长在新时期出现的突出新问题，在视野和内容上对转变经济增长方式的继承与拓展。他认为，转变经济发展方式要注重从更广阔的视野强调结构的优化与升级，在结构优化与升级的内涵体系上下功夫。逄锦聚（2009）认为，落实好经济发展方式的转变，就要处理好以下关系：一是经济发展方式转变、经济结构

---

① 所谓外延的扩大再生产，是指依靠增加生产要素的数量，即依靠增人、增投资、增材料、扩大生产场所来扩大生产规模。所谓内涵的扩大再生产，是指生产规模的扩大是依靠技术进步，依靠生产要素的质量，依靠提高社会生产效率而取得的。

调整与经济增长的关系；二是经济发展方式转变、经济结构调整与自主创新的关系；三是经济发展方式转变、经济结构调整与改革开放的关系；四是经济发展方式转变、经济结构调整中政府与市场的关系。

关于转变经济发展方式的制约因素与实施战略的讨论。申广斯（2009）认为，思想观念制约、经济发展阶段和经济体制模式的影响、经济体制上的障碍四个方面是制约经济发展方式转变的主要因素。张卓元（2010）在对我国转变经济发展方式的难点进行分析的基础上指出，“要真正着力抓我国经济发展方式的转变，就不能把保增长放在首位，就不能追求过高的经济增速，应加快重要领域和关键环节改革步伐，对适度宽松的货币政策做适当调整，以免经济过快扩张和出现中位通货膨胀，把注意力集中到提高经济增长的质量和效益、加快转变经济发展方式上”。国务院发展中心课题组（2010）认为，加快经济发展方式的转变需要实施以下四大战略：一是以完善社会保障和扩大基本公共服务为重点的改善民生、扩大内需战略；二是以农民工市民化为重点的城镇化战略；三是以提升中高端产业竞争力为重点的产业转型升级战略；四是以促进节能减排增效和生态环境保护、降低单位 GDP 碳排放强度为重点的绿色发展战略。

关于转变经济发展方式的体制机制创新以及发展目标、发展方式、发展模式等方面的讨论。王一鸣（2008）认为，推进经济发展方式的转变需要体制机制的创新与完善，主要体现在以下四点：一是完善资源价格形成机制；二是深化财税体制改革；三是加快行政管理体制改革；四是构建有利于经济发展方式转变的微观基础。黄泰岩（2008）从发展目标、发展方式、发展模式等方面提出了转变经济发展方式的“七个转变”的内容，并对其如何实现转变的路径进行了阐述。他认为，转变经济发展方式不仅要求从粗放型增长向集约型增长转变或从外延式增长向内涵式增长转变之外，还要求包括向发展目标多元化转变、向经济质量和效益并重转变以及向建设资源节约型环境友好型社会等七个方面转变。并对如何实现转变的路径进行了阐述，提出了加强自主创新，提高经济发展质量和效益；加快经济结构的优化调整；坚定不移地走新型工业化道路；坚持以人为本的科学发展；广泛采用节能减排技术，大力发展环保产业，形成经济发展与能源、环境保护的良性互动，实施可持续发展战略等途径。

2.2.1.2　制度变迁理论

制度经济学派认为，制度要素对经济发展会产生重要影响，是经济发展理论的第四大柱石（王哲，2013）。一系列的制度安排会有效地降低交易成本，推动专业化和分工的深化与发展，进而促使经济的发展和人类福祉的改善。20 世纪 70 年代，诺思等提出了制度变迁理论，后来又通过诺思、拉坦、林毅夫等著名学者不断充实与完善，形成比较成熟的理论体系。

1973 年，诺思等认为，制度变迁是指制度的替代、转化与交易过程。对其内涵理解主要从“替代”“转化”“交易”这三个词来分析：第一，这里的“替代”是指一种更有效的制度替代以前的低效制度或者无效制度。第二，这里的“转化”是指之前的低效制度或者无效制度向更高层更有效的制度转化，隐含着旧制度的扬弃和新制度产生的演进过程。第三，这里的“交易”是指制度变迁是一种交易过程。

在新制度经济学中，制度变迁涉及的行为主体包括政府、团体及私人。诺思认为，制度变迁主体在本质上是一样的，不同行为主体都是“经济人”，各自都要追求自身利益最大化。对团体及私人而言，其理性行为选择是比较制度变迁中预期收益与预期成本，计算是否获得净收益即“外部收益”。只有获得了“外部收益”，制度变迁才有可能。否则，不会产生。诺思（1994）和舒尔茨（Schultz，1968）等认为，制度变迁总是来源于制度需求，而制度需求取决于相对价格的变化、经济增长和技术进步等主要要素。因此，他们对制度变迁理论的研究主要专注于制度需求方面的探讨，后来拉坦和林毅夫等学者从供给方面对制度变迁理论进行了拓展和完善。

拉坦对“诱致性制度变迁”这一概念进行了界定①，并基于诱致性制度

① 拉坦的诱致性制度变迁是指由人们在响应制度不均衡引致的获利机会时自发进行的制度变迁。

变迁理论分析了潜在收入存在的情况下，一项有效制度供给的影响因素。拉坦认为，一个社会所拥有的社会知识存量多少，是影响制度变迁的一个关键因素，分析了社会科学和有关专业知识的进步，可以降低制度的供给成本。拉坦还考察了集体行动行为对制度供给的影响。他认为，解决“搭便车”问题会使制度在团体层次供给出现阻碍的途径只有两条：一是强迫成员参与；二是提供超常规的经济利益激励。①

在制度变迁理论上做出了重要贡献的还有我国著名经济学家林毅夫教授。他在拉坦对“搭便车”问题分析的基础上，重点考察了国家作为一种制度供给力量在制度变迁中的作用，提出了“强制性制度变迁”这一概念②，并在此基础上分析了制度变迁的动力问题。他认为，影响制度变迁的因素主要有税收净收入、政治支持以及其他统治者的效用函数等。并指出，只有当一种新制度安排的预期边际收益大于或者等于统治者的预期边际成本时，国家（或政府）才会强制推行制度变迁。反之，国家（或政府）不会进行强制性制度变迁行为，只会维持之前的低效制度安排③。

对制度变迁的效率评价主要从微观和宏观两个层次来分析。微观效率评价就是立足于单个制度变迁主体的成本—收益分析。对行为主体而言，如果在制度变迁过程中制度效应产生的收益大于其所支付的成本，就可以判定其有效率，否则无效率。宏观效率评价除了包括成本—收益的分析外，还应该包括对制度变迁产生的公平度的评价。不同制度变迁行为主体，因其利益不同评价的方式不同。对企业与私人而言，出于考虑自身利益最大化的行为目标，以微观效率评价进行核算。对政府而言，以宏观效率评价进行核算④。

2.2.1.3 有限理性经济人行为理论

“经济人”假设是从亚当·斯密的《国民财富的性质和原因研究》中衍

①③ 张培刚，等. 发展经济学［M］. 北京：北京大学出版社，2009：113－114.

② 这里的强制性制度变迁是指由国家（或政府）以法令形式强制推行的制度变迁。

④ 胡家勇. 转型经济学［M］. 合肥：安徽人民出版社，2003：3.

生和发展出来的。亚当·斯密（2002）指出，“我们每天所需的食物和饮料，不是出自屠户、酿酒师或烙面师的恩惠，而是出于他们自利的打算。我们不说唤起他们利他心的话，而说唤起他们利己心的话。我们不说自己有需要，而说对他们有利”。亚当·斯密把自利性作为人性的一般规定引入经济学分析，并视为经济活动的动力。经济学分析离不开经济主体的行为决策，因此，“经济人”作为一个重要概念引入经济学分析框架，这是经济学分析的本源回归。后来，边沁、约翰·穆勒等在亚当·斯密的“经济人”内涵的基础上做了进一步发展。

意大利经济学家帕累托第一次正式提出了“经济人”的名词概念，并为它附加了“边际理性”的规定，据此，经济人不仅追求个人利益，而且精于计算，能在权衡边际成本和边际收益中，获得最大效用①。从这种意义上讲，帕累托是第一次提出“理性经济人”内涵的学者，而英国著名经济学家阿里费雷德·马歇尔等又发展了“理性经济人”内涵，于是，“理性经济人”的利益最大化原则就成为经济学行为分析的出发点。由此，经济人行为分析离不开理性经济人这一公理性假设。然而“理性经济人”假设自提出以来，就争议不休，受到质疑，例如凡勃伦、门格尔、哈耶克及赫伯特·A. 西蒙等对其有所争议。其中，西蒙的“有限理性”假设对“理性经济人”是最有力的修正。

西蒙认为，经济学家应该认识到人类理性和非理性的界限，对人类完全理性的崇尚应该让位于更符合人类实际的“有限理性”②。所谓有限理性，是指那种把决策者在认识方面的局限性考虑在内的合理选择，主要包括知识和计算能力两个方面的局限性③。这里提到的“有限理性”，是指人们的经济决策行为会受到较多的限制。西蒙对有限理性这一概念进行了系统化的分析。一是西蒙探讨了“有限理性”的心理机制，对“经济人”完全认知能

---

① 转引自冯昊青，等. 理性经济人的道德辨析及逻辑演进 [J]. 现代经济探讨，2006（11）：62.

② 靳涛. 诺贝尔殿堂里的管理学大师——赫尔伯特·西蒙 [M]. 保定：河北大学出版社，2005：40.

③ 伊特韦尔. 新帕尔格雷夫经济学大辞典 [M]. 北京：经济科学出版社，1992：289.

力的假设提出怀疑，他认为，人类理性在一定限度内起作用，理性的适用范围是有限的。二是西蒙区分了“实质理性”和“过程理性”。所谓实质理性，是指“行为在给定条件和约束所施加的限制内适于达成给定目标”[①]。所谓过程理性，是指“行为是适当的深思熟虑的结果”[②]。有限理性是对理想的“实质理性”的否定，是对现实的“过程理性”的回归[③]。三是西蒙提出用“满意原则”替代“最优原则”。所谓满意原则，是指在对多种方案进行决策时，决策者不是以“最优原则”来选择方案，而是选择能满足实现目标要求的方案[④]。

有限理性经济人行为分析还与方法论个人主义相联系。方法论个人主义分析方法，主张从利益个体行为出发解释社会经济现象，从哲学的角度看带有还原主义色彩，但是，本书是把方法论个人主义当作一种分析工具，在“有限理性”这一约束条件下体现行为主体对目标函数最大化的追求[⑤]。

2.2.1.4 外部性理论

外部性理论的主要代表人物分别是阿弗里德·马歇尔、阿瑟·塞西尔·庇古和罗纳德·科斯。外部性理论起源于马歇尔提出的“外部经济”概念，后来，庇古和科斯等在其基础上进一步发展，它是解释市场失灵的重要理论之一。

马歇尔（1890）在其著作《经济学原理》中，提出了“外部经济”这一概念。他把这种由于企业外部因素对企业发展产生的正向效应，叫作外部经济。这里的企业外部因素是指包括市场发育情况、产供销渠道、信息通信便捷等影响产业规模的诸多方面。

后来，庇古和科斯等学者从不同的角度对外部经济的内涵做了进一步发

---

①②④ ［美］赫伯特·西蒙．西蒙选集［M］．黄涛，译．北京：首都经济贸易大学出版社，2000：247，248，290.

③ Munier B, Selten R, Bouyssou D, et al. . Bounded Rationality Modeling［J］. Marketing Letters, 1999（3）：233－248.

⑤ 胡继魁．中国农地污染与农业可持续发展［M］．成都：西南财经大学，2016：42.

展。在探究外部性产生的原因及解决方案中，产生了两种典型思路，形成庇古税方案和科斯定理。

（1）庇古税方案概述。20 世纪 20 年代，旧福利经济学代表人物之一庇古在其著作《福利经济学》中，进一步阐述了“外部经济”思想，首次提出了外部性的概念。在外部经济与外部不经济的基础上，形成正外部性和负外部性的概念。外部性根据其影响结果可划分为正的外部性和负的外部性。外部性的存在可能导致市场失灵，从而造成个人边际产品净收益与社会边际产品净收益发生背离。庇古（2011）认为，私人在追求个人收益时，如果其活动增加了社会边际产品净收益，那么这时的私人活动就具有正的外部性。反之，私人的活动就具有负的外部性。如何解决外部性问题？庇古认为，运用市场自由竞争机制无法实现帕累托最优，必须依靠政府力量来纠正个人边际产品净收益与社会边际产品净收益这一背离。如果当个人边际产品净收益大于社会边际产品净收益时，政府就需要采用征税的政策措施来纠正这一负外部性问题；如果当个人边际产品净收益小于社会边际产品净收益时，政府就需要采用补贴的政策措施来弥补这一正外部性问题。这种通过采用征税和补贴政策措施的思路就是“庇古税”方案。

（2）科斯定理概述。新制度经济学家科斯对外部性问题的研究做出了重要贡献。他对外部性问题的研究主要体现在其著作《社会成本问题》中。科斯（1994）认为，将产生外部性问题的根源归因于市场失灵失之偏颇，市场中交易双方的产权界定不清，致使交易双方的行为权利和利益边界根本无法准确界定才是产生外部性问题的根本原因。因此，解决外部性问题，首要的是必须明确产权。以此为基础，他提出了著名的科斯第一定理。其内容为，在产权界定清晰、交易成本为零的前提下，可以通过市场机制使资源配置达到帕累托最优。随后，新制度经济学家们进一步探讨了交易费用不为零的情况，并归纳总结提出科斯第二定理，即如果交易费用不为零，那么初始产权界定就会影响资源配置的效率。当交易费用为正且较小时，可以通过对产权的合理初始界定来提高资源配置效率，实现外部效应内部化，而无须抛弃市场机制。

2.2.1.5 公共物品理论

经济学上将物品划分为公共物品和私人物品。1954 年，保罗·萨缪尔森（1992）在其《公共支出的纯理论》一文中，对公共物品的这一概念进行了定义。他认为，“公共物品是每个人对这种产品的消费，都不会导致这种产品的减少，不会影响别人对这种产品的消费的物品”。用数学方法解释如下：如果存在一种物品 M 满足 $X_i = X$ $(i = 1, 2, 3, \cdots, n)$，那么就称这种物品 M 为公共物品。而对私人物品而言，用数学方法表达就是，存在一种物品 N，如果满足条件：$X = \sum_{i}^{n} X_i (i = 1,2,3,\cdots,n)$，那么就称这种物品 N 为私人物品。其中，$X_i$ 表示第 i 个消费者消费 N 的数量；X 表示这种物品 N 的总数。①

根据公共物品的定义可知，公共物品主要具有两个方面的属性：一是消费的非竞争性；二是受益的非排他性。其中，消费的非竞争性是指消费者每增加一单位公共物品的消费，都不会影响其他人消费这种公共物品的数量；受益的非排他性是指消费这种公共物品，就算不付费也可以无偿享受物品带来的好处。②

公共物品的上述属性容易导致消费者在公共物品消费上出现“免费搭车”的行为。这样下去，必然导致公共资源消费殆尽，公共资源的服务功能丧失，最终结果就是没有人能够享受这种公共物品。

公共物品会导致市场失灵，因而不能通过市场机制来解决，只能通过政府干预的方式来解决。第一，政府可以加大对公共物品的投入，供给更多的公共物品，满足消费者的需求。第二，政府可以通过政府转移支付的方式对保护公共物品的行为给予补贴及政策优惠。第三，对破坏公共物品的行为政府应该通过行政手段和法律手段，对破坏者进行经济惩罚，甚至追究有关法律责任。

---

①② 许云霄．公共选择理论［M］．北京：北京大学出版社，2006：74－75.

2.2.1.6　补偿理论

在现实中，对于使一些人境况变好，同时又使另一些人境况变坏的非帕累托改进的政策，是帕累托法则无法解决的。对此，新福利经济学家尼古拉斯·卡尔多、约翰·希克斯、提勃尔·西托夫斯基和伊恩·马尔科姆·大卫·李特尔等提出了补偿理论。补偿理论的主要观点是，政府一旦实施开展了某一项经济政策，就会引起市场上相对价格的变化，一些人会因相对价格变动而获利；另一些人会因相对价格变动而受损。为了弥补对受损者的损失，可以通过赋税政策、补贴政策或价格政策的调整，把获利者的一部分收入转移给受损者作为补偿。实施补偿之后，如果还有剩余，说明社会总的福利水平增加了，这样的政策就是合宜的。例如，卡尔多—希克斯标准（Karldor－Hicks Principle，1941）认为，如果受益者对受损者进行完全补偿之后，受益者的福利还有剩余，那么这一政策就提高了社会总的福利水平，这样的政策就是合宜的。在现实中，可以通过卡尔多—希克斯改进来实现，即如果受益者所增加的收益大于受损者的损失，通过一些改进措施，让受益者向受损者提供补偿的方式来实现大家都满意的结果。在这种情况下，资源配置也是有效率的。还如，“西托夫斯基标准（Scitovsky principle）”认为，一项政策的变化，只有同时通过了卡尔多标准和希克斯标准这两个标准，才能算是一种真正的改进。而李特尔认为，卡尔多—希克斯标准和西托夫斯基标准只能说明政策变化是一种潜在的改进，而不能算是真正的改进，要变成真正的改进，还需要考虑分配问题。他的主要观点是，如果受益者给受损者补偿后还有剩余（当然，受损者不能贿赂受益者反对这种变革），并且收入分配是合适的，那么这一社会政策就是合宜的①。在农业生态补偿中，一方面要保证生态环境保护者的利益不受损失，需要对其提供补偿；另一方面又要实现社会总的福利水平增加。为此，补偿理论可以为其提供理论依据。

---

① 转引自杜洪燕．生态补偿项目对农村就业的影响及环境结果研究——北京市延庆区为例［D］．北京：中国农业大学，2017：16.

2.2.2　发展经济学相关理论

农业生态补偿是以农业生态价值为依据的，而农业生态价值的形成是以农业生态环境资源为载体，以农业生态系统服务价值为基础的。开展农业生态补偿，提升农业生态补偿绩效，是为了实现农业的可持续发展。因此，本书的研究需要以发展经济学中的资源、环境稀缺性理论、可持续发展理论、农业发展理论、新发展理念中的绿色发展理念，以及生态系统服务理论、生态资本理论和生态马克思主义理论为理论指导，下面分别进行梳理概述。

2.2.2.1　资源、环境稀缺性理论

1. 资源稀缺论

经济学的产生与发展是以资源的稀缺性为前提的。经济学对资源稀缺性这一概念的定义为：一定时期内相对于人类的欲望而言，现有的资源是有限的[①]。资源的稀缺性可分为绝对稀缺性和相对稀缺性两种。

1798 年，马尔萨斯在《人口原理》一书中提出了关于资源绝对稀缺性的论点。他认为，人口的数量将以几何级增长，而生活资料的数量却是以算术级增长。这样，人口数量将大大超过生活资料的供给能力。从这个角度上讲，资源是绝对稀缺的，这种意义上的稀缺是物质性稀缺。物质性稀缺是指由土地等生产要素提供的生活资料在数量上是绝对短缺的。他还认为，土地资源的质量是平均的，而水、空气等自然资源取之不尽、用之不竭，根本不存在稀缺的问题，可以随意使用，也不用付费。[②] 这种忽视自然资源对经济增长产生重要影响和约束的观点是有局限性的，是不科学的。

1817 年，大卫·李嘉图在《政治经济学及赋税原理》中，提出了资

---

① 王有利．向海湿地补水生态补偿机制研究［D］．吉林：吉林大学，2012：9.

② 转引自刘文燕．国有森林资源产权制度改革研究［D］．哈尔滨：东北林业大学，2007：68.

源相对稀缺性的论点。他认为，自然资源不存在均质性，不认同资源的绝对稀缺，只承认资源的相对稀缺，而资源的相对稀缺并不会构成对经济增长的约束，这种意义上的稀缺是经济性稀缺。在绝对数量上是可以满足人类生活和发展需求的，由于开发资源需要一定量的经济投入，所得的资源却是有限的[①]。与马尔萨斯的资源绝对稀缺论相比，李嘉图的资源相对稀缺论意识到自然资源的稀缺性对人类经济增长的约束作用，这算得上是一种进步。

马歇尔对资源稀缺性理论的发展与完善也做出了很大贡献。马歇尔承认资源稀缺性将导致产品价格的升高，但不认为资源稀缺会对经济增长构成约束。马歇尔也认为自然资源具有稀缺性，自然资源除了作为生产性输入之外，还向人类提供休闲和生活性服务。这种生态环境服务功能具有直接的经济价值，但由于生产的外部性影响，生态环境服务价值常在市场之外，从而加重了自然资源的相对稀缺性[②]。

2. 生态环境稀缺论

生态环境稀缺性论是巴尼特和莫尔斯（1963）于20世纪60年代初期提出来的。他们认为，只有为生产提供原材料和能源的生态环境资源才具有稀缺性。这一时期的生态环境稀缺性论被称为传统生态环境稀缺论。

传统生态环境稀缺性论包括生态环境绝对稀缺和生态环境相对稀缺两种主要观点。生态环境绝对稀缺论者认为，当可获取的生态环境存量达到极限，所有生态环境存量都得到利用，边际费用增加，人类在生态环境替代方面无能为力，经济发展就会停滞[③]，这样，对经济发展来说，生态环境资源就存在绝对稀缺性；而相对稀缺性论者认为，生态环境不存在绝对稀缺，只会存在生态环境质量下降而影响经济发展的相对稀缺。[④] 这两种观点对生态

---

① 转引自刘文燕．国有森林资源产权制度改革研究［D］．哈尔滨：东北林业大学，2007：68.

② Fish A C. Resource & Environmental Economics［M］. National Resource & the Environment in Economics. Cambridge：Mass，1981：378.

③ Morton Paglin. Malthus and Lauderdale：The Anti－Ricardian Tradition［M］. New York：Augusyus M. Kelley，1961：45－46.

④ Daly H E. Steady－State Economics［M］. San Francisco：Freeman，1977：1－22.

环境稀缺问题持乐观态度。他们认为，可以通过经济系统的调节机制、技术创新、提高生产效率等手段和措施来纠正生态环境过度开发行为，从而可以自动减缓生态环境稀缺程度①。总之，传统生态环境稀缺论对于正确认识经济增长与生态环境之间的关系问题有积极促进作用，但在分析生态环境稀缺产生的原因时，将绝对稀缺和相对稀缺彼此割离开来，没有统一起来进行分析。另外，他们虽然将生态环境的功能划分为生产性功能和服务性功能，但他们只关心具有经济价值的生产性功能，而忽视了服务性功能，这种将生态环境的两种功能分离开来的观点是存在局限性的。

20 世纪 60 年代中后期，人类在反思工业化和生态环境污染这一现实问题时，在总结传统生态环境稀缺论的基础上，提出了基于质量互变的辩证思想的现代生态环境稀缺性论。现代生态环境稀缺性论认为，生态环境的稀缺是绝对稀缺和相对稀缺的辩证统一，受质量互变规律作用的影响。一旦生态环境恶化到一定量的程度，生态环境稀缺将发生质的变化，即从相对稀缺向绝对稀缺转变。这种基于数量与质量互变的辩证思想的现代生态环境稀缺性论对解释经济增长和生态环境关系问题更有说服力②。

2.2.2.2 可持续发展理论

《政治经济学大辞典》中对可持续发展理论概念进行了界定，“可持续发展理论是既能满足当代人的需求，不致对后代人的需求构成危害，以达到社会、经济、资源与环境持续、协调、稳定发展的理论”③。

可持续发展理论是在总结人类历史教训的基础上形成和发展起来的。在人类发展史上，经历了渔猎文明时代、农耕时代、工业文明时代和生态文明时代。在演进的过程中，人类的行为总是与当时的生产条件结合，对自然进

① Nathan Rosenberg. Innovative Responses to Materials shortages [J]. American Economic Review, 1973 (13): 116.

② 蔡宁，郭斌. 从环境资源稀缺性到可持续发展：西方环境经济理论的发展变迁 [J]. 经济科学，1996 (6): 59 -61.

③ 张卓元. 政治经济学大辞典 [M]. 北京：经济科学出版社，1998: 726.

行改造，影响了生态环境。在渔猎文明时代，人类生存与发展主要运用木棒和石器，通过采集和狩猎的方式获取食物，对大自然的依赖最强，由于当时的生产条件有限，因而对自然生态的影响不大。在农耕时代，铁制工具的使用，人类的生产条件有所改善，对自然索取的欲望也增加了，但由于当时的生产条件和能力有限，人类经济行为对自然的破坏还只是局部性的。但进入工业文明时代以来，蒸汽机的应用以及计算机和网络技术的应用等科学技术的飞速发展，人类改造自然和征服自然的能力越来越强，人类向自然索取的欲望也越来越强，以致对自然生态的破坏从局部变成全面的影响。特别是20世纪以来，工业文明在为人类创造财富的同时，也造成了人与自然的关系日趋恶化，例如水土流失、土地污染、资源型资源枯竭、气候变化无常、自然灾害频发等生态环境问题越来越严重[①]。正是在这样的背景下，人类开始总结和反思自己的经济行为对生态环境造成的污染与破坏。为此，可持续发展的观点深受广泛关注，人类从此不断思考和解决生态文明问题。因此，可持续发展理论是经济发展理论的深化与拓展。

1987年，《我们共同的未来》研究报告中首次提出了“可持续发展”的概念，并对这一概念下了定义。该定义指出，“可持续发展是既满足当代人的需要又不对后代人满足其需要的能力构成危害的发展”[②]。从此，全球掀起了可持续发展理论研究的热潮。霍尔登等（Holden E et al.，2014）认为，决定可持续发展水平的基本要素主要有以下五种能力，分别是资源的承载能力、区域的生产能力、环境的缓冲能力、进程的稳定能力及管理的调节能力。其中，自然资源的承载能力是基础支持系统，是可持续发展的基础。[③]

而生态环境资源的代际公平是可持续发展的一个核心问题。生态环境资

---

① 《寂静的春天》（R. 卡拉，1962）、罗马俱乐部报告《增长的极限》（1972）等其中的描述就是例证。

② 世界环境与发展委员会（WCED）. 我们共同的未来［M］. 长春：吉林人民出版社，1997：80.

③ Holden E, Linnerud K, Banister D. Sustainable Development: Our Common Futurerevisited [J]. Global Environmental Change – Human and Policy Dimensions, 2014 (26): 130 – 139.

源的代际公平是指，上一代人对生态环境资源的利用不能以牺牲后代人的利益为代价。也就是说，每代人究竟应当利用多少生态环境资源，以及利用的生态环境资源会对后代人产生怎样的影响，都是可持续发展需要考虑的关键问题。在经济发展过程中，要充分考虑生态环境资源的承载能力，协调生态环境、经济增长和社会发展之间的动态平衡关系。可持续发展既要求经济上的可持续，又要求社会可持续和生态可持续。其中，生态可持续是实现可持续发展的基础，经济可持续是实现可持续发展的条件，而社会可持续是实现可持续发展的目的。因此，人类共同追求的应当是自然—经济—社会复合系统的可持续发展。根据以上对可持续发展概念的理解，可持续发展要求在发展的路径上体现经济效益、社会效益、生态效益的和谐统一与动态均衡发展，满足发展性、公平性与可持续性要求①。

2.2.2.3 新发展理念中的绿色发展理念

转型以来，随着经济社会的发展，人们对“发展”的认识不断深化，从发展是硬道理，到发展是第一要务，再到科学发展观，进而演变到“五位一体”总体布局、“新发展理念”的新发展观，这些重要的发展思想是对经济发展理论的深化与拓展。

从党的十八大提出“美丽中国、美丽乡村建设”的要求以来，到第十八届五中全会对新发展观中的绿色发展理念进行了阐释：“坚持绿色发展，必须坚持节约资源和保护环境的基本国策，坚持可持续发展，坚定走生产发展、生活富裕、生态良好的文明发展道路，加快建设资源节约型、环境友好型社会，形成人与自然和谐发展现代化建设新格局，推进美丽中国建设，为全球生态安全作出新贡献。”②

党的十九大将“五大发展理念”推进到“新发展理念”，并对“新发展理念”进行了全面系统的阐述：“必须坚持以人民为中心的发展思想，不断

---

① 刘彦．转型期农业生态安全问题研究［D］．哈尔滨：东北林业大学，2007：25－28.

② 中共第十八届五中全会通过了《中共中央关于制定国民经济和社会发展第十三个五年规划的建议》http：//www. caixin. com/2015－10－29/100867990_all. html#page2.

促进人的全面发展、全体人民共同富裕。”“发展是解决我国一切问题的基础和关键，发展必须是科学发展，必须坚定不移贯彻创新、协调、绿色、开放、共享的发展理念。”“我国经济已由高速增长阶段转向高质量发展阶段，正处在转变发展方式、优化经济结构、转换增长动力的攻关期，建设现代化经济体系是跨越关口的迫切要求和我国发展的战略目标”等。[①] 由此可见，在新发展观基础上提出的“绿水青山就是金山银山”的理念，充分体现出我国对生态文明建设的高度重视，并赋予了绿色发展理论更加鲜明的新时代内涵。绿色发展理论是一种生态后现代主义理论，早期萌芽可以追溯到中国古代哲学。而今它是在对现代技术范式的困境反思的基础上，提出当代社会发展应向绿色生产力、绿色技术范式转变的一种理论。绿色发展的精神内核是通过转变发展理念，构建新的伦理价值、树立生态道德，从而达到生态文化同伦理建设和人文诉求的和谐统一。绿色发展以社会构建作为骨架，以技术体系作为支撑，其系统特征是包容与和谐的统一。从生态文明的角度来总结人类社会的发展特色，可以说传统农业社会是一种“黄色文明”，工业社会是一种“黑色文明”，后工业社会及现代社会是“绿色文明”[②]。绿色发展要求对传统工业文明下技术范式的反思和向生态文明技术范式的转换[③]。

2.2.2.4　生态系统服务理论、生态资本理论及生态马克思主义理论

1. 生态系统服务理论

生态系统服务理论的研究始于 20 世纪 70 年代。1970 年，《人类对全球环境的影响报告》中首次提出了“生态系统服务功能”的概念，在此基础上，对生态系统的环境服务功能进行了阐释[④]。后来，戴利等（Daily et al.，1997）完善了“生态系统服务功能”这一概念，他们认为，“生态系统服务

---

① 习近平．决胜全面建成小康社会　夺取新时代中国特色社会主义伟大胜利——在中国共产党第十九次全国代表大会上的报告［M］．北京：人民出版社，2017：19，21－22，30.

② 郝栋．绿色发展道路的哲学探析［D］．北京：中央党校，2012：21－36.

③ 张晓媚．绿色发展视野下的自然价值建构研究［D］．北京：中央党校，2016：72－76.

④ 转引自汪小平，等．重庆土地利用变化及其生态系统服务价值响应［J］．西南师范大学学报（自然科学版），2009（5）：225.

功能是指生态系统及其物种所提供的能够满足和维持人类生活需要的条件和过程”。并对“生态系统服务功能”的内容和评价方法进行了系统的阐释，同时，应用近 20 个案例对评价方法进行了分类研究。同年，科斯坦萨等（Constanza et al.，1997）在《世界生态系统服务与自然资本的价值》一文中将生态系统提供的商品和服务统称为生态系统服务。1997 年，凯瑞斯（Carins，2011）认为生态系统服务具有重要价值，它不仅为人类提供生态产品，满足人类生存的需要，而且还为人类提供生态系统服务功能，满足人类生活质量改善和发展的需要，是人类从生态系统获得的直接或间接利益的总和。联合国发布的《千年生态系统评估报告》（2005）中指出，生态系统服务是指生态系统结构和功能的维持会对人类的生存和发展有支持和满足产品、资源和环境的作用。该报告中将生态系统服务的类型划分支持服务、供给服务、调节服务和文化服务四种类型①。

如前所述，农业生态系统服务作为生态系统服务的重要组成部分，它除了为人类提供食物生产、原料生产等生产功能之外，还包括调节气体、保持水土、涵养水源等生态功能和提供生态旅游等生活功能。在农业生态补偿实践中，农业生态系统的这些服务功能为实施开展农业生态补偿的必要性和可行性提供了依据，而农业生态系统的服务价值为政策决策者制定生态补偿标准提供了参考依据。

另外，韦斯特曼（Westman，1977）、库克（Cook. E. F，1979）等对自然资源价值的评估，以及对自然资源价值补偿问题的研究等②，这些都为农业生态补偿及其绩效研究提供了理论基础和方法借鉴。现有文献中，生态系统服务功能的价值化方法主要有生产函数法、避免成本法、享受价格法、替代/回复成本法、旅行成本法、条件价值法以及当量因子法等③。

---

① 转引自马爱慧．耕地生态补偿及空间效益转移研究［D］．武汉：华中农业大学，2011：41 – 42.

② 转引自中国21世纪议程管理中心，可持续发展战略研究组．生态补偿：国际经验与中国实践［M］．北京：社会科学文献出版社，2007：18.

③ 谢高地，等．青藏高原生态资产价值评估研究［J］．自然资源学报，2003（2）：189 – 196.

2. 生态资本理论

20世纪80年代以来，环境污染问题引起了社会的广泛关注，可持续发展思想也得到广泛的认同。生态环境作为人类社会生存与发展的重要载体，它对经济发展的作用越来越受到重视。这一背景下，生态经济学家开始深入开展生态环境问题的研究，认识到生态环境作为一种资源所具有的经济价值，在此基础上，提出了生态资本的这一概念。从此，学术界从经济学的角度认识生态环境问题有了概念支撑。生态资本也称自然资本，它为人类提供生产资源和生活条件，是人类赖以生存的外在环境。生态资本如同物质资本、人力资本、社会资本一样，被视为资本的重要组成部分和重要存在形态[①]。对生态资本的认识与理解是建立在生态价值理论的基础上的。关于生态价值形成与决定的理论主要有以下三种观点：第一，要素价值论。从资源的稀缺性出发解释生态环境的价值，这种观点认为，生态环境是一种生产要素，是人类生产生活必不可少的。在世界银行界定的生态资本要素中，主要包括土地、水体、森林、矿藏（石油、煤炭、金属与非金属矿产）等。第二，效用价值论。从资源的有用性出发解释生态环境的价值，这种观点认为，生态环境的价值是一种主观心理感受和评价，生态环境的价值是由边际效用决定的。第三，地租理论。从租金的角度来解释生态环境的价值，这种观点认为，自然资源是一种“土地”，对它的使用也会产生租金，生态环境的价值就体现在这种租金中。[②]无论在上述哪种理论框架下，生态环境资源都是被当作一种生产要素，其价值的载体可称为生态资本。

生态资本根据是否可再生，可以划分为可再生生态资本与不可再生生态资本。可再生生态资本是指人们一旦消耗了一定数量的生态资本之后，可以自动恢复和更新的资本。而不可再生资本是指人们一旦消耗了一定数量的生态资本之后，无法恢复和更新的资本。可再生生态资本如果过度消耗，也会破坏生态系统平衡，降低生态系统服务价值，影响人类的生存与发展[③]。

---

①② 金京淑．中国农业生态补偿研究［M］．北京：人民出版社，2015：36.

③ 胡继魁．中国农地污染与农业可持续发展［D］．成都：西南财经大学，2016：43－44.

生态资本理论的中心思想是生态环境资源是有价值的，对其进行投资，将其转为生态资本，可以提升和巩固生态系统服务价值，从而保持和促进经济社会可持续发展。其主要观点为：第一，物质资本与生态资本具有关联性，生态资本可以转换为物质资本。生产中所需要的原材料等生产要素都是生态环境系统所提供的，在生态环境中把原材料等生态资本转换成物质资本。第二，作为物质资本的载体，生态资本对物质资本具有双重影响作用。例如，农田受到了污染，农业提供的原材料也会降低生产产品的质量，从而影响物质资本。反之，优质的农产品也可以提升物质资本①。第三，生态补偿是获取生态资本的一种重要的经济手段。例如，人们对农业进行生态补偿，就会修复或改善农业生态系统服务功能，这样就会获取更多的农业生态资本，促进农业经济社会可持续发展。

3. 生态马克思主义理论

20 世纪 70 年代以来，全球生态环境受到严重污染，引起了社会的广泛关注，也开始了对人类工业化行为的反思。在此背景下，推动了西方马克思主义者关注生态环境问题的研究，他们的研究成果被学术界称为生态马克思主义理论。

生态马克思主义理论的代表人物主要有莱斯、阿格尔、克沃尔、奥康纳、福斯特和伯克特等。关于生态马克思主义理论的研究，主要源自两种思路：第一种是将马克思主义传统经济学与生态经济学的内容对接与融合，从而改造马克思主义传统经济学关于资本主义经济危机产生的原因及传导机制。第二种是对马克思主义经典著作中缺少生态环境思想的看法进行反驳，在马克思主义经典著作中挖掘生态环境思想。下面分别进行阐述。

第一种思路的代表人物有莱斯、阿格尔和奥康纳，在莱斯的《自然的控制》《满足的极限》以及阿格尔的《论幸福生活》《西方马克思主义概论》中，他们提出并阐述了生态危机理论。他们认为，马克思主义的经济危机理论已经失去了解释力，资本主义社会的危机已经由生产领域向消费领域转

① 胡继魁．中国农地污染与农业可持续发展［D］．成都：西南财经大学，2016：45.

变，生态危机替代了经济危机，并指出生态危机产生的根源是消费异化，消费异化在资本无限追逐利润驱使下必然引起资源浪费性的过度生产，最终引起生态危机的爆发，这是由资本主义制度决定的。因此，解决的办法就是变革资本主义制度，彻底改变资本主义制度及其生产方式，建立社会主义制度。①② 奥康纳在《自然的理由》一书中，在分析资本主义社会生态危机的过程中，将经济危机理论与生态危机理论联系起来，提出了双重危机理论，并且分析了双重危机产生的原因在于资本无限积累和资本主义在全球扩张导致的全球经济发展不平衡③。双重危机理论使生态马克思主义理论趋于完善，也有很强的说服力。据此，克沃尔在《自然的敌人——资本主义的终结还是世界的终结》一书中提出了生态社会主义理论④。生态社会主义理论指出，解决消费异化问题就是发展理念要从以经济理性为主向以生态理性为主转化，经济发展要以生态环境的保护和自然界的承受力为前提。⑤

第二种思路的重要代表人物是福斯特和伯克特。福斯特在《马克思的生态学》一书中首次提出了马克思的生态学概念⑥。而伯克特在《马克思与自然：红色和绿色的观点》这一著作中，阐述了马克思对自然、社会和环境危机的看法，在此基础上，重点阐述了劳动价值论中的生态学内涵⑦。从马克思的劳动价值论解释生态环境的价值，这种观点认为，生态环境的价值是凝结在其中的人类抽象劳动，具体表现为人类在对生态环境的发现、保护与修复、开发、利用等过程中投入的大量物化劳动和活劳动。以上这些生态环境思想都是在经典马克思主义的著作中找到的，若继续深挖下去，将会有更加丰富的生态环境思想的内容，这将为生态马克思主义理论提供更有价值的理论素材。

---

① 本·阿格尔．西方马克思主义概论［M］．慎之等，译．北京：中国人民大学出版社，1991：486－499．

②③ 刘仁胜．生态马克思主义发展概况［J］．当代世界与社会主义，2006（3）：58－62．

④ 余维海．克沃尔的生态社会主义理论初探［J］．南昌航空大学学报（社会科学版），2010（3）：68－73．

⑤ 转引自张才国．克沃尔生态社会主义思想研究［J］．教学与研究，2014（5）：36－38．

⑥ 转引自梁明．马克思的生态学［J］．国外理论动态，2001（1）：32－32．

⑦ 转引自梁明．马克思与自然［J］．国外社会科学文摘，2000（3）：66－67．

2.2.2.5 农业发展理论

1. 改造传统农业理论

1964 年，美国经济学家西奥多·舒尔茨出版了其经典著作《改造传统农业》，该著作为欠发达国家和发展中国家从传统农业改造成现代农业提供了理论支持。舒尔茨在论述改造传统农业时，主要围绕传统农业的基本特征是什么？传统农业为什么不能成为经济增长的源泉？如何改造传统农业？这三个问题进行逻辑展开分析。

舒尔茨将农业划分为传统农业、过渡农业和现代农业。他认为，传统农业具有以下四个特征：第一，投入与产出相比，利润极其低下；第二，收入、消费、储蓄和投资以及农业生产要素的供给和需求之间，在相当长的时间里逐渐达到一种均衡状态；第三，在所有的生产活动中，作为长期经济平衡的伴侣，建立了一套墨守成规的制度；第四，传统农业不能成为经济增长的源泉①。从这些特征来看，传统农业是一种特殊类型的经济均衡状态，本质上是一种生产方式长期没有发生变动和基本维持简单再生产的长期停滞的小农经济②。但舒尔茨认为，在传统农业中，生产要素配置效率低下的情况还是比较少见的，传统农业中的农民并不愚昧，他们对市场价格的变动能做出迅速而正确的反应。传统农业中，不存在大量的剩余人口，单纯地减少人口，而不对传统农业进行升级和改造，只能带来农业的减产。舒尔茨强调，传统农业不能依靠扩大规模来获得更大的效益，而是要注重农业发展的内涵，改变传统发展模式。通过以上分析可见，舒尔茨对传统农业的判断是传统农业虽然贫穷，但还是有效率的。这一判断为改造传统农业提供了理论前提。

张培刚（1999）认为，只有改造传统农业，发展中国家的农业才会不仅

---

① 西奥多·W. 舒尔茨. 改造传统农业（中文版）[M]. 梁小民，译. 北京：商务印书馆，1987：20－28.

② 张培刚. 农业与工业化——农业国工业化问题再论 [M]. 武汉：华中科技大学出版社，2002：22－34.

成为工业发展的基础，而且成为工业发展的助力器。如何改造传统农业？舒尔茨的政策主张是：第一，建立一套适合于传统农业改造的制度；第二，通过市场手段，从供给与需求两个方面为引进新生产要素创造条件；第三，对农民进行人力资本投资[①]。

生态农业是改造传统农业理论的重要内容拓展。对农业进行生态补偿，既是改造传统农业，也是发展生态农业的一种重要举措，尤其是实现现代农业的重要保证。舒尔茨的改造传统农业理论为我国农业可持续发展有着较强的指导和借鉴意义，是农业生态补偿及其绩效的重要理论基础。

2. 农业转型升级理论

（1）农业转型发展。农业转型发展理论是发展经济学的重要理论，其主要内容包括结构转变发展模型、要素引入模型和诱导性技术变迁模型，下面分别进行阐述。

结构转变发展模型是美国经济学家钱纳里提出来的。该理论模型认为，经济结构的转变是一种经济结构向另一种经济结构的转变，这里的转变，强调经济结构的优化与升级。[②] 资源再配置和量—质转换是结构转变发展模型的重要内容，资源再配置对经济结构转变具有重要作用，对发展中国家而言，劳动力资源相对富裕，而资本和技术资源相对不足，为了实现经济结构的转变，资源再配置的核心就是在农业中如何追加资本资源和技术资源。而量—质转换是资源再配置效应的具体体现，它不仅是一个农业经济结构的转变、升级过程，而且是农业中高效率资源对低效率资源的替换过程。由于农业中新资源要素的追加投入，促进了农业的产业结构转变，虽然农业在国民经济中的相对份额在不断下降，但农业的产出与发展质量却在不断提高。

要素引入模型是由美国经济学家舒尔茨提出来的。该理论模型认为，传统农业的低效率并不是因为生产要素配置不合理，而是因为传统农业充分缺

① 西奥多·W. 舒尔茨. 改造传统农业（中文版）[M]. 梁小民，译. 北京：商务印书馆，1987：57－61.

② 郭剑雄，曹昭义. 钱纳里结构转变理论中的农业发展观 [J]. 山东工程学院学报，2000(1)：59－62.

乏现代生产要素（这里主要指资本要素和技术要素）的投入。促进传统农业向现代农业转型的一个基本途径就是增加人力资本投资，人力资本投资是实现农业经济效率提升最关键性的现代要素。

诱导性技术变迁模型是由美国经济学家弗农·拉坦等提出来的。该理论模型认为，技术变迁是农业经济增长模型的重要变量，是突破资源约束的瓶颈、开发农业生产增长潜力的重要源泉，并且指出，这种技术变迁是由经济利益机制或市场机制诱导实现的。与现代农业相比，传统农业的本质特征是“技术停滞”，技术停滞是导致传统农业落后的根源①。因此，解决传统农业的技术停滞问题，是实现传统农业向现代农业转变的关键，而完善市场机制，有效诱导技术变迁与技术创新，才是解决技术停滞的关键。②

（2）转变农业发展方式。如前所述，转变农业发展方式是传统农业向现代农业转变的路径、方法和模式。农业发展方式分为传统农业发展方式和现代农业发展方式。传统农业发展方式的基本特征为：第一，农业生产主要依靠生产要素投入量的增加来实现农产品产出的增加；第二，农业生产结构层次较低；第三，农业中存在大量剩余劳动力，农民收入水平和消费水平相对较低；第四，存在着诸多阻碍农业发展的制度因素，农业可持续发展的基础与环境薄弱等。而现代农业发展方式则体现生态农业、高效农业以及农业可持续发展的要求。其基本特征为：第一，农产品产出的增长主要依赖生产要素效率的提高，农业集约化、专业化程度高，农业生产性服务业充分发展；第二，农业生产结构和农产品品质能够适应满足人们对农产品多样化和优质化的需求；第三，农业在实现可持续发展的同时，保持与工业化和城市化协调发展；第四，农业劳动者收入水平较高；第五，相关制度因素能够适应和促进农业发展的需要等。③

转变农业发展方式的过程，实质上就是对传统农业进行改造的过程。美

---

① 这里所谓的“技术停滞”，舒尔茨解释为是在一个贫穷的农业社会里，农民世世代代都同样地耕作和生活，他们年复一年地耕种同样的土地、播种同样的作物、使用同样的生产要素和技术。对于传统农业技术停滞或技术落后的原因，舒尔茨等的解释是传统农业的高技术风险阻断了资金的注入。

② 王永龙．中国农业转型发展的金融支持研究［D］．福州：福建师范大学，2004：26－27.

③ 石爱虎．论农业发展方式的科学内涵与转变途径［J］．东南学术，2012（1）：157－164.

国经济学家西奥多·舒尔茨的改造传统农业理论表明，与传统农业相比，现代农业有以下优势：第一，由于现代农业科技的采用，提高了农业生产效率，不同的生产技术对相应的生产部门产生拉动效应，使该部门生产出现新的增长点；第二，由于生产技术进步的差异，人们为了追求利益最大化，必然要改变传统的生产投资结构，由过去低效率的投资结构转向高效率的投资结构；第三，在高效率投资结构的推动下，农业生产结构发生相应的变化，传统的生产结构和生产方式被打破，导致农业生产方式、组织形式、经营方式发生了变化，这一过程就是现代农业的发展过程。① 上述现代农业观点只突出了效率的重要性，而没有涉及公平，这是不全面的。随着可持续发展观点的深入推进，现代农业不仅要重视效率，还应该重视生态环境的代际公平。因此，在转变农业发展方式的过程中，既要注重效率，也要重视公平。一方面，农业科技的创新与应用，提高了农业生产效率，增加了农业的产出，但也要防止化工农业生产可能带来的土壤板结、农业面源污染等生态问题；另一方面，现代农业是以科技为支撑，以现代投入品（如有机化肥、低毒农药、可降解的地膜等）为基础的绿色农业。现代农业主张农业的绿色化发展，是科技农业、生态农业和智慧农业的集中体现。

对我国而言，在新常态下转变农业发展方式是实现农业现代化和农业可持续发展的必然选择，是优化产业结构、增加农民收入、实现人与自然和谐共生的保证。如何转变农业发展方式呢？其实现的基本路径主要涉及以下六个方面：一是完善农业基础设施；二是强化农业科技创新与推广；三是培养新型职业农民；四是创新农业生产经营体制；五是完善农业支持保护体系；六是构建适应和促进农业发展方式转变的外部制度环境。②

2.2.3　管理学相关理论

本书主要分析政府、企业与农户的行为对农业生态补偿绩效影响的机制

---

① 西奥多·W. 舒尔茨．改造传统农业（中文版）［M］．梁小民，译．北京：商务印书馆，1987：21 - 26.

② 石爱虎．论农业发展方式的科学内涵与转变途径［J］．东南学术，2012（1）：157 - 164.

机理，在此基础上，构建提升农业生态补偿绩效的机制。而政府、企业与农户这三个利益相关者的经济利益分配与博弈行为都会对农业生态补偿绩效产生影响，且三个利益主体的行为均涉及宏微观领域的利益相关和公共管理。因此，本书需要运用利益相关者理论与“多中心”协同治理理论作为理论基础，下面分别进行概述。

2.2.3.1 利益相关者理论

利益相关者理论是20世纪60年代逐渐兴起的，伊迪丝·彭罗斯于1959年出版的《企业成长理论》中，提出了“企业是人力资产和人际关系的集合”的观点[①]，这是利益相关者理论的最初体现。后来，在欧美发达国家公司治理实践中不断发展和完善。在众多利益相关者定义中，最具代表性的是爱德华·弗里曼（R. E. Freeman，1984）的观点。弗里曼认为，“利益相关者是任何能够影响组织目标的实现或者受组织目标实现影响的团体或个人”。这一认识深化了利益相关者的内涵，它不仅包括影响目标的相关主体，而且包括目标实现过程中的被影响主体。[②] 利益相关者理论的核心是通过协调和管理利益相关者的利益分配来促进组织目标的实现。

本书论及的农业生态补偿及其绩效就涉及多个利益相关主体，概括而言，主要包括农业生态环境的破坏者和受害者、保护者和受益者。国内学者马国勇等（2014）根据弗里曼（1984）关于利益相关者的认识，通过对相关文献的梳理和分析，从四个角度对生态补偿利益相关者进行了分类。第一，从生态补偿影响涉及范围角度来划分，生态补偿的利益相关者可分为影响者和被影响者。这种分类所反映的“影响”可以是主动的或被动的，也可以是正面影响或负面影响。第二，从主体行为作用的负面影响角度来划分，生态补偿利益相关者可分为破坏者和受害者。第三，从主体行为作用的正面

---

① 转引自楚永生. 利益相关者理论最新发展理论综述［J］. 聊城大学学报（社会科学版），2004（2）：33.

② Key S. Toward a New Theory of the Firm：A Critique of Stakeholder Theory［J］. Management Decision，1999（4）：317－328.

影响角度来划分，生态补偿利益相关者可分为保护者和受益者。第四，从主体的直接或间接性角度来划分，生态补偿利益相关者可分为直接利益相关者和间接利益相关者。以上四种分类不是相互排斥的，而是相互联系的，可以结合使用，以便科学准确识别生态补偿中的利益相关者。

2.2.3.2　“多中心”协同治理理论

20世纪80年代以来，“多中心”协同治理理论在公共管理研究方面越来越备受关注，也逐渐成为协同治理理论的研究重点。“多中心”协同治理理论是美国印第安纳大学著名学者艾莉诺·奥斯特罗姆（Elinor Ostrom）和文森特·奥斯特罗姆（Vincent Ostrom）夫妇在迈克尔·博兰尼（Michael Polanyi，1951）“多中心”理念的基础上发展起来的。

所谓多中心协同治理，是指社会中多元行为主体在一定集体行动规则下，通过相互博弈、相互调适、共同参与和合作等途径，形成协作式的公共事务组织来有效地开展公共事务管理和提供优质的公共服务，实现持续发展的绩效目标。[①] 多中心协同治理主张多元行为主体相互协调、共同治理，是对单中心治理的拓展和创新。“多中心”协同治理理论是在单中心治理模式基础上的理论创新。

在公共资源治理方面，埃莉诺·奥斯特罗姆（Ostrom，2010）提出了建立自我组织的多中心协同机制的观点。埃莉诺·奥斯特罗姆（Ostrom，2010）等通过研究5000多个小规模公共池塘资源案例，分析了“公地悲剧”“囚犯困境博弈”“集体行动的逻辑”等模型，提出了公共池塘资源的共享者们可通过“自组织”有效地自主治理。这种多中心协同治理的思想，避免了在公共资源治理上的市场失灵、“搭便车”、政府管理效率低下和“权力寻租”等问题。

“多中心”协同治理理论的主要观点可以概括为以下三点：第一，强调治理主体的多元化。在公共事务治理中，政府单一主体治理或市场单一主体治理

---

① 曾维和．当代西方政府治理的理论化系谱——整体政府改革时代政府治理模式创新解析及启示［J］．湖北经济学院学报，2011（1）：72－79.

都存在自身的不足，社会中的治理主体应该是多元的，除政府和市场外，还应该包括非政府组织、企业及公民个人等。第二，强调多主体协同。多主体协同是基于“自发”的建立与发展。多主体协同是“多中心”协同治理理论的核心思想。在公共事务治理中，各治理主体都是总体治理框架下各自的中心。虽然在形式上他们相互独立，但在一定规则约束下，他们共同行使主体权力，遵守多主体协同。他们之间相互协调、相互依存、共同治理，从而实现组织的目标。埃莉诺·奥斯特罗姆（2000）明确指出，多中心协同治理是“把有局限的但独立的规则制定和规则执行权分配给无数的管辖单位，所有的公共当局具有有限但独立的主体地位，没有任何个人或群体作为最终的和全能的权力凌驾于法律之上”。第三，强调自主组织和自主治理。多中心协同治理是以自主组织和自主治理为基础，通过多个治理主体和协同机制来共同治理公共事务。

2.2.4　相关博弈理论

本书研究的核心是分析政府、企业与农户的博弈行为对农业生态补偿绩效的影响机理。由于农业生态环境具有公共物品属性和外部性，因此，各个利益主体在有限理性经济人行为目标导向下，容易陷入“囚徒困境”，这就需要运用囚徒困境博弈理论作为理论基础；而在分析政府行为时，需要考虑中央政府与地方政府两个层面，由于中央政府与地方政府存在委托—代理关系，因此，它们之间的博弈行为分析需要运用委托—代理理论作为理论基础；为了破解“囚徒困境”，有效地提升农业生态补偿绩效，需要构建奖惩机制与合作机制，来动态调整它们之间的行为方式，这就需要运用演化博弈理论和合作博弈理论作为理论基础，下面分别进行概述。

2.2.4.1　囚徒困境博弈理论

1950 年艾伯特·图克（Albert Tucker）提出了囚徒困境博弈模型，它是一个完全理性博弈模型。囚徒困境博弈基本模型的具体描述如表 2 - 2 所示。

表2-2　　　　　　　　　“囚徒困境”博弈模型

博弈方	囚徒2		
囚徒1	策略	坦白	不坦白
	坦白	-6，-6	-9，0
	不坦白	0，-9	-1，-1

表2-2模型中，博弈双方囚徒1和囚徒2的策略集都是｛坦白，不坦白｝，在特定的策略组合中，博弈双方的收益情况如表2-2中的数据①所示。

如果囚徒1选择了“坦白”策略，那么囚徒2也会选择“坦白”策略，被判6个月，而不会选择“不坦白”策略，被判9个月，反之亦然。如果囚徒1选择了“不坦白”策略，那么囚徒2也会选择“坦白”策略，这样会马上释放，而不会选择“不坦白”策略，被判1个月。因此，对每个囚徒而言，选择“坦白”策略获得的收益都大于选择“不坦白”策略获得的收益。作为理性经济人，他们都会选择“坦白”策略，即纳什均衡解为｛坦白，坦白｝。因此，囚徒双方博弈的结果是都不能选择合作｛不坦白，不坦白｝效益最大，而是选择不合作｛坦白，坦白｝效益最小。

2.2.4.2　委托—代理理论

20世纪30年代，委托—代理理论由美国经济学家伯利和米恩斯提出，委托—代理理论是建立在非对称信息博弈论基础上的。在委托—代理关系中，存在委托人和代理人这一对博弈主体，委托人与代理人在双方制定的契约合同下履行各自的职责。代理人本应该为实现委托人的利益最大化而行使代理职责，但作为理性的经济人，理性的代理人就可能利用信息优势获取自身利益，其行动就会出现不利于委托人的逆向选择和道德风险。这样，必然导致委托人利益的受损。因此，在委托—代理博弈中委托人会面临着两个来自代理人方面的约束：一个是代理人的经济理性约束。代理人作为理性经济

---

① ［美］罗伯特·吉本斯．博弈论基础［M］．高峰，译，魏玉根，校．北京：中国社会科学出版社，1999：2-3.

人，在行使代理人职责时，其获得的期望收益不能低于契约合同约定的收益。另一个是代理人的激励相容约束。基于代理人的经济理性约束，委托人要实现利益最大化，就需要满足通过激励相容机制满足代理人的利益最大化目标①。否则，委托人利益最大化目标很难实现。委托—代理理论的落脚点在于如何构建激励相容机制和约束机制，达到博弈双方利益的均衡。②

2.2.4.3 演化博弈理论

达尔文进化论思想是演化博弈理论的重要来源，马歇尔（Marshall，1948）指出，“物竞天择，适者生存”的进化观点是解释现实世界的途径之一，是演化博弈理论的基础。纳什（Nash，1950）对纳什均衡中“群体行为”的解释是演化博弈思想比较完整的理论成果之一，对演化博弈理论贡献最大。而梅纳德·史密斯（Maynard Smith，1973）和普莱斯（Price，1974）提出的“演化稳定策略”概念；1978 年，泰勒（Taylora）和琼克（Jonker）提出的“模仿者动态”概念，对丰富和发展演化博弈理论也作出重大贡献，在此基础上，演化博弈论得到较为快速的发展。

演化博弈理论从有限理性的假设出发（而不是从完全理性假设出发，这样更接近现实），主要分析组成博弈方的群体成员在长期反复的博弈过程中策略的调整过程与均衡策略分析。下面以一个简单的“2×2 对称博弈”为例进行分析。假设博弈方甲与博弈方乙都是有限理性经济人，博弈双方的信息是对称的，博弈方甲的策略集为（策略 1，策略 2），博弈方乙的策略集为（策略 1，策略 2）。具体得益矩阵如表 2-3 所示。

表 2-3　　2×2 对称博弈的得益矩阵

博弈方	博弈方乙		
博弈方甲	策略	策略 1	策略 2
	策略 1	m，m	n，p
	策略 2	p，n	q，q

① 张维迎．博弈论与信息经济学［M］．上海：上海三联书店，1996：403-408.

② 刘金石．中国转型期地方政府双重行为的经济学分析［D］．成都：西南财经大学，2007：83.

假定博弈双方中都有 x 的比例选择策略 1，(1 - x) 的比例选择策略 2。则其数学期望和平均数学期望分别为：

$$u_1 = xm + (1 - x)n$$

$$u_2 = xp + (1 - x)q$$

$$\overline{u} = xu_1 + (1 - x)u_2$$

其复制动态方程为：

$$F(x) = \frac{dx}{dt} = x(u_1 - \overline{u}) = x(1 - x)[x(m - p) + (1 - x)(n - q)]$$

令 $F'(x) = 0$，求得可能均衡解为 $x^* = 0$，$x^* = 1$ 与 $x^* = \frac{(1 - x)(n - q)}{m - p}$。这里,第三个均衡解可能与前两个均衡解中的一个相同，因此，实际有可能只有两个均衡解。其中，前两个均衡解意味着群体成员倾向于采用相同的策略，后一个均衡解意味着群体成员以一定的比例采用不一样的策略。

根据演化稳定策略的性质可知，演化稳定策略的点 x^*，除了本身必须满足是均衡状态之外，还必须满足以下条件：若某些博弈方由于受到干扰的影响偏离了均衡点，复制动态仍然会使 z 回复到 x^*。

也就是，当干扰使 z 出现低于 x^* 时，$F(z) = \frac{dx}{dt} > 0$；反之，$F(z) = \frac{dx}{dt} < 0$，此时均衡解 x^* 就是演化稳定策略。用复制动态方程的相位（见图 2 - 1）表示，复制动态方程的演化稳定策略就是与水平轴相交且交点处切线斜率为负的点如图 2 - 1 中的 x^* 点所示。注意：在图 2 - 1 中，x = 0 和 x = 1 都不是该

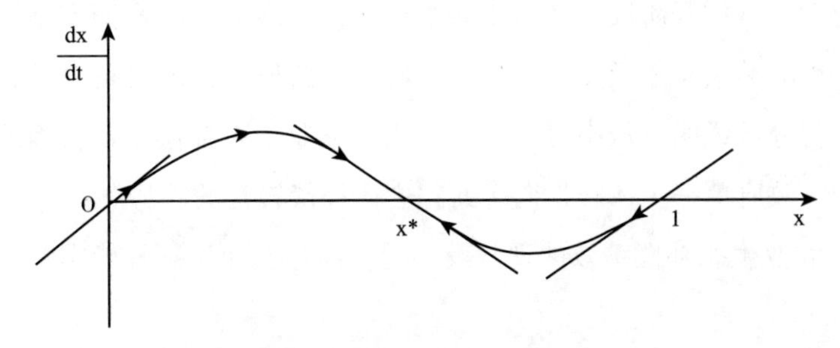

图 2 - 1 复制动态方程的相位

博弈的演化稳定策略，这是因为在这两点处的切线斜率都为正，只有在 x^* 处的切线斜率为负。因此，只有 x^* 点才是该博弈的演化稳定策略①。

2.3 本书的分析框架

2.3.1 分析的理论元素及绩效评价

本书的研究主题是农业生态补偿的绩效问题；研究出发点和路径是经济发展转型下的农业发展方式转变和农业生态补偿，且通过内外因分析，探究政府、企业与农户这三大主体在农业生态补偿中的行为；落脚点是农业生态补偿绩效，这三者之间形成一个紧密的内在逻辑关联结构。其中的理论元素和绩效评价概括如下。

2.3.1.1 农业生态补偿及其绩效是什么：状况与主体分析

1. 农业生态补偿及其绩效的现实状况

（1）农业生态补偿的现实状况。自 20 世纪 90 年代我国开展以“退耕还林”为标志的农业生态补偿以来，中国政府相继颁布了一系列相关的政策文件，并随之开展了相应的农业生态补偿项目实践。为此，本书在政策层面上，主要从农业生态补偿机制相关的政策和生态建设项目相关的政策进行梳理归纳；在实践层面上，主要基于制度变迁理论，将我国农业生态补偿实践历程划分为试点推开阶段、政府主导尝试阶段、政府主导全面实施阶段、政府补偿 + 市场补偿阶段及多元化补偿阶段五个阶段的情况进行总结，并对每个阶段进行分析说明，从中可以看出，我国农业生态补偿实践历程的特色主要体现为，政府单一主体补偿向多元化主体补偿转化的趋势。

（2）农业生态补偿绩效的现状及问题。通过农业生态补偿实践，总体来

① 谢识予．有限理性条件下的进化博弈理论［J］．上海财经大学学报，2001（5）：3－9．

讲，我国农业生态补偿取得了较好的绩效，主要体现在农业生态环境的改善、农业生产方式的转变和农民的增收，以及农村居民社会福利水平的提高等方面，但也存在一些问题，例如在农业生态补偿上政府管理的“缺位”与“错位”；农业生态补偿相关的法律法规建设不完善、相关利益主体的重视程度不够和参与力度不足等问题。对此，将在后面从各利益主体：政府、企业和农户三个层面对农业生态补偿绩效存在的问题及原因进行分析。

2. 农业生态补偿绩效主体的内涵界定

直接涉及农业生态补偿绩效的利益主体的内涵该怎样理解？在导论 1.2.2 范围中“农业生态补偿绩效主体提出”的基础上，为了更深入地分析政府、企业和农户的有限理性经济人行为对农业生态补偿绩效的影响机理，解决好“谁补偿”和“补偿谁”的问题，这里需要对本书研究主体涉及的政府、企业和农户三大主体的内涵加以界定。

（1）政府。农业生态环境属于公共物品，无论是中央政府，还是地方政府都是农业生态环境保护与修复的责任主体，但中央政府和地方政府在提升农业生态补偿绩效的行为目标有所不同，中央政府主要是基于追求社会效益最大化为其行为目标，制定和实施农业生态补偿绩效政策措施，其目的是改善农业生态环境状况，协调农村、农业、农民与生态的平衡发展，实现农业的现代化。而地方政府在农业生态补偿绩效问题上具有双重角色定位，一方面，地方政府是农业生态补偿绩效巩固和提升的直接责任主体，在中央政府的生态文明建设目标考核和监督下，实现生态环境保护与修复目标，起到保护农业生态环境的作用，对农业生态补偿绩效具有促进作用；另一方面，作为有限理性经济人的地方政府，为了实现自己的“职位晋升”和本地区的经济利益最大化目标，又不惜牺牲农业生态环境，对农业生态补偿绩效起到负面的影响。

（2）企业。农业企业作为有限理性经济人，以追求利润最大化为其行为目标。在此行为目标导向下，企业的生产经营行为对农业生态补偿绩效既有积极的一面，也有消极的一面。积极的一面主要体现在体制机制、法规政策的导向下企业采用环境友好型生产行为，例如“三废”排放量的减少及治理、清洁能源的使用、废弃物的资源化利用等。而消极的一面主要体现在企业完全逐利性的生产经营行为对农业生态环境的破坏，对农业生态补偿绩效起到消极的影响，例如过度开发与利用生态环境资源、“三废”随意排放等。

（3）农户。农户作为有限理性经济人，以追求自我收益最大化为其行为目标。在此行为目标导向下，同样，农户的生产生活行为对农业生态补偿绩效既有正面影响，也有负面影响。正面影响主要体现在法律法规的强制约束、惠农政策及生态环境保护宣传的引导下农户采用清洁生产行为，例如农药、化肥等农业投入品的减量施用，农作物秸秆的资源化处理及畜禽粪便的综合利用等，还有农户逐步养成不乱堆乱放农业生产有害废弃物、不乱丢生活垃圾的习惯等。另外，农户的退耕还林、退牧还草等行为都对农业生态环境起到了保护作用。而负面影响主要体现在农户一味地追求粗放式农业生产的自利行为，驱使农户过度垦荒，过度放牧，过度使用农药、化肥和地膜等，以及长期使用除草剂、杀虫剂等，另外，长期形成的不良生活卫生习惯也污染了农业生态环境，例如乱堆乱放有害废弃物、乱丢生活垃圾、畜禽粪便随意排放等。

2.3.1.2 为什么要进行农业生态补偿：内外因解析

1. 农业生态补偿的内因分析

内因是对事物的发展起决定性作用。什么因素会对农业生态补偿产生决定性影响呢？也就是要回答“为什么要进行农业生态补偿”这个问题。要弄清这个问题，必须弄清进行农业生态补偿的实质是什么？回答这个问题，主要从两个方面来考虑。一方面，开展农业生态补偿是经济发展转型的内在要求；另一方面，开展农业生态补偿就是要恢复或提升生态资本，恢复生态系统服务功能，实现农业的可持续发展。基于此，本节农业生态补偿的内因分析主要考虑经济发展转型、生态资本以及农业可持续发展三个因素。

（1）经济发展转型与农业生态补偿。经济发展转型的本质就是转变经济发展方式，对农业生态补偿及其绩效而言，就是转变农业发展方式。转变农业发展方式是在资源环境约束下，农业经济发展的内在要求，也是实现农业可持续发展的必选之路。转变农业发展方式是解决好农业经济发展与农业生态环境矛盾的关键途径。因此，转变农业发展方式是农业生态补偿的内在驱动力。转变农业发展方式与农业生态补偿之间具有紧密的相关性，一方面，转变农业发展方式，采取环境友好型的现代农业生产方式，可以减轻农业生产行为对农业生态环境的破坏，这样就可以有效保证农业生态补偿的绩效；另一方面，开展农业生态补偿，改善农业生态环境，恢复农业生态系统服务价值，又能促进农业发展方式的转变，进而推进经济发展转型。

（2）生态资本与农业生态补偿。生态资本的不足是制约农业可持续发展的关键因素。如前所述，生态资本理论认为，生态资本如同物质资本一样，是一种很重要的生产要素。因此，解决农业生态资本不足的办法就是对农业生态环境保护和农业生态环境修复增加投入，具体措施就是农业生态补偿。生态资本投入和农业生态补偿存在着一种内在的逻辑关联，彼此之间相互影响、相互制约。农业生态资本的所有者或经营者将生态资本作为农业生产的一种生产要素，投入农业生产和再生产中，采用环境友好型生产技术，生产农业生态产品和提升农业生态系统服务功能，从而实现农业生态资本的价值转换、依靠生态环境资源消费市场实现农业生态资本保值增值，以及应用农业生态资本的循环运行实现农业生产价值的不断循环增值，如图 2 - 2 所示。在这一循环运行过程中，农业生态补偿起到关键性的作用。反之，如果不对农业生态环境开展农业生态补偿，农业生态补偿绩效得不到巩固和提升，农业生态系统服务功能无法恢复，进而就会影响农业的可持续发展。

（3）农业可持续发展与农业生态补偿。农业可持续发展与农业生态补偿之间存在关联性，它们之间相互影响、相互促进。一方面，农业生态补偿是改善农业生态环境，保证生态可持续的重要举措，这是因为生态可持续是可持续发展的基础，所以农业生态补偿可以促进农业可持续发展。同时，可持续发展也要求代际公平，这就需要当代人对后代人造成的收益损失开展农业生态补偿。另一方面，农业可持续发展可以保证经济可持续和社会可持续，这为农业生态补偿的实施提供了资金、技术和劳动力等重要因素，农业生态补偿就是要解决农业可持续发展问题。因此，农业可持续发展是开展农业生态补偿的内驱力。

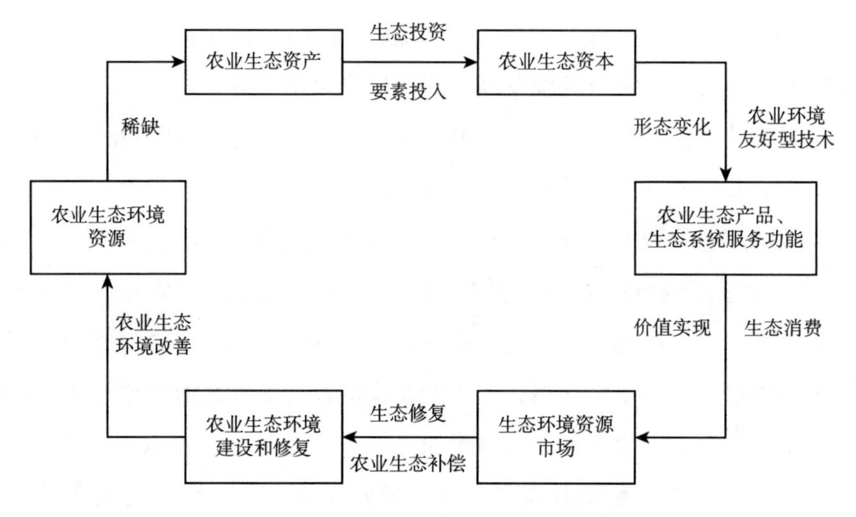

图 2-2　农业生态资本循环与农业生态补偿

2. 农业生态补偿的外因分析

外因是影响事物发展的外在因素，但对事物的发展起重要作用。农业生态补偿的目的是恢复或改善农业生态环境，满足人们对美好生态环境的需要和农业的可持续发展。农业生态环境的外部性和公共物品属性是影响农业生态补偿的关键外在因素。依据外部性理论和公共物品理论，只有解决好农业生态补偿中的外部性问题和公共物品问题，才能结合农业生态环境有效开展农业生态补偿。下面主要就外部性和公共物品两个因素进行分析。

（1）外部性与农业生态补偿。由于农业生态环境同时具有正外部性和负外部性。因此，对农业生态环境外部性的不同表现应采用不同的补偿路径。第一，对农业生态环境正外部性的行为，依据“谁保护谁收益”这一基本准则对保护农业生态环境的行为人给予一定的经济补偿；第二，对农业生态环境负外部性的行为，按照“谁破坏谁补偿”的生态补偿原则，给予生态环境破坏者必要的惩罚，减少负外部性对农业生态环境造成的损害，从而解决农业生态环境行为外部性内部化问题。在具体农业生态补偿实践中，可以通过以下两种途径来解决外部性问题；一是可以通过庇古税来解决外部性问题；

二是可以根据科斯定理，界定生态环境产权，由市场补偿机制来解决外部性问题。

（2）公共物品与农业生态补偿。农业生态环境具有公共物品属性，一方面，由于农业生态环境的非竞争性，导致农业生态环境资源会被过度开发和使用，这种行为长期下去，会导致农业生态环境很快就会消耗殆尽；另一方面，由于农业生态环境的非排他性，“搭便车”问题必然发生，这样就会出现农业生态环境的保护者得不到应有的补偿，农业生态环境的破坏者得不到应有的惩罚。农业生态补偿就是要解决这一问题，也就是根据“谁受益谁补偿”“谁破坏谁补偿”原则开展农业生态补偿。另外，由于农业生态环境这种公共物品的性质决定了政府是农业生态补偿的主要责任主体，但仅靠政府的力量是不够的，还必须调动企业和农户的力量来共同发挥作用。这就是本书开展从“政府补偿 + 企业补偿 + 农户补偿”这一多主体协同治理的根源所在。

2.3.1.3　怎样提升农业生态补偿绩效：机制—行为分析

1. 主体行为的有限理性

根据西蒙的有限理性经济人行为理论，对农业生态补偿及其绩效的主体而言，政府、企业与农户都是市场中的行为主体，符合经济学中的理性人假设。然而在农业生态补偿实践中，尽管他们想努力把事情做好，但由于客观上存在农业生态环境信息的不完整性和不对称性、农业生态环境资源利用及其影响的不确定性、认知能力和解决问题能力的有限性等，都会影响政府、企业和农户面临农业生态环境问题可能采取有限理性经济人行为。根据有限理性经济人行为理论关于“有限理性”的界定，政府、企业和农户在这方面的有限理性经济人行为具体体现有：第一，政府、企业和农户三大行为主体对农业生态环境的科学认识与理解是一个历史过程，在没有充分的科学认识与理解之前，这三大行为主体对农业生态环境的认知是有限的。第二，尽管政府、企业和农户三大行为主体对农业生态环境的功能、价值有了充分的认识，并且也足够地认识到农业生态环境污染的严峻性和治理农业生态环境问题的重要性，但出于生存和发展的考虑与受经济条件的制约，有时也会不得不采取以损坏农业生态环境为代价的经济增长方式。第三，即使上述两个问题都已解决，由于机会主义行为倾向，政府、企业和农户这三大行为主体也还可能做出破坏农业生态环境的非理性行为。[①]

2. 主体层次的行为目标分析

（1）政府的行为目标分析。根据前面分析，政府在农业生态补偿中具有核心主导作用，是最重要的利益相关者。中央政府和地方政府的利益诉求不一样，它们的目标函数不一样，它们在农业生态补偿实践中的行为表现也是不一样的。对中央政府来说，在投入农业生态补偿资金有限的约束条件下，既要保持国家经济发展又要修复或改善农业生态环境，实现经济发展与生态环境发展相协调。也就是说，对中央政府而言，发展经济与生态环境保护同等重要，甚至为了保护生态环境，也会适当牺牲经济增长。中央政府在实施农业生态补偿时更多关心的是协调利益相关者的利益分配以实现社会福利的提高，实现经济社会生态可持续发展。而对地方政府来说，在有限理性经济人的行为模式下，会不断权衡中央政府和地方政府之间的利益关系。一方面，会按照中央政府的政策执行，转变农业生产方式，保护好农业生态环境；另一方面，会更多考虑自身的政绩和地区经济增长，有时甚至不惜牺牲自然资源和破坏生态环境，实现经济效益的最大化，努力做到在任期内、在同级政府中成功实现自己的“职位晋升”和完成国内生产总值（GDP）的攀比赛。

（2）企业的行为目标分析。利润最大化是企业行为的追求目标，是企业做出各种选择时的主要动机和驱动力。一般地，企业在 MC = MR 条件下，实现利润最大化或损失最小化。企业组织生产需要从农业中获取原材料，原材料的质量直接决定产品的质量，可见，良好的农业生态环境对企业来说是非常重要的。但在生产实践中，它们往往从有限理性经济人行为出发，为追求利润最大化，有时不惜浪费资源和污染环境。从传统企业的生产观点来看，

---

① 金京淑．中国农业生态补偿研究［M］．北京：人民出版社，2015：52 – 53.

它们不直接关心农业生态环境是否正常，农业生态系统是否受到破坏，也不直接关心经济社会生态是否可持续发展，它们最关心的只是利润最大化。另外，传统企业也不是很支持研发投入开展技术创新。它们认为，搞技术创新投入成本太高，并且风险也较大，不划算。

（3）农户的行为目标分析。从有限理性人经济人行为出发，农户是以追求收益最大化为行为目标。假设农业生产函数为 $Q = f(X_1, X_2, X_3, \cdots, X_n)$，其中，Q 表示农业产出；$X_i(i = 1, 2, 3, \cdots, n)$ 表示农业资源的投入；X_1 表示土地的投入；$X_2, X_3, \cdots$，X_n 表示化肥、农膜、种子等农业资源的投入；$\frac{\partial Q}{\partial X_i} > 0$，表示农业生产要素投入增加，农业产出也增加。在农业生产实践中，由于土地资源是不可再生资源，是无法增加的，因此，农户要增加产出，获得更多收益，一定会增加化肥、农膜等农业生产要素的投入。化肥、农膜和农药等农业生产要素的过量使用和长期使用，必然会导致农地的污染和农业生态环境的破坏。从长期来看，农业生态环境的建设和保护一定会有利于农业的发展和农民的增收，这不但可以改善农户的生活环境，而且可以提高农业的生产效率和增强农产品的市场竞争力，因此，农户应该主动积极采用清洁农业生产方式，通过减少对化肥、农膜和农药的使用量，对农作物秸秆与畜禽粪便废弃物资源化利用，提高农业生态资源的利用效率等来减少污染，发展有机、高效、绿色、生态农业，不仅改善农业生态环境，而且会促进农户收益的增加。这表明农户行为目标与农业生态环境保护是可叠加的。如果这样，作为农业生产的直接行动者的农户，对促进农业生态补偿绩效的作用就更加明显了。

3. 机制分析

由于农业生态环境的外部性和公共物品属性，农业生态补偿绩效不能达到有效的保持和提升，这就需要构建完善的农业生态补偿绩效机制来协调利益相关者——政府、企业和农户之间的农业生态环境保护和经济利益分配关系。

（1）政府补偿机制。政府是农业生态补偿绩效的主要责任主体。在对待农业生态补偿绩效问题上，中央政府与地方政府存在委托—代理博弈，地方政府之间存在囚徒困境博弈，为了解决存在的问题，可以构建以下机制来实现：第一，激励机制。通过政府生态转移支付和农业生态补贴的方式实现。第二，约束机制。对农业生态造成严重损坏，又不积极主动进行农业生态补偿的行为，要加大惩罚和追究当地政府“一把手”和直接负责人的责任。

（2）企业补偿机制。企业是农业生态补偿绩效的重要参与主体。考虑到企业既是补偿者又是受补偿者的双重身份，可以通过以下机制来提升农业生态补偿绩效：第一，自我约束机制。根据有限理性经济人的成本—收益行为，企业为了减少环境治理成本和避免受到惩罚，实现企业利润产出的最大化，在政府对外部生态环境污染惩治力度加大情况下，通过自我约束机制来实现。第二，自我创新机制。同样根据有限理性经济人的成本—收益行为，企业为了追求更多的利润，而不至于造成生态环境的损害，只有通过管理创新、技术创新和制度创新来实现。第三，外部约束机制。主要体现在政府的行政干预、法律法规的制衡和市场的交易成本。

（3）农户补偿机制。农户是农业生态补偿绩效的直接行动主体。考虑到农户既是补偿者又是受补偿者的双重身份，可以通过以下机制来提升农业生态补偿绩效：第一，自我约束机制。基于农户自身收益最大化的行为目标，农户为了让自己的生活环境更加美好并且能持续增收，通过农户的自我约束机制可以促进农业生态补偿绩效的提升。第二，自我发展机制。在成本—收益行为的诱导下，农户的自我发展机制表现为：为了提供市场上热销价高的有机、绿色、无公害农产品，促使农户采用清洁农业生产行为，并不断上升成维护农业生态环境的自觉意识，进而促进农业生态补偿绩效的提升。第三，外部约束机制。主要体现在农户的环境不友好行为会受到政府的行政手段、经济手段、法律手段等的约束和社会公众的约束。

（4）三种机制的相互协调作用。基于前面的分析，政府补偿机制是提升农业生态补偿绩效的最主要机制，但政府补偿机制主导存在筹资困难、监管成本高、权力寻租、政策时滞等政府失灵的问题。而对企业补偿机制和农户补偿机制而言，虽然他们都是提升农业生态补偿绩效的重要机制，但是仅靠企业补偿机制主导或者农户补偿机制主导都无法实现提升农业生态补偿绩效的目标。因此，依靠单一主体的农业生态补偿绩效机制无法从根本上解决农业生态补偿绩效提升的问题，这就需要基于埃莉诺·奥斯特罗姆和文森特·奥斯特罗姆夫妇提出的“多中心”协同治理理论，构建“政府补偿 + 企业补偿 + 农户补偿”这一多主体协同治理机制，相互协调、相互合作，共同提升农业生态补偿绩效。

2.3.1.4　如何评价农业生态补偿绩效：绩效评价分析

1. 构建农业生态补偿绩效评价指标体系的维度层级说明

笔者以农业生态补偿绩效评价总指标为目标层，分解为政府层面的农业生态补偿绩效评价指标、企业层面的农业生态补偿绩效评价指标与农户层面的农业生态补偿绩效评价指标 3 个一级指标。

政府层面的农业生态补偿绩效评价指标包括：生态建设财政支出指标、农业生态保护基本情况指标、环境治理支出指标。

企业层面的农业生态补偿绩效评价指标包括：财务指标、利益相关者指标、内部运营指标、学习与成长指标。

农户层面的农业生态补偿绩效评价指标包括：经济效益指标、生态效益指标、社会效益指标。

2. 农业生态补偿绩效评价

（1）政府层面的农业生态补偿绩效评价。这里以政府生态转移支付为代表来度量政府层面的农业生态补偿绩效。考虑到数据的完整性与可获得性，本书重点选取了 6 个指标，投入与产出指标各 3 个。其中，投入指标包括：x_1 环境污染治理投资总额（亿元）、x_2 污染源治理投资（亿元）、x_3 林业投资完成情况（亿元）；产出指标包括：y_1 退耕还林工程造林面积（公顷）、y_2 活立木总蓄积量（万立方米）、y_3 森林蓄积量（万立方米）。运用 DEA 方法对政府层面的农业生态补偿绩效进行有效性分析。

（2）企业层面的农业生态补偿绩效评价。这里以生态脆弱区的 14 个样本企业为例，基于1个一级指标、4个二级指标和23个三级指标的企业层面的农业生态补偿绩效评价指标体系，并运用模糊综合评价法，对企业层面的农业生态补偿绩效进行了综合评价。

（3）农户层面的农业生态补偿绩效评价。这里以生态脆弱区为例，基于1个一级指标、3个二级指标和13个三级指标的农户层面的农业生态补偿绩效评价指标体系，运用AHP方法对农户层面的农业生态补偿绩效进行了评价分析。

2.3.2 分析框架的简要说明

综合前面的论述可提炼出本书的分析框架（见图2－3）。本书将经济学相关理论、发展经济学相关理论、管理学相关理论及相关博弈理论等作为理论基础，融会贯通构建本书分析框架。“问题提出→内外因解析→机制—行为分析→绩效评价分析”这一分析框架是基于政府、企业和农户的有限理性经济人行为假设，主要围绕“农业生态补偿及其绩效是什么”“为什么要进行农业生态补偿”“怎样提升农业生态补偿绩效”“如何评价农业生态补偿绩效”这一逻辑层次依次进行展开，来阐述本书的研究主题。其目的是探讨中国经济发展转型下农业生态补偿绩效影响的机制机理。下面主要从四个层次依次进行逻辑展开。

第一层次，农业生态补偿及其绩效是什么：状况及主体分析。主要从我国农业生态补偿的现实状况、农业生态补偿绩效的现状及问题，以及农业生态补偿绩效主体的内涵界定等方面进行分析说明。

第二层次，为什么要进行农业生态补偿：内外因解析。主要包括：一是基于经济发展转型理论、生态资本理论及可持续发展理论等作为理论分析工具，论述农业生态补偿的内因；二是基于外部性理论、公共物品理论等作为理论分析工具，阐述农业生态补偿的外因。

第三层次，怎样提升农业生态补偿绩效：机制—行为分析。主要结合政府、企业和农户三个经济行为主体，基于相关博弈理论构建政府补偿机制、企业补偿机制和农户补偿机制，以及三种机制的相互协调作用，并加以分析。

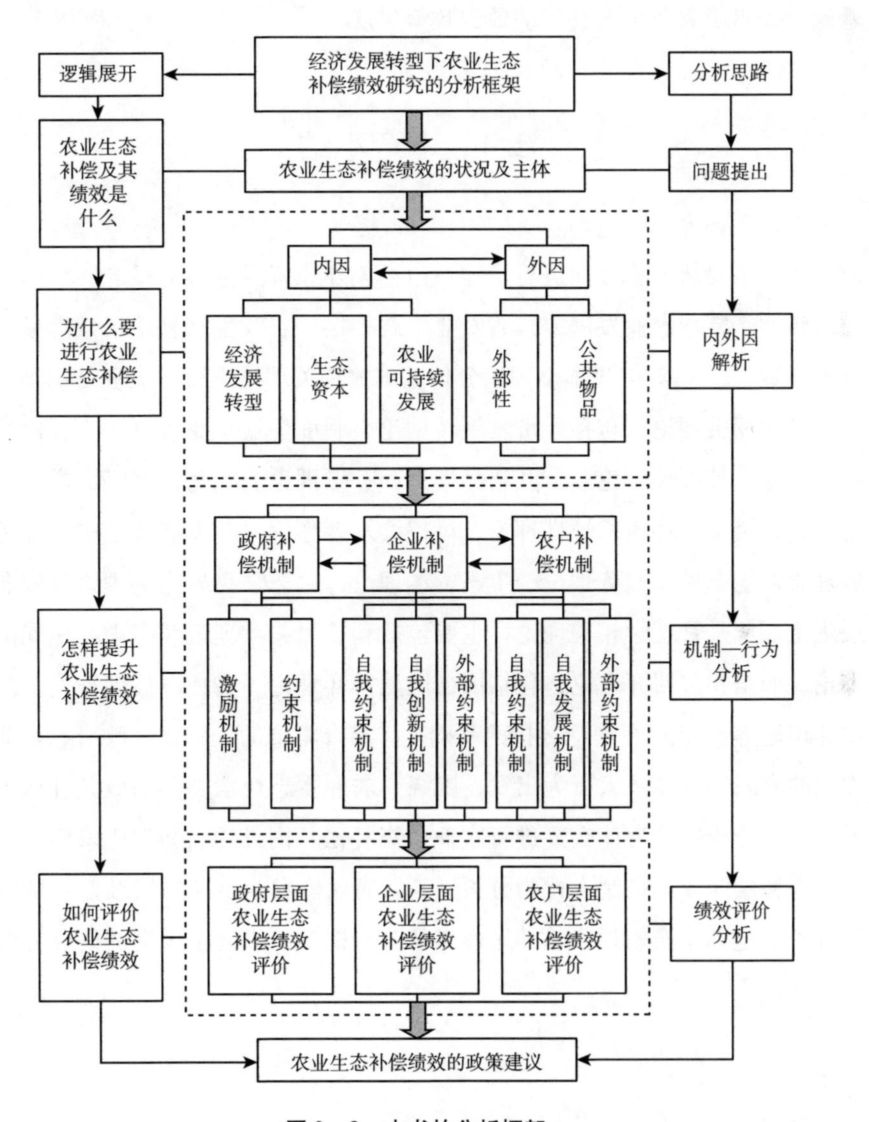

图 2-3　本书的分析框架

第四层次，如何评价农业生态补偿绩效：绩效评价分析。在机制分析的基础上，结合相关绩效评价理论与方法，从政府、企业和农户三个层面构建农业生态补偿绩效的指标体系，并据此对我国生态脆弱区的农业生态补偿绩效加以评估，为提升农业生态补偿绩效的政策措施提供实证依据。

因此，这四个层次相辅相成、紧密结合，并且在理论分析和实证分析的基础上提出了农业生态补偿绩效的政策建议。

2.4 本章小结

本章主要从三个方面进行论述：(1) 对本书涉及的核心概念，包括经济发展转型、转变农业发展方式、农业生态补偿、农业生态补偿绩效等概念进行了界定。(2) 对构成本书理论分析基础的相关理论进行了梳理与归纳。一是经济学相关理论，包括经济发展转型论、制度变迁理论、有限理性经济人行为理论、外部性理论、公共物品理论和补偿理论。二是发展经济学相关理论，包括资源、环境稀缺性理论，可持续发展理论，新发展理论中的绿色发展理念，生态系统服务理论，生态资本理论，生态马克思主义理论及农业发展理论。三是管理学相关理论，主要包括利益相关者理论和多中心协同治理理论。四是相关博弈理论，包括囚徒困境博弈理论、委托—代理理论及演化博弈理论等。(3) 在理论分析的基础上，结合本书的选题，从政府、企业和农户的有限理性经济人行为出发，围绕"农业生态补偿及其绩效是什么：状况与主体分析""为什么要进行农业生态补偿：内外因解析""怎样提升农业生态补偿绩效：机制—行为分析""如何评价农业生态补偿绩效：绩效评价分析"这四个逻辑层次构建了本书的分析框架，明确了全书的研究方向和核心结构。

| 第3章 |

农业生态补偿绩效实践及发达国家经验借鉴

与国外一些发达国家相比，我国开展农业生态补偿的时间不够久远，自20世纪90年代实践以来，经历了一个由试点到全面铺开的发展历程。本章以我国生态脆弱区为例，从分析农业生态补偿的开展情况入手，并对农业生态补偿绩效存在的主要问题、产生的原因等方面进行归纳分析，完成了分析框架中提出的“农业生态补偿及其绩效是什么”这一基本问题。同时，借鉴美国、欧盟、日本等发达国家和地区提升农业生态补偿绩效的成功经验，从中获得怎样提升我国农业生态补偿绩效的启示。

3.1 农业生态补偿及其绩效状况的现实进展

3.1.1 农业生态补偿的开展情况

3.1.1.1 政策层面

1. 农业生态补偿机制相关的政策

随着我国工业化、城市化和农业现代化的推进，无论是中央政府，还是地方政府都越来越高度重视农业生态环境，相继出台了一些农业生态补偿机制相关的政策。下面主要从中央和地方颁布的政策文件中进行梳理。具有代表性的文件如表3-1所示。

表3-1　　中央和地方部分农业生态补偿机制相关政策文件登记

年份	文件名称	主要内容
		中央政策文件
2005	《中共中央关于制定国民经济和社会发展第十一个五年规划的建议》（中共十六届五中全会通过）	第一次提出政府“按照谁开发谁保护、谁收益谁补偿的原则，加快建立生态补偿机制。”
2008	《中共中央关于推进农村改革发展若干重大问题的决定》（中共十七届三中全会通过）	明确指出，“健全农业生态环境补偿制度，形成有利于保护耕地、水域、森林、草原、湿地等自然资源和农业物种资源的激励机制”，这是中央政策第一次提出了要建立农业生态补偿机制
2013	《中共中央关于全面深化改革若干重大问题的决定》（中共十八届三中全会通过）	进一步明确了生态补偿机制制度的地位与作用，主张区域间建立横向发展的制度模式，并将生态补偿推入市场机制。这是第一次正式提出市场补偿的内涵
2015	《关于加快推进生态文明建设的意见》	明确指出，“健全生态保护补偿机制”，这是科学界定了生态保护者与受益者权利义务，加快形成生态损害者赔偿、受益者付费、保护者得到合理补偿的运行机制
2016	《关于健全生态保护补偿机制的意见》	明确提出，“探索建立多元化生态保护补偿机制”，这是第一次提出建立多元化的生态补偿机制
2017	《决胜全面建成小康社会夺取新时代中国特色社会主义伟大胜利》（中国共产党第十九次代表大会报告）	指出，“完善天然林保护制度，扩大退耕还林还草。严格保护耕地，扩大轮休试点，健全耕地草原森林湖泊休养生息制度，建立市场化、多元化生态补偿机制。”这是保护农业生态补偿多元化机制的明确提出
		地方政策文件
2006	《湖北省农业生态环境保护条例》	提出，“建立和完善农业生态补偿机制。对畜禽养殖废弃物和农作物秸秆的综合利用、农业投入品废弃物的回收利用、生物农药和生物有机肥的推广使用等，逐步实行农业生态补偿。”这是我国第一次以立法的形式确立农业生态补偿机制
2017	《江西省农业生态环境保护条例》	明确指出，“县级以上人民政府应当加大农业生态环境保护的投入，将农业生态环境保护经费纳入财政预算，保障农业生态环境质量调查与监测、污染防治、农业废弃物综合利用以及示范项目建设等工作的开展；统筹相关农业补贴资金，采取农业生态环境补贴或者生态补偿等措施，对从事有机农业、生态循环农业活动的农业生产者给予扶持。”

资料来源：根据表中涉及的相关文件整理而得。

综上所述，中央层面和地方层面都制定了农业生态补偿机制的相关政策，这说明，近些年来，各级政府都高度重视农业生态环境建设，尤其是党的十八大以来，国家已将生态文明建设纳入“五个文明建设”之中，把“绿色发展”归入“五大发展理念”之列。通过表3-1也可以看出，农业生态补偿机制也由“政府补偿主导”向“多元化补偿”转变，这也体现出农业生态环境保护的重要性、紧迫性和实践的针对性。同时，地方政府也在中央的指导下，制定了针对各地方实际的农业生态环境保护条例，明确提出了建立农业生态补偿机制，这些都为提升农业生态补偿绩效提供了政策保障和制度支持。

2. 生态建设项目相关的政策

我国开展的农业生态补偿实践也主要是以生态建设项目为依托来实施的。开展了包括退耕还林、退牧还草、退田还湖、治沙防护林建设、污染河流湖泊治理、保护性耕作、农村沼气建设、小型农田水利、水土保持补助和农业清洁生产技术运用补助等农业生态补偿政策。下面以退耕还林和农业清洁生产为例进行政策文献梳理及阐述。

有关退耕还林政策的代表性文件，如表3-2所示。

表3-2　部分退耕还林政策文件登记

年份	文件名称	主要内容
2000	《国务院关于进一步做好退耕还林还草试点工作的若干意见》	明确提出，“每亩退耕地每年补助粮食（原粮）的标准，长江上游地区为300斤，黄河上中游地区为200斤。退耕地实际产量超过粮食补助标准，而农民不愿退耕的，要尊重农民自愿，绝不可强迫农民退耕。”“为鼓励农民退耕还林还草，并考虑到农民日常生活需要，国家在一定时期内可给予现金补助。现金补助标准按退耕面积每年每亩20元计算，补助年限与粮食补助年限相同。补助款由国家提供。”
2002	《国务院关于进一步完善退耕还林政策措施的若干意见》	明确指出，“国家无偿向退耕户提供粮食、现金补助。粮食和现金补助标准为：长江流域及南方地区，每亩退耕地每年补助粮食（原粮）150公斤；黄河流域及北方地区，每亩退耕地每年补助粮食（原粮）100公斤。每亩退耕地每年补助现金20元。粮食和现金补助年限，还草补助按2年计算：还经济林补助按5年计算：还生态林补助暂按8年计算。补助粮食（原粮）的价款按每公斤1.4元折价计算。补助粮食（原粮）的价款和现金由中央财政承担。”“国家向退耕户提供种苗和造林费补助。退耕还林、宜林荒山荒地造林的种苗和造林费补助款由国家提供，国家计委在年度计划中安排。种苗和造林费补助标准按退耕地和宜林荒山荒地造林每亩50元计算。尚未承包到户及休耕的坡耕地，不纳入退耕还林兑现钱粮补助政策

续表

年份	文件名称	主要内容
2002	《国务院关于进一步完善退耕还林政策措施的若干意见》	的范围，但可作宜林荒山荒地造林，按每亩50元标准给予种苗和造林费补助。干旱、半干旱地区若遇连年干旱等特大自然灾害确需补植或重新造林的，经国家林业局核实后，国家酌情给予补助。”
2007	《国务院关于完善退耕还林政策的通知》	指出，“现行退耕还林粮食和生活补助期满后，中央财政安排资金，继续对退耕农户给予适当现金补助。补助标准为：长江流域及南方地区每亩退耕地每年补助现金105元；黄河流域及北方地区每亩退耕地每年补助现金70元。原每亩退耕地每年20元生活补助费，继续直接补助给退耕农户，并与管护任务挂钩。补助期为：还生态林补助8年，还经济林补助5年，还草补助2年。根据验收结果，兑现补助资金。各地可结合本地实际，在国家规定的补助标准基础上，再适当提高补助标准。凡2006年底前退耕还林粮食和生活费补助政策已经期满的，要从2007年起发放补助；2007年以后到期的，从次年起发放补助。”“国家向退耕户提供的种苗和造林费补助。补助标准按退耕地和宜林荒山荒地造林每亩50元计算。尚未承包到户及休耕的坡耕地，不纳入退耕还林兑现钱粮补助政策的范围，但可作宜林荒山荒地造林，按每亩50元标准给予种苗和造林费补助。补助年限与粮食和现金补助相同。”
2015	《关于扩大新一轮退耕还林还草规模的通知》	规定，及时拨付新一轮退耕还林还草补助资金。国家按退耕还林每亩补助1500元（其中，中央财政专项资金安排现金补助1200元、国家发展改革委安排种苗造林费300元）、退耕还草每亩补助1000元（其中，中央财政专项资金安排现金补助850元、国家发展改革委安排种苗种草费150元）。中央安排的退耕还林补助资金分三次下达给省级人民政府，每亩第一年800元（其中，种苗造林费300元）、第三年300元、第五年400元；退耕还草补助资金分两次下达，每亩第一年600元（其中，种苗种草费150元）、第三年400元。各地要及时拨付中央下达的新一轮退耕还林还草补助资金

资料来源：根据表中涉及的相关文件整理而得。

通过表3－2对退耕还林方面的政策梳理，可以看出，随着退耕还林实践的不断推进，退耕还林政策也在不断完善，这些政策措施为我国顺利和圆满开展退耕还林工作起到重要的政策指导和政策保障作用，也有效推动了农业生态补偿工作的开展，促进了农业生态补偿绩效的提升和我国农业生态环境的改善。

关于农业清洁生产方面的代表性政策文件，如表3－3所示。

表3－3　　部分农业清洁生产政策文件登记

年份	文件名称	主要内容
2005	《关于做好建设节约型社会近期重点工作的通知》	明确指出，要加强农业资源综合利用。一是推广机械化秸秆还田技术以及秸秆气化、固化成型、发电、养畜技术；二是研究提出对农户秸秆综合利用的补偿政策；三是开展和推进秸秆和粪便还田的农田保育示范工程
2010	《关于进一步加强重点流域农业面源污染防治工作的意见》	明确提出，要构建农业生态补偿机制，参照发达国家的做法，将补贴与农民采取环境友好型农业技术措施挂钩，对采用清洁农业生产方式的农户进行适当补贴，控制农业面源污染，实现经济发展和环境保护协调发展
2011	《关于加快推进农业清洁生产的意见》	明确提出，“推进农业生产过程清洁化”和“加大农业面源污染治理力度”。具体要求为推广节肥节药节水技术、发展畜禽清洁养殖、推进水产健康养殖、实施农田氮磷拦截和推进农村废弃物资源化利用
2013	《关于加快发展现代农业进一步增强农村发展活力的若干意见》	提出，“加强农作物秸秆综合利用。搞好农村垃圾、污水处理和土壤环境治理，实施乡村清洁工程，加快农村河道、水环境综合整治。”
2015	《关于加大改革创新力度加快农业现代化建设的若干意见》	明确指出，“加强农业面源污染治理，深入开展测土配方施肥，大力推广生物有机肥、低毒低残留农药，开展秸秆、畜禽粪便资源化利用和农田残膜回收区域性示范，按规定享受相关财税政策。落实畜禽规模养殖环境影响评价制度，大力推动农业循环经济发展。”
2017	《关于深入推进农业供给侧结构性改革加快培育农业农村发展新动能的若干意见》	明确提出，“推进农业清洁生产。深入推进化肥农药零增长行动，开展有机肥替代化肥试点，促进农业节本增效。建立健全化肥农药行业生产监管及产品追溯系统，严格行业准入管理。大力推行高效生态循环的种养模式，加快畜禽粪便集中处理，推动规模化大型沼气健康发展。以县为单位推进农业废弃物资源化利用试点，探索建立可持续运营管理机制。鼓励各地加大农作物秸秆综合利用支持力度，健全秸秆多元化利用补贴机制。继续开展地膜清洁生产试点示范。推进国家农业可持续发展试验示范区创建。”
2018	《关于实施乡村振兴战略的意见》	指出，“加强农业面源污染防治，开展农业绿色发展行动，实现投入品减量化、生产清洁化、废弃物资源化、产业模式生态化。推进有机肥替代化肥、畜禽粪污处理、农作物秸秆综合利用、废弃农膜回收、病虫害绿色防控。”

资料来源：根据表中涉及的相关文件整理而得。

总之，从以上农业清洁生产方面的政策文件可以看出，国家对农业清洁生产，从最初的“加强农业资源综合利用”到“‘推进农业生产过程清洁化’和‘加大农业面源污染治理力度’”，再到“推进农业清洁生产”这一演进过程，这说明加强农业清洁生产变得越来越重要，国家对农业清洁生产也越来越重视。这些政策文件为有效开展农业生态补偿提供了政策保障，也为有效提升农业生态补偿绩效指明了方向。

3.1.1.2 实践层面

1999 年，我国在四川、陕西和甘肃三省开展了退耕还林项目试点工作，

2002 年全面启动，即启动以退耕还林生态项目为试点的农业生态补偿项目，拉开了我国农业生态补偿的序幕。从农业生态补偿实践来看，我国农业生态补偿制度的变迁经历了一个从试点推开阶段到多元化补偿阶段的发展历程。

这一发展历程也是强制性制度变迁和诱致性制度变迁共同作用的结果。1998 年发生的特大洪水灾害，国家意识到加强生态环境保护的重要性和紧迫性。1999 年以来，国家相继强制性推出了退耕还林等生态补偿有关制度，为缓解农业生态环境破坏和修复生态系统服务功能起到了重要作用。在农业生态补偿初期，强制性制度变迁是有效的，但随着农业生态补偿及其绩效实践的不断推进，如何解决人们追求优美生态环境的需求与农业生态环境不平衡不充分发展之间矛盾？仅靠政府补偿机制独木难支，还必须充分调动非政府组织、公众、企业和农户等利益相关者的力量，在市场机制作用下，通过诱致性制度变迁来激发各利益相关者共同治理农业生态环境污染，从而提升农业生态补偿绩效。

在我国生态补偿制度变迁中有三个关键制度：（1）2005 年 10 月，中共十六届五中全会审议通过的《中共中央关于制定国民经济和社会发展第十一个五年规划的建议》中，首次提出“政府按照谁开发谁保护、谁收益谁补偿的原则，加快建立生态补偿机制”。（2）2013 年 11 月，中共十八届三中全会审议通过的《中共中央关于全面深化改革若干重大问题的决定》中，进一

步明确了生态补偿制度的地位与作用，主张区域间建立横向发展的制度模式，并将生态补偿推入市场机制。(3) 2016年4月，国务院《关于健全生态保护补偿机制的意见》文件中提出“探索建立多元化生态保护补偿机制”①。本书基于这三个制度的时间节点，结合制度变迁理论，尝试将我国的农业生态补偿实践划分为以下五个阶段：试点推开阶段、政府主导尝试阶段、政府主导全面实施阶段、政府补偿+市场补偿阶段及多元化补偿阶段。具体如下。

第一阶段：试点推开阶段（1999～2002年）。

本书以我国1999年在四川、陕西和甘肃开展退耕还林试点为农业生态补偿实践的起点，由此至2002年，全面开展退耕还林工作。因此，本书将1999～2002年的农业生态补偿实践划分为试点推开阶段。在这一阶段，对生态补偿制度的需求强烈，但我国的生态补偿制度供给严重不足，在这样的背景下，强制性制度变迁发挥了积极作用。此时，生态补偿制度执行主体是政府，政府全面对退耕户开展生态补偿。实践中政府和农户都积极配合，取得了一定的绩效。首先，农业生态环境得到了改善。资料显示，自1999年退耕还林项目在陕西、甘肃和四川开始后，退耕还林扩张速度很快，2000年退耕还林项目就迅速扩展到西部13个省（市）的174个县。到2001年，退耕还林项目投入资金累计达7618亿元，完成了174316万亩的退耕还林任务，以及150118万亩的荒山造林任务②，森林覆盖率的增加改善了农业生态环境。其次，增加了大多数退耕农户的收入。由于政府对退耕还林的补贴超过了退耕户的机会成本。按照当时中央政府制定的退耕还林补偿方案，如果粮食按照每斤0.70元折算成现金，黄河流域的补偿标准为每亩补贴160元，长江流域的补偿标准为每亩补贴为230元。根据陶然等（2004）的实证分析，试点地区甘肃、陕西、四川三省样本退耕的机会成本绝大部分低于国家补贴标准。陕西每亩净收益平均为43元（小于160元/亩），甘肃每亩净收

---

① 资料来源：根据相关文件资料整理而得。

② 陶然，徐志刚，徐晋涛．退耕还林，粮食政策与可持续发展［J］．中国社会科学，2004(6)：25.

益 142 元（小于 160 元/亩），四川每亩净收益 191 元（小于 230 元/亩），都低于国家补贴标准。虽然三省退耕地情况差异较大，但是国家的补贴标准基本为一刀切。因此，甘肃、陕西、四川三省大多数退耕户都获得了收益，增加了收入。

第二阶段：政府主导尝试阶段（2003～2005 年）。

随着农业生态补偿实践的推进，对生态补偿制度变迁的需求也越来越强烈，这必然要求我国的农业生态补偿制度不断创新。于是，我国的补偿机制开始尝试以政府补偿主导的补偿方式，此时的生态补偿制度的供给仍然是以强制性制度变迁为动力，制度的供给主体仍然是政府。本节以生态脆弱区涉及的 21 个省（区、市）的林业投资完成情况为例，包括：林业重点工程造林面积、退耕还林工程造林面积、活立木总蓄积量和森林蓄积量等指标来分析说明第二阶段农业生态补偿实践情况。具体情况如图 3－1 所示。

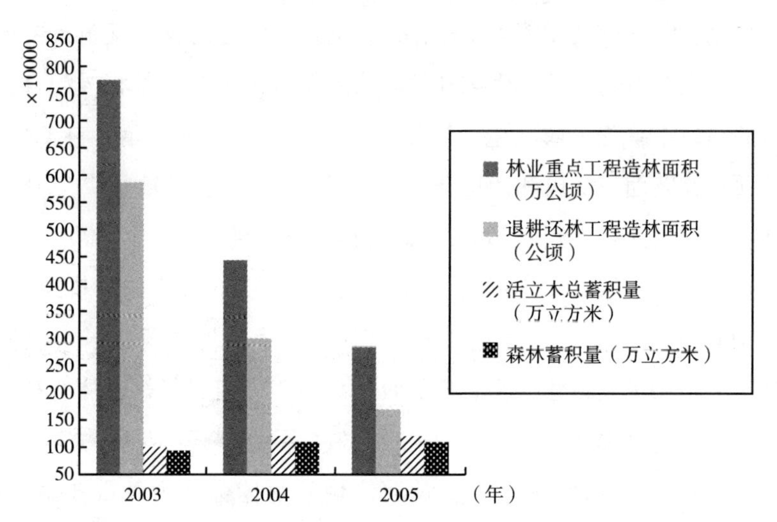

图 3－1　2003～2005 年林业重点工程造林面积等完成情况统计

资料来源：根据 2004～2006 年的《中国农村统计年鉴》相关数据整理而得。

从图 3－1 可以看出，2003～2005 年，林业重点工程造林面积完成情况逐年下降，由 2003 年的 7791294 万公顷，下降到 2005 年的 2850251 万公顷。退耕还林工程造林面积完成情况也逐年下降，由 2003 年的 5873592 公顷，达到 2005 年的 1701476 公顷。活立木总蓄积量呈现上升趋势，由 2003 年的

1023284.63万立方米，达到2005年的1199943.23万立方米，增加了0.1726倍。森林蓄积量也呈现上升趋势，由2003年的926136.25万立方米，达到2005年的1103403.83万立方米，增加了0.1914倍。以上分析说明，此阶段政府补偿起到了重要作用，也取得了较好的效果，这与政府的高度重视和农户的积极参与有很大的关系。

第三阶段：政府主导全面实施阶段（2006~2013年）。

从农业生态补偿实践来看，政府补偿试验获得了成功，强制性制度变迁也发挥了积极作用。2005年10月，审议通过的《中共中央关于制定国民经济和社会发展第十一个五年规划的建议》中，首次提出“政府按照谁开发谁保护、谁收益谁补偿的原则，加快建立生态补偿机制”。以此为契机，我国的农业生态补偿实践正式进入政府主导全面实施阶段。本小节仍以生态脆弱区涉及的21个省（区、市）的林业重点工程造林面积、退耕还林工程造林面积、活立木总蓄积量和森林蓄积量等指标来分析说明第三阶段农业生态补偿实践情况。具体情况如图3-2所示。

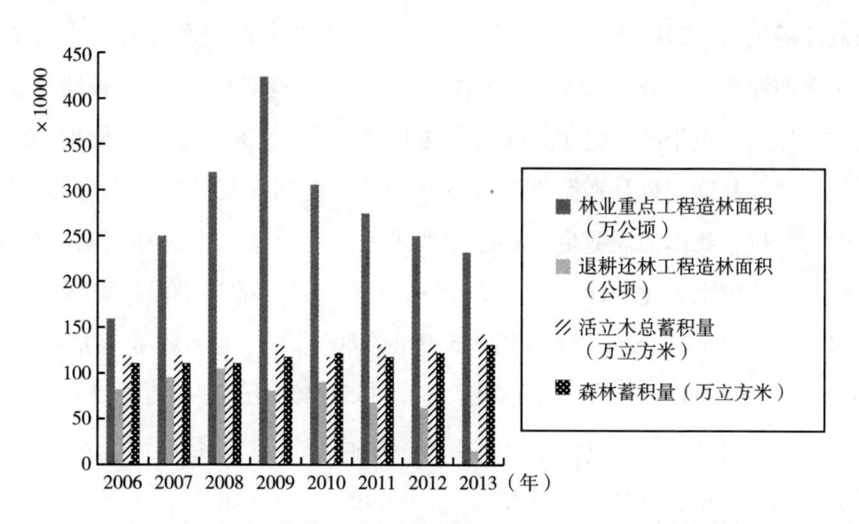

图3-2　2006~2013年林业重点工程造林面积等完成情况统计

资料来源：根据2007~2014年的《中国农村统计年鉴》相关数据整理而得。

从图3-2可知，2006~2013年，林业重点工程造林面积完成情况变化趋势是先上升后下降，由2006年的1585205万公顷增加到2009年的

4237229，然后下降到2013年的2325126万公顷。退耕还林工程造林面积完成情况由2006年的817993公顷下降到2013年的147968公顷。活立木总蓄积量累计完成情况由2006年的1199943.23公顷，达到2013年的1422592.48公顷，增加了0.1855倍。森林蓄积量累计完成情况由2006年的1103403.83公顷，达到2013年的1316376.32公顷，增加了0.1930倍。从活立木总蓄积量、森林蓄积量累计完成情况来看，两者都是处于上升的趋势。整体上讲，农业生态补偿实践产生的绩效没有下降，这说明政府补偿机制还在继续发挥着主要作用，但退耕还林工程造林面积呈现下降趋势，这也可能说明政府补偿机制的效应在减弱。由此，为了更好地开展农业生态补偿，就需要创新农业生态补偿制度，由政府单一补偿向"政府补偿+市场补偿"模式的转变。

第四阶段：政府补偿+市场补偿阶段（2014~2016年）。

从生态补偿制度执行实践来看，生态补偿涉及的资金数量巨大，且资金来源主要靠政府提供。这种单一性补偿方式，无法适应如此庞大的补偿对象。并且政府补偿还存在生态补偿低效和政策滞后的不足，这就需要生态补偿制度的创新。2013年11月，中共十八届三中全会审议通过的《中共中央关于全面深化改革若干重大问题的决定》中，进一步明确了生态补偿制度的地位与作用，主张区域间建立横向发展的制度模式，并将生态补偿推入市场机制。这一制度安排是强制性制度变迁和诱致性制度变迁共同作用的结果。以此为契机，我国的农业生态补偿实践进入政府补偿+市场补偿实施阶段。此阶段，我国生态脆弱区涉及的21个省（区、市）的环境保护财政支出由2014年的2133.13万元增加到2015年的2600.14万元，林业完成投资由2014年的29879417万元增加到2015年的30592402万元。[①] 生态脆弱区涉及的21个省（区、市）的林业重点工程造林面积、退耕还林工程造林面积、活立木总蓄积量和森林蓄积量等完成情况如图3-3所示。

从图3-3可以看出，2014~2016年，林业重点生态工程造林面积完成情况由2014年的1711724公顷增加到2016年的2200686公顷。退耕还林工

① 资料来源：根据2015~2017年的《中国农业统计年鉴》相关数据整理而得。

程造林面积完成情况由2014年的342963公顷增加到2016年的605083公顷。活立木总蓄积量累计完成情况没有发生变化，均为1422592.48公顷。森林蓄积量累计完成情况为2014年1316376.33万立方米，2015年1316376.33万立方米，2016年1316376.32万立方米，基本没有发生变化。以上分析说明，此阶段的生态补偿绩效是明显的，这可能与市场补偿机制的作用有关，农户的积极参与生态补偿有关。

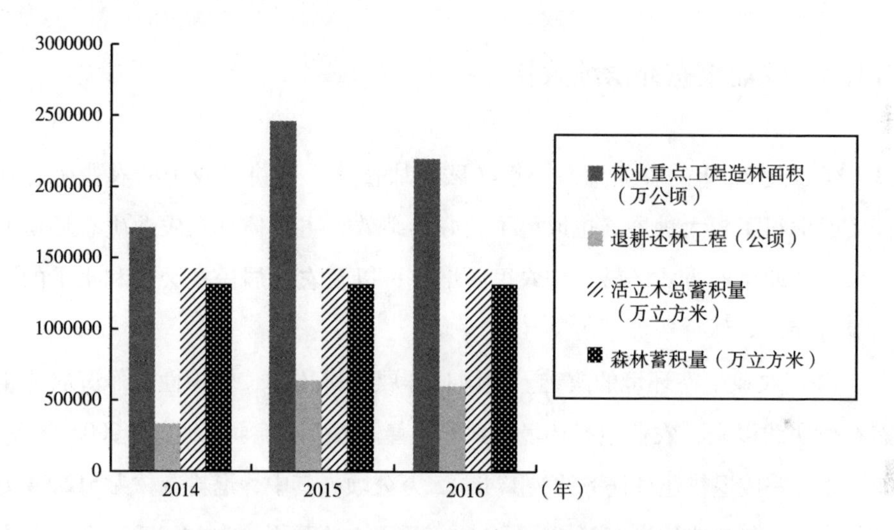

图3-3　2014～2016年林业重点工程造林面积等完成情况统计

资料来源：根据2015～2017年的《中国农村统计年鉴》相关数据整理而得。

第五阶段：多元化补偿阶段（2017年以后）。

农业生态补偿是一个庞大而复杂的系统工程，涉及较多的利益相关者。随着我国农业生态补偿的深入开展，之前的生态补偿制度已不能适应现阶段农业生态补偿的实践要求。后来虽然有市场补偿机制的加入，但仍有缺漏，还必须发挥社会力量参与农业生态补偿的作用。为了适应新时代下的农业生态补偿实践，2016年4月，国务院《关于健全生态保护补偿机制的意见》文件中明确提出要“探索建立多元化生态保护补偿机制……，有效调动全社会参与生态环境保护的积极性，促进生态文明建设迈上新台阶”。从此，我国农业生态补偿实践进入了多元化补偿阶段。根据前面“多中心”协同治理理论，在市场机制的作用下，通过诱致性制度变迁来激发各利益相关者共同参与农业生态补偿实践，提升农业生态补偿绩效。而在近期的农业生态补偿实践中，很多地区逐步形成了有效的社会参与、社会监督、社会评价与各主体利益协调机制，激发了社会公众的生态环境保护意识，增强了生态补偿理念，调动了政府、企业和农户等参与农业生态补偿的主动性与参与性，从而促进了农业生态补偿绩效的提升。

3.1.2 农业生态补偿绩效状况

经过近20年的农业生态补偿实践，从整体上来讲，我国的农业生态补偿实践取得了较大进展，也取得了较好的绩效，主要体现在农业生态环境的改善、农业生产方式的转变和农民的增收，以及农村居民社会福利水平的提高等方面，具体分析如下。

（1）农业生态环境的改善。我国自开展退耕还林、保护性耕作等农业生态补偿实践以来，农业生态环境得到了改善。以生态脆弱区为例，2003～2015年，累计完成退耕还林任务约为1748.85万公顷，其中，退耕造林为512.04万公顷，荒山荒地造林为1236.81万公顷；活立木总蓄积量为1422592.48万立方米；森林蓄积量为1316376.33万立方米[①]。森林覆盖率的增加，生态脆弱区的植被得到了较好的恢复，水源涵养能力提高，对防风固沙、遏制水土流失效果明显。

（2）农业生产方式的转变和农民的增收。农业环境友好型生产方式的实施，有效地减轻了农业面源污染对农业生态环境的负面影响。具体为：第一，大力推广测土配方施肥技术、发放施肥建议卡等，这有效减少了化肥的施用量；第二，有机废物发酵池、生物发酵床等畜禽废弃物处理再利用设施建设，使有机肥返还农田，提高了耕地地力，减少了化肥使用量；第三，农业投入品废弃物收集池建设，对化肥、农药、除草剂等农业投入品的无害化

① 资料来源：根据2004～2016年的《中国农村统计年鉴》相关数据整理而得。

处理，减少了对耕地、水体的污染；第四，农作物秸秆还田技术推广，控制了野外焚烧，改良了土壤质量和结构。有的地方采用环境友好型技术，改善了农业生产环境，促进了农民收入增加，例如，2002~2009年，中德技术合作“中国华北地区集约化农业的环境战略”项目，在藁城等5个项目县的25个村开展了设施蔬菜环境友好技术生态补偿，对采用环境友好型技术的620多名农户提供了补偿。项目实施结果表明，灌水量由每公顷6000吨降到每公顷3300吨，每公顷节约用水2700吨，水资源得到有效利用与保护。氮肥施用量（折纯后）、农药施用量都大幅度降低了，减少了农业面源污染，保护了农业生态环境，其中，氮肥施用量（折纯后）每公顷下降77.8%，农药施用量每公顷下降2.61倍，这些蔬菜达到了绿色食品质量标准，为消费者提供了绿色优质安全的农产品。这一项目不仅改善了农业生态环境，而且还促进了农业增产、农户增收。蔬菜产量每公顷提高7500千克，农户收入每公顷增加1.95万元①。刘尊梅（2012）认为，退耕还林政策的实施可以从以下三种方式增加农户收入：一是国家的退耕还林补助；二是因退耕还林替代产业发展而增加的收入；三是剩余劳动力输出收入。资料显示，保护性耕作方式是一种增产技术，根据河北、山西等的调查，保护性耕作可降低作业成本和灌水成本每亩22~43元，每亩增产收益30~40元，合计农户每亩增收50~80元。②

（3）农村居民社会福利水平的提高。随着农业生态补偿绩效的提升促进了农民生活条件的改善、农村社会福利的改进及农民精准脱贫的推进。资料显示，如重庆市自2000年启动退耕还林项目，截至2016年底，全市退耕还林产业基地实现收入52.9亿多元，退耕还林发展特色乡村旅游实现收入13.1亿多元，林下种养殖业实现收入10.4亿多元，使退耕还林成为名副其

---

① 唐铁朝，等．环境友好农业生产的生态补偿机制探索与实践［J］．农业环境与发展，2011（4）：4-21．

② 高焕文．保护性耕作是一项增产技术［EB/OL］．http：//wnongjitong.com/blog/2008/21355.html．

实的惠民富民工程[①]。重庆市 18 个贫困区（县）已累计下达新一轮退耕还林任务 222.9 万亩，占全市 3 年计划任务 250 万亩的 89.2%。这些区域大量地退耕还林，不仅保护了生态环境，也为优化农村产业结构、加快绿色发展、促进贫困户脱贫增收打下了基础[②]。随着生态补偿政策的深入推进，我国主要贫困地区同时也是重要的生态功能区和生态脆弱区，从某种意义上讲，生态补偿政策的实施可以给当地居民起到扶贫的作用，例如，2000～2016 年，我国农村贫困人口数量由 2000 年的 46224 万人下降到 2016 年的 4335 万人；农村贫困发生率由 2000 年的 49.8% 下降到 2016 年的 4.5%。[③] 另外，农业生态补偿社会效益还体现在农村卫生条件、生活环境的改善上。又如，农村卫生室由 2003 年的 514920 个增加到 2016 年的 638763 个，平均每千农村人口村卫生室人员由 2003 年的 0.98 增加到 2016 年的 1.49，农村乡镇卫生院床位数由 2000 年的 734807 个增加到 2016 年的 1223891 个；农村改水累计收益人口由 2000 年的 88112 万人增加到 2014 年的 91511 万人，农村改水累计收益率由 2000 年的 92.4% 增加到 2014 年的 95.8%；农村累计使用卫生厕所户数由 2000 年的 9572 万户增加到 2016 年的 21460.1 万户，卫生厕所普及率由 2000 年的 44.8% 增加到 2016 年的 80.3%[④]；还有农村人畜混居状况的改善、农村图书室的建设等方面都体现了农村居民社会福利水平的提高。

3.1.3 农业生态补偿绩效存在的主要问题及原因

纵观我国农业生态补偿实践，虽然取得了显著的绩效，但也存在不少问题，下面从政府、企业和农户的行为角度来梳理其存在的主要问题并探究其产生的原因。

---

① 王琳琳．十七年退耕还林 绿了山川富了民［N］．重庆日报，2017－05－18（第 006 版）．
② 王翔．新一轮退耕还林助力精准扶贫［N］．重庆日报，2017－07－17（第 002 版）。
③④ 资料来源：《中国农村统计年鉴》（2001 年、2004 年、2017 年）的相关数据。

3.1.3.1　从政府角度的分析

（1）政府制定的补偿政策不够完善，存在结构性的补偿政策缺位。从农业生态补偿实践来看，中央政府层面和地方政府层面都制定了相关的农业生态补偿政策和措施，在农业生态环境保护和建设方面起到了很大的推动作用。但目前制定的农业生态补偿相关政策中，针对具体的农业生态补偿实践缺乏有效的配套政策措施。例如，我国大力推行的退耕还林工程，虽然实行了财政转移支付或赋税减免政策，但仍然存在结构性的补偿政策缺位问题。主要表现为：第一，有些地方政府将农业生态补偿与农业生态补贴混为一谈，没有很好地落实中央的有关政策，简单地把农业生态补偿看作一种临时性补助和补贴，甚至是福利，认为可有可无，可多可少。在实际操作中随意性太强，缺乏有效性和公平性。第二，现行补偿政策实践中，虽然已开展了测土配方施肥、农村沼气工程等项目，但这些生态保护项目缺乏系统性的制度设计和测评体系。第三，环境友好型生产行为缺乏完善的激励补偿政策措施，例如，农户采取减少农药、化肥、农膜的使用量等环境友好型生产行为缺乏全面系统科学有效的政策设计及激励措施。[①] 上述问题的存在的原因在于：一是我国开展农业生态补偿时间还比较短，很多方面还在探索和摸索之中，导致政策制定缺乏系统性和科学性；二是我国农业生态补偿政策涉及的区域广、人数多，再加上区域之间又存在经济发展的不平衡等因素，这些都可能导致政府在制定相关补偿政策时缺乏周全考虑，因而就可能存在相关激励政策措施制定的时间滞后性。

（2）政府管理缺位，存在“囚徒困境”效应及监管力度不够。农业生态补偿及其绩效是一项系统工程，需要多方面的协调与配合。从国内外农业生态补偿实践来看，政府是农业生态补偿及其绩效的最主要责任主体，也是农业生态补偿及其绩效实践的重要推动者。由于各级政府以及政府各部门的

---

① 刘尊梅．中国农业生态补偿机制路径选择与制度保障研究［M］．北京：中国农业出版社，2012：77－78.

行为目标不一致。农业生态补偿实践中，地方政府及各部门在利益最大化目标的支配下，总是更多地考虑自身利益，彼此之间缺乏有机衔接和配合，导致工作开展得很困难、很被动。农业生态补偿及其绩效涉及农业、林业、水利、环保、税收、财政等相关部门，为了工作的顺利开展，这就需要各部门的大力支持和配合，但现实是有些部门之间存在着相互推诿、各行其政的“囚徒困境”效应①。这样，一方面在农业生态补偿实施过程中会存在涉及的利益相关方责、权、利界定不明确，相互推诿，存在农业生态补偿政策落实的监管力度不够或没人监管的问题②；另一方面还出现有些地方政府非法挪用、挤占生态补偿资金的问题。补偿资金的挤占、挪用没有及时监管，以致生态补偿资金没有发挥它的应有效应，影响农业生态补偿绩效。另外，还会滋生腐败问题发生，影响社会和谐稳定。这些问题的发生主要是由于：一是中央政府和地方政府的预期收益目标不一致，中央政府在提升农业生态补偿绩效具有较强的目标驱动，而地方政府又缺乏提升农业生态补偿绩效的强大动力。二是有些地方存在政府及有关部门对生态环境建设重视不够、对农业生态价值存在认识上的偏差，从而导致对农业生态补偿绩效重视不够，参与度不高。三是目前对农业生态补偿工作的监管主要由政府来做，这样必然会存在政府监管的成本太高，出现疏于监管或监管不力。四是政府既是“裁判员”，又是“运动员”，存在利益相关方参与缺失，尤其是农户和社会组织的参与不够。五是地方政府为了自己的“职位晋升”，更多地关注经济建设而忽视了生态环境建设和保护，这种情况在地方政府之间表现尤为明显。

（3）政府制定的补偿标准存在不合理。合理的补偿标准是有效开展农业生态补偿的核心问题。而在实践中，往往采取的是“一刀切”办法，这种标准制定存在“过补偿”和“低补偿”问题③。全国政协委员盛明富（2017）认为，新一轮退耕还林补助年限、标准仍需提高。理由有五点：一是新一轮

---

① 汪秀琼，吴小节．中国生态补偿制度与政策体系的建设路径——基于路线图方法［J］．中南大学学报（社会科学版），2012（6）：109.

②③ 刘尊梅．我国农业生态补偿政策的框架构建及运行路径研究［J］．生态经济，2014（5）：122－123.

退耕还林补助低于前一轮，农民难以接受；二是国家实行种粮补贴等优惠政策，种粮的比较收益大幅度提高，退耕农民心理不平衡；三是大规模发展经济林存在较大的经营风险，而且体现不了生态优先的原则；四是新一轮退耕还林补助周期短，不利于退耕还林成果巩固和农民增收；五是补偿标准没有考虑实际情况，退耕还林任务很难落实。从 2016 年起，其他林业重点工程的造乔木林种苗造林费补助标准提高到每亩 500 元，而退耕还林补助标准仍维持在每亩 300 元，影响退耕还林任务的落实①。总之，补偿标准不合理，影响了农业生态补偿的绩效。就其原因来看：一是我国农业生态补偿标准的确定缺乏深入的调查研究，没有充分考虑到区域差异以及生态环境类型的差异，补偿标准缺乏灵活性和区域适应性；二是利益相关者没有广泛参与补偿标准的制定，补偿标准的制定没有充分考虑利益相关者的受偿意愿。

（4）政府补偿制度建设滞后，存在制度保障不力。第一，相关法律制度不完善。目前，我国的农业生态补偿及其绩效的法律依据不是很清晰，中央政府层面只是在农业生态补偿政策条例上予以规定，缺乏权威性的法律制度做保障，而地方政府层面制定的农业生态补偿有关法规，也缺乏针对本地区实际又具有可操作性的实施细则与办法，这样无法适应农业生态环境保护与农业生态环境污染治理的需要。第二，财税保障制度不完善。我国公共财政制度不完善，目前农业生态补偿资金的投融资渠道单一，主要来源于政府的财政转移支付，缺乏社会资金的大量投入，在农业生态补偿实践中，存在补偿资金严重不足，有些地区农业补贴主要采取间接补贴方式，农户的利益受损，导致农户参与农业生态补偿及其绩效的积极性不高，严重影响了农业生态补偿的绩效②。另外，农业生态环境保护方面的税收制度也不完善，尤其是生态税和资源税制度建设方面还要不断充实和完善，这些制度的不完善影响了农业生态补偿绩效的提升。出现这些问题的原因在于：一是我国农业生

---

① 盛明富．新一轮退耕还林补助年限、标准仍需提高［N］．人民政协报，2017－03－27（第006版）．

② 刘尊梅．我国农业生态补偿政策的框架构建及运行路径研究［J］．生态经济，2014（5）：122－123．

态补偿实施面临的“二元经济结构”，其面临的问题比较复杂。二是我国人口多，可耕作的农地面积在逐渐减少，而农业技术还比较薄弱，出于粮食安全考虑，我国还有不少地区仍采用“高投入、高产出”的增产扩能的粗放型生产方式，影响了农业生态补偿绩效。

（5）政府补偿绩效评价体系不健全，后期补偿盲目性增强。我国农业生态补偿实践多年，虽然政府在政策上和资金上都给予了很大的支持，农业生态环境有了较大的改善，但从科学的角度来评价，自农业生态补偿政策实施以来，我国农业生态补偿的绩效到底如何？目前，还没有一套完善的农业生态补偿绩效评价体系。主要表现在补偿区域生态环境的改善情况如何、利益相关者的参与度与满意度如何、农业生态补偿政策实施的具体运作方式和效果怎样等一系列与农业生态补偿政策实施有关的绩效问题，还没有一个科学健全的农业生态补偿绩效评价体系①，这为后期的农业生态补偿实践带来了更多的盲目性。这是由于我国农业生态补偿还处于夯实基础的阶段，目前更多的是考虑完善农业生态补偿机制、制定农业生态补偿标准、完善农业生态补偿相关制度等工作，而对农业生态补偿绩效的重视还不够，尤其是农业生态补偿绩效评价体系的建立才刚刚起步，还有许多工作待完善。

3.1.3.2 从企业角度的分析

（1）企业对农业生态补偿及其绩效的重视程度不够。企业在生产经营过程以追求利润最大化为目标，一般主要通过以下两种方式来实现：一是产量最大化途径；二是成本最小化途径。在国家环境政策的规制和消费者对绿色农产品需求导向下，企业不得不重视生态环境问题，但又要考虑企业成本因素。因此，企业对生态环境的重视程度一般排在次要位置。陈希勇（2013）通过问卷调查的形式对四川五大经济区的232家农业企业进行了调查。他从认知维度设置了6个题项，包括“T1：企业管理者意识到环境保护的重要

① 刘尊梅. 我国农业生态补偿政策的框架构建及运行路径研究［J］. 生态经济，2014（5）：123.

性”“T2：企业管理者及时地知道重要环境污染事件和食品安全事件”“T3：企业管理者认为治理污染是政府的事”“T4：企业管理者及时知道政府有关环境规制的政策措施”“T5：企业管理者对消费者的绿色消费需求十分关心”和“T6：企业以成为环境友好型企业为目标”。通过均值排序（从大到小顺序）为：T5、T2、T3、T1、T4、T6，如表3-4所示。

根据表3-4中认知维度均值排序结果发现，T6企业以成为环境友好型企业为目标的均值最小，说明企业对农业生态环境的重视程度不够。这样必然导致企业对农业生态补偿及其绩效的重视程度不足。究其原因：一是大多数企业的管理者环保意识不强，认为环保是政府部门的事情；二是企业主要以追逐短期经济利益为主，对农业生态环境保护不够重视，对农业生态价值认识不够。

表3-4　认知维度均值排序分析

题项	样本数	均值	标准差	均值排序
T1 企业管理者意识到环境保护的重要性	232	3.65	0.770	4
T2 企业管理者及时知道重要环境污染事件和食品安全事件	232	3.95	0.734	2
T3 企业管理者认为治理污染是政府的事	232	3.76	0.756	3
T4 企业管理者及时知道政府有关环境规划的政策措施	232	3.62	0.704	5
T5 企业管理者对消费者的绿色消费需求十分关心	232	4.1	0.686	1
T6 企业以成为环境友好型企业为目标	232	3.53	0.930	6

资料来源：陈希勇．农业企业环境友好战略的影响因素及绩效研究——基于四川的实证［D］．成都：四川农业大学，2013：50.

（2）企业对农业生态补偿及其绩效的参与力度不够。我国目前开展的农业生态补偿工作基本上是以政府主导为主，作为市场重要参与主体的企业广泛参与机制和实现途径有所缺失，影响了农业生态补偿的绩效①。陈希勇（2013）通过问卷调查的形式对四川五大经济区的232家农业企业进行了调

① 刘尊梅．我国农业生态补偿政策的框架构建及运行路径研究［J］．生态经济，2014（5）：123.

查。他从行动维度设置了 5 个题项，包括“T7：企业严格执行相关环境标准”“T8：企业加大环保投资力度”“T9：企业加快实施清洁生产、循环生产”“T10：企业积极开发应用绿色技术和清洁能源”和“T11：企业积极实施绿色营销和绿色供应链管理”。通过均值排序（从大到小顺序）为：T7、T9、T11、T10、T8，如表 3－5 所示。

根据表 3－5 中行动维度排序结果可以得出，T8：企业加大环保投资力度均值最小，说明农业企业对农业生态补偿的参与力度不够。这是由于农业企业主要追逐短期经济利益，一方面加大环保的投资力度，短期内很难获得回报；另一方面开展科技研发投入，进行清洁生产，投入费用太高，风险太大不划算。因此，企业从有限理性经济人角度考虑，对加大农业生态补偿的投入无内在驱动力。

表 3－5　　行动维度均值排序分析

题项	样本数	均值	标准差	均值排序
T7 企业执行相关环境标准（如 ISO14000 等）	232	3.65	0.965	1
T8 企业加大环保投资力度	232	3.24	0.828	5
T9 企业加快实施清洁生产、循环生产	232	3.64	0.731	2
T10 企业积极开发应用绿色技术和清洁能源	232	3.28	0.891	4
T11 企业积极实施绿色营销和绿色供应链管理	232	3.41	0.618	3

资料来源：陈希勇．农业企业环境友好战略的影响因素及绩效研究——基于四川的实证［D］．成都：四川农业大学，2013：50.

3.1.3.3　从农户角度的分析

（1）农户对农业生态补偿及其绩效的重视程度不足。刘尊梅（2012）认为，我国农民对农村和农业生态环境问题重视程度不够，存在重生活环境轻生态环境的倾向。[①] 其原因是大部分农民普遍存在生态环境保护意识较低，对生态环境的危害及其危害程度认识不清。农户对农业生态补偿及其绩效有

① 刘尊梅．中国农业生态补偿机制路径选择与制度保障研究［M］．北京：中国农业出版社，2012：87－88.

所关注，但重视程度不够。我国农村地区农户的整体生活水平不高，有的地区贫困的客观现实制约着农户文化程度的提高和生态建设观念的落地。农户为了改善生活，乱砍滥伐，过度垦荒，过度使用农药、化肥和农膜等现象时有发生，严重地破坏了农业生态环境。

（2）农户对农业生态补偿及其绩效参与力度不够。究其原因：一是农户参与农业生态补偿及其绩效的意愿受很多因素影响，但最核心的还是经济因素的影响。苏芳等（2011）指出，开展农业生态补偿，绝不能仅当作一个生态工程来做，而应该和农村、农户的经济发展结合起来综合考虑①。只有农村的经济取得了较大的发展、农户的收入得到了较大的提升，农业生态补偿的持续性才有根本保证。二是我国目前开展的农业生态补偿实践是以政府主导为主，其他方式为辅，农业生态补偿及其绩效所涉及的利益相关者，尤其是农户，广泛参与农业生态补偿及其绩效的机制和实现路径还有所缺失，导致农户的参与主体作用和监督主体作用没有得到充分发挥。另外，现实的农业生态补偿实践中，存在补偿标准低且地区差异大，补偿方式单一、不灵活等问题，农户不愿意为农业生态环境污染防治承担一定的支付费用②，这也是导致农户不积极参与农业生态补偿绩效改善的重要原因之一。

3.2　发达国家提升农业生态补偿绩效的经验及启示

3.2.1　发达国家提升农业生态补偿绩效的经验解析

如第1章的国外研究现状所言，美国、欧盟、日本在农业生态补偿及其绩效方面的实践与研究较早，体制机制也比较完善。其中，美国在开展绿色

---

① 苏芳，等．农户参与生态补偿行为意愿影响因素分析［J］．中国人口·资源与环境，2011（4）：124．

② 刘尊梅．我国农业生态补偿发展的制约因素分析及实现路径选择［J］．学术交流，2014（3）：100－101．

补贴、生态项目建设、环保教育和农业技术培训等方面具有自己的特色；欧盟在共同农业政策、生态环境保护税制度、生态标记制度等方面有比较成熟的经验；而日本在政策与法律制度建设、科技创新与环境保全型农业生产等方面取得了一定成效。这些好的做法都值得我们借鉴，为了有针对性地提升我国的农业生态补偿绩效，因此，本书主要借鉴了美国、欧盟、日本的经验做法，进行对标与比对。

3.2.1.1 美国的经验做法

（1）大力推行绿色补贴。20 世纪 30 年代以来，美国政府逐渐认识到保护自然资源和农业生态环境的重要性和紧迫性。为了减少农业生产行为对农业生态环境的污染和破坏，美国政府在农业生产中大力推行绿色补贴政策，这样有效地起到保护农业生态环境和提升农业生态补偿绩效的作用，同时也有机地将农户的收入与改善农业生态环境质量目标结合起来，实现了农业的可持续发展。美国政府在《保证调整法案》与《农业保护计划》中，都明确规定了政府财政对休耕或种植具有水土保持功能农作物的农户进行生态补偿。随后颁布的有关农业法案中，又将湿地保护、水质保护和栖息地保护等环境保护内容纳入绿色补贴的范围之列。特别是 2002 年以来，美国颁布的新农业法案大幅度提高了绿色补贴额度，其中，环境质量激励计划的补贴额度就达到了 90 亿元。① 2009 年，美国政府对使用缓控释肥的农场主给予每公顷 30～55 美元的价格补贴。缓控释肥的应用，有效减少了农业面源污染，起到保护农业生态环境的作用。② 同时，美国政府对绿色补贴实施情况也要进行严格的检查与评估，对不符合要求的农场，取消绿色补贴③。

（2）依托生态保护项目支持。以生态保护项目为依托，是美国开展农业生态补偿的主要措施，也是提升农业生态补偿绩效的主要支撑。2002 年以来，美国政府先后实施了一系列农业生态环境保护项目，主要有：环境质量

---

① 徐晓雯．美国绿色农业补贴及对我国农业污染治理的启示［J］．理论探讨，2006（4）：69.
② 薛彩霞，等．我国环境友好型农业施肥技术补贴探讨［J］．农机化研究，2012（12）：244.
③ 李一花，李曼丽．农业面源污染控制的财政政策研究［J］．财贸经济，2009（9）：41－44.

激励项目、土地休耕项目、农牧场土地保护项目和湿地保护项目等（其中，环境质量激励项目是美国规模最大的针对在耕土地的农业生态补偿项目），并通过现金补贴和技术援助等方式，让农户自愿参与到农业生态环境保护项目中。之后，联邦政府和多数州政府又对生产技术，使用农药、化肥等造成环境污染者征收环境污染税，用于资助农业生态环境保护项目。文献资料统计，2002～2007年，联邦政府对农业生态环境保护补贴金额达到220亿美元，每年用于农业生态环境保护的农田项目达到1200万英亩以上，2003年，联邦政府设立500亿美元的清洁水基金，对20个重点流域进行生态环境治理①。

（3）强化环保教育和农业技术培训。联邦政府非常重视环保教育和农业技术培训，建立了以农学院主导农业环保教育、农业科研和农技推广三者结合的农业科教体系，以适应机械化耕作和规模化经营为主要特征的集约化农业生产方式，不仅提高了粮食产量，而且保护了农业生态环境。联邦政府每年单列25亿美元用于农业环保教育和农业技术创新，通过推广新技术、新工艺等环境友好型生产技术，来减少农业生产对农业生态环境和生物多样性的损害，② 这也促进了农业生态补偿绩效的巩固和提升。

3.2.1.2　欧盟的经验做法

（1）设立共同农业基金。20世纪90年代以来，欧盟通过设立共同农业基金，来确保优先对保护生态环境和保持自然风光的环境友好型农业生产行为提供补偿。如1994～1999年，欧盟就从农业结构基金中划拨91亿欧元作为共同农业基金用于欠发达地区的生态补偿。其具体用途是：第一，对生态敏感区从事农业生产的农户进行补偿。由于生态敏感区的农户为了保护农业生态环境，而造成了收入的损失。这可以根据生态敏感程度，获得每公顷25～200欧元的生态补偿资金。第二，对采用环境友好型农业生产行为的农

---

① 转引自胡启兵．日本发展生态农业的经验［J］．经济纵横，2007（11）：64－66．

② 徐晓雯．美国绿色农业补贴及对我国农业污染治理的启示［J］．理论探讨，2006（4）：71．

户进行生态补偿。一是对从事农业生产活动，保持农村自然风光和生物遗传多样性的农户进行生态补偿；二是对减少化肥、农药等的使用和休耕农田，把农田变为草地、林地，以利于野生动植物生长和水源保护行为的农户进行生态补偿。第三，对山区和欠发达地区的农户进行生态补偿。[①]

（2）完善生态环境保护税制度。欧盟国家生态环境保护方面的税收种类多而齐全，主要体现在生态税和资源税方面。其中，生态税主要有垃圾税、水污染税、超额粪便税、化肥税等。资源税主要有土壤保护税、地下水税等。这一完善的生态环境保护税制度，约束了农业生态环境损害者的行为，这也体现了“谁破坏、谁付费”的生态补偿原则，增加了农业生态补偿资金的来源，在一定程度上促进农业生态补偿绩效的巩固和提升。

（3）健全生态标记制度。优质的农业生态环境是保证优质农产品的基础载体。因此，农产地的生态环境质量对农产品的品质起着重要影响。欧盟一些国家的法律法规规定了农产品生态标记制度，包括产品标志、特定区域标志等。最典型的标志有各种自然保护区、生态功能区和其他特定保护区的标志。德国是最早开展农产品生态标记制度的国家，于 1998 年就推出了蓝色天使生态标记制度。德国整个农场的农业生产活动都必须严格按照有机农业的标准实施，并贴上有机产品标记。贴有生态标记的农产品深受消费者的青睐，且市场价格较高，这样，生态标记制度不仅增加了农户的收入，而且也促进了农户对农业生态环境的保护。

3.2.1.3 日本的经验做法

（1）完善政策与法律保障制度。日本政府通过不断完善农业政策与法律法规来为有机农业发展提供制度保障。20 世纪 90 年代初，日本已有 1/3 左右的农协生产有机农产品。日本政府在 1999 年颁布的《食物、农业、农村基本法》中强调要发挥农业在维持和平衡整个社会—经济—生态这一复合系统中的作用；2005 年，日本颁布了新的《农业环境规范》和《食物、农业、

① 段禄峰. 国外农业生态补偿机制研究［J］. 世界农业，2015（9）：27.

农村基本计划》，用法律的形式明确了农户因采用环境保护型农业生产方式可以获得政府补贴、政策性贷款等各种支持政策。[①] 这些政策与法律保障制度的完善，不仅保护了农民的经济效益，而且也促进了农业生态环境的改善。

（2）强化农业技术创新与推广。农业技术创新是发展生态农业的关键，尤其是对日本来说更为重要。由于日本多山地、丘陵，平原面积少，优质耕地少等自然资源禀赋。因此，日本在自然资源严重不足的约束下，不断强化农业技术研究与推广，只有这样，才能保证粮食的增产和农业生态环境不受到严重污染和破坏。日本政府主要运用先进的生产理念和先进的农业科学技术来支持农业、发展农业，通过信息技术、生物技术、气象灾害防控技术等来大力发展绿色农业、生态农业、数字农业和智慧农业等，农业科技创新与应用，推动了日本农业的转型升级，促进了农业生态补偿绩效的巩固和提升。另外，日本政府对作为生态观光旅游基地、农业技术培训基地、绿色食品示范基地的生态效益好、科技含量高且具有一定规模的小型农场提供适当的农业补贴，让其发挥示范带动作用，引领环境友好型农业生产技术的推广。

（3）创新农业发展模式。日本的农业发展模式创新，主要体现在以下三种模式：第一，再生资源利用模式。农业再生资源的利用不仅可以“变废为宝”，增加农户的收入，还可以减轻农业废弃物对农业生态环境造成的污染。例如，生产生活中产生的污水经过加工处理，可用于农业灌溉；农作物秸秆可以还田；农作物秸秆及薪柴可以用来发电；粪便发酵既可以用作农家肥，也可以用来生产沼气等。第二，有机农业发展模式。长期的化工农业生产方式出现了严重的食品安全问题。随着人们收入水平的提高，食品安全意识的增强，消费者对有机绿色安全农产品的需求越来越大。为了满足消费者的需求，日本政府采用了有机农业发展模式。其主要做法是，用合理的耕作方式

---

① 刘尊梅．中国农业生态补偿机制路径选择与制度保障研究［M］．北京：中国农业出版社，2012：49－50.

防止水土流失，保持土壤生态微循环；农作物秸秆还田、农家肥施用，防止土壤板结，维持养分循环；采用物理生物技术防治病虫害，防治有害物质残留等。为激励农户从采用化工农业生产方式向有机农业生产方式转变，日本政府一方面为农场主提供有机农业生产技术培训和支付有机农产品认证成本；另一方面强化考核和监督，对有机农产品的产、供、销等各个环节进行全程质量监控，确保有机农产品质量。第三，其他发展模式。例如"稻作—畜产—水产"三位一体生态循环可持续发展模式，"畜禽—稻作—沼气型"能源生态循环发展模式等[①②]。日本通过创新农业发展模式，不仅增加了农户的收入，也促进了农业生态环境的改善，进而巩固和提升了农业生态补偿绩效。

3.2.2 美国、欧盟和日本农业生态补偿绩效实践的经验启示

综合以上发达国家促进农业生态补偿绩效的经验做法，对我国的启示主要归纳为以下六点。

第一，进一步完善法律法规建设，为农业生态补偿绩效提供制度保障。美国、欧盟、日本非常强调法律法规建设，形成了一整套完善的法律体系，为农业生态补偿绩效提供了有力的制度保障。目前，虽然我国颁布了如《中华人民共和国环境保护法》《中华人民共和国水污染防治法》《退耕还林条例》等与生态环境保护相关的法律法规，但是，还是比较缺乏有针对性的农业生态补偿方面的完整法律体系。

第二，进一步完善多元化的补偿机制。美国、欧盟和日本形成了科学的"政府补偿+市场补偿+社会组织（包括公众）补偿"的模式。而我国的农业生态补偿主要是政府补偿，其他主体的补偿还需要不断加强。虽然政策层面已经提出要建立多元化补偿机制，但由于我国的市场机制不健全，我国的

① 胡启兵．日本发展生态农业的经验［J］．经济纵横，2007（11）：65.
② 段禄峰．国外农业生态补偿机制研究［J］．世界农业，2015（9）：26－30.

市场补偿、社会补偿还不够完善，尤其是农户的自我补偿机制更为不足，这都需要在今后的农业生态补偿实践中进一步完善和强化。

第三，加快农业发展方式的转变。美国、欧盟和日本都高度重视生态农业、有机农业和绿色农业，对农药、化肥等使用都有严格的规定和制度约束。而我国长期采用的化工农业生产行为，例如化肥、农药和农膜的过量使用，虽然粮食产量有所增加，但对农业生态环境的污染也非常严重，从而影响农业生态补偿绩效的改善。因此，这需要国家（或者政府）相关配套政策的扶持和资金支持，引导农业生产者采用环境友好型农业生产方式，走一条有机农业、生态农业和绿色农业的现代农业发展的道路。

第四，健全农产品生态标记制度。完善农产品生态标记制度可以影响人们对农业生态环境的重视，进而加强利益相关者对农业生态补偿绩效的关注，目前我国农产品生态标记制度还不够完善。因此，需要借鉴欧盟在健全农产品生态标签制度方面的成功经验。

第五，完善生态税和资源税等制度。农业生态环境资源是有限的，并且还具有公共物品属性，因此，为了保护好农业生态环境，就需要完善生态税和资源税等制度来约束农业生态环境资源使用的行为。这方面的制度我国还不够完善，需要借鉴欧盟等成功经验，完善生态税和资源税等制度来实现生态环境治理的外部成本内部化。

第六，继续推进生态移民政策。生态移民是有效缓解人与生态环境矛盾的有效政策措施，尤其是对我国生态脆弱区，更具有现实意义。对那些生产资源贫乏、交通不便、人口稀少的地区继续推进生态移民政策，这样既可以改善农业生态环境，促进农业生态补偿绩效的改善，又可以促进农户生活条件的改善。

3.3 本章小结

本章完成了分析框架中提出的“农业生态补偿及其绩效是什么”这一基

本问题。首先，分析了我国生态脆弱区农业生态补偿及其绩效的进展；其次，从政府、企业和农户的行为角度分析了农业生态补偿绩效存在的问题及原因；最后，在借鉴美国、欧盟、日本等发达国家和地区提升农业生态补偿绩效的成功经验基础上，从中获得了进一步完善法律法规建设、进一步完善多元化的补偿机制等六个方面提升我国农业生态补偿绩效的启示。

| 第4章 |

经济发展转型下农业生态补偿绩效的理论解释

第2章对本书研究的理论基础进行了归纳，并构建了本书的分析框架。在此基础上，本章运用前面章节中相关理论对本书的研究选题进行理论解释，主要体现在理论的应用层面。下面从经济发展转型概述、农业生态补偿的影响因素分析、经济发展转型下农业生态补偿绩效主体层次的理论阐释以及农业生态补偿绩效的机制分析这四个部分对前面分析框架中的“为什么要进行农业生态补偿”和“怎样提升农业生态补偿绩效”进行理论层面的分析说明。

4.1 经济发展转型概述

经济发展转型的研究，最初是隐含于经济发展战略及其转变的讨论之中。中华人民共和国成立之时，怎样使我国经济从新中国成立前“一穷二白”极端落后的状态发展成为社会主义现代化经济，有一个经济发展战略的选择问题，这是一个非常重要的问题，涉及我国实现工业化道路问题。

我国对经济发展转型的实践认识也经过了一个较为长期的历史过程，在改革开放之前，与模仿苏联体制模式建立的高度集中计划经济体制相配合的经济发展战略，是一种以粗放发展为主的发展战略。这种发展模式，实现经济增长的途径主要靠增加生产的要素，即增加积累、增加生产资料和劳动力；体现在推进工业化的路径上，则是强调以很快的速度发展经济并以优先发展重工业为主导，特别以其中的钢铁工业为中心，必然要求大批建设新项目，形成了“大干快上”的粗放型经济增长的思维观念，如1958年鼓励各地普遍大量发展“小土群”企业就是这种思想的体现。随着经济发展的实践所证明，这种粗放为主发展模式同苏联在经济发展战略上显露的弊端一样，高投入、高消耗、低效率的困境越来越阻碍着经济的可持续发展。于是，党的十一届三中全会后的改革开放初期，经济理论界结合中国具体国情，对以前实施的粗放为主发展战略进行了检讨，提出了新的经济发展战略，其核心要义在于围绕发展的目标、发展的方式、发展的途径、对外关系与发展这四个方面研讨了经济发展战略的转变，其中特别提出了以粗放为主发展战略向以提高经济效益为中心的集约为主发展战略的转变；而集约为主发展模式，就是实现经济发展的主要途径是技术的进步和劳动生产率的提高、积累率的提高、资金产出率（资金被产值相除的比率）的降低，即经济发展要建立在提高经济效益的基础上。[①] 而后，经济理论界针对经济发展的速度、效益、质量、结构、体制、技术、资源环境等方面单独纵深地探讨了从“经济增长方式转变”到“经济发展方式转变”的理论问题，形成了大量的研究成果，并上升到国家战略、方针政策的决策层面。概括起来讲主要体现在发展战略转型、体制与机制转型、发展政策转型等方面。例如，在发展战略转型方面，从单纯追求国内生产总值（GDP），转向强调环境保护到“五大文明建设”，再到“五大发展理念”，以致迄今的“新发展观”这样的不断演进。在这种顶层设计和战略思想的指导下，我国的经济发展质量与效益明显改善。同时，我国的经济体制、机制以及政策与制度安排也相应进行了转型发展。例如，在党的十七大报告中，

---

① 经济研究编辑部．中国社会主义经济理论的回顾与展望［M］．北京：经济日报出版社，1986：62－63．

明确提出了“转变经济发展方式”这一重要概念，并指出了转变经济发展方式三个方面的基本思路①，具体如下。

第一个转变是，促进经济增长由主要依靠投资、出口拉动向依靠消费、投资、出口协调拉动转变。这是因为长期以来我国经济增长高度依赖投资和出口、消费对经济增长的拉动作用较弱，统计资料显示，“十五”时期，投资增长相对于经济增长的弹性系数高于“九五”时期的1倍以上，投资率从2001年的36.5%增加到2006年的42.7%，增加了6.2%，但消费率由2001年的61.4%下降到2006年的50%，下降了11.4%。投资和净出口对经济增长的贡献率持续增加，由2001年的50%增加到2006年的61.1%②，因此，要扭转这种状况，保持经济持久稳定的发展，则必须将经济发展根植于扩大内需特别是国内居民消费需求的增长，形成消费、投资、出口协调拉动经济增长的格局。

第二个转变是，促进经济增长由主要依靠第二产业带动向依靠第一、第二、第三产业协同带动转变。产业结构的协调发展及其优化是经济持续稳定增长的基本层面要求，但由于前一阶段时期以来我国的经济增长主要依赖第二产业特别是工业的扩张，服务业发展相对滞后，农业脆弱性越来越明显，产业结构重构化、同质化严重，制造业大而不强；统计资料显示：2001～2006年，第二产业对经济增长的贡献率由2001年的46.7%增加到2006年的55.5%，增加了8.8%，其中，工业对经济增长的贡献率由2001年的42.1%增加到2006年的49.2%，增加了7.1%，而服务业对经济增长的贡献率由2001年的48.2%下降到2006年的38.6%，减少了9.6%，同期第一产业对经济增长的贡献率由2001年的15.3%下降到2006年的11.8%，下降了3.5%③，因此，要立足优化产业结构推动经济增长，把调整产业结构作为推动发展主线，加强农业的基础地位，消化过剩产能，实现制造业由大变强、

① 胡锦涛．高举中国特色社会主义伟大旗帜 为夺取全面建设小康社会新胜利而奋斗——在中国共产党第十七次全国代表大会上的报告［DB/EL］．http：//www.360doc.com/content/15/1228/11/8486799_523651890.shtml.

②③ 资料来源：由2002年、2007年的《中国统计年鉴》相关数据整理而得。

服务业由慢变快，促使经济增长由第二产业带动向依靠第一、第二、第三产业协同带动转变。

第三个转变是，促进经济增长由主要依靠增加物质资源消耗向主要依靠科技进步、劳动者素质提高以及管理创新转变。这是经济增长中要素结构调整的基本方向，主要是源于长期以来我国经济增长高度依赖低成本资源和生产要素的高强度投入，科技进步和创新对经济增长的贡献率偏低，并且资源环境的代价偏大。统计资料说明，“十五”时期，我国能源、电力等物质资料消耗相对于经济增长的弹性系数比“九五”时期都提高了1倍多，煤炭产量增加1倍多，水泥产量增加79%，钢材产量增加1.87倍[①]，我国已经成为世界上煤炭、钢铁、铁矿石、氧化铝、铜、水泥消耗较大的国家，是世界上能源消耗的第二大国。而科技进步对经济增长的贡献率没有明显提高[②]，因此，无论是从保持经济增长的动力，还是节能减排降耗，回应资源环境的压力看，我国已经到了必须更多依靠科技进步、提高劳动者素质和管理创新等带动经济持续增长的新阶段。

而党的十九大报告又进一步提出，我国经济已由高速增长阶段转向高质量发展阶段，正处在转变经济发展方式、优化经济结构、转换增长动力的攻关期。[③] 这是结合中国改革发展的实践，对经济发展转型的深刻阐释。随着我国社会经济的不断发展，对经济发展转型的理解也在不断深入，意味着我国经济发展方式的转变也经历从外延式扩大再生产向内涵式扩大再生产转变，再从粗放型增长方式向集约型增长方式转变，再向资源节约型和环境友好型生产方式转变，再向绿色发展方式转变这一深刻的演变过程。

对于本书来讲，经济发展转型对农业生态补偿绩效的行为主体：政府、企业和农户也会产生重要影响。作为政府，既是政策的制定者，也是农业生

---

① 资料来源：由2002年、2007年的《中国统计年鉴》相关数据整理而得。

② 王一鸣．转变经济发展方式的现实意义和实现途径 [J]．理论视野，2008 (1)：25－28.

③ 习近平．决胜全面建成小康社会　夺取新时代中国特色社会主义伟大胜利——在中国共产党第十九次全国代表大会上的报告，载入党的十九大报告辅导读本 [M]．北京：人民出版社，2017：29.

态补偿绩效提升的最重要责任主体，尤其是中央政府一定会大力推行经济发展转型，提升农业生态补偿绩效，同时也会约束地方政府行为，让其采用环境友好型生产行为。地方政府也会在中央政府生态文明建设指标的考核下，转变经济发展方式，巩固和提升农业生态补偿绩效；作为企业，在经济发展转型背景下，考虑到利润最大化目标，采用环境友好型生产方式，生产出优质、有机、绿色、无公害的农产品；作为农户，在经济发展转型背景下，考虑自身利益最大化目标，采用清洁生产行为，努力提高自己的收入水平和生活环境质量。正因如此，接下来在分析农业生态补偿内在影响因素时，将经济发展转型作为首要因素来考察。

4.2　农业生态补偿的影响因素分析

4.2.1　农业生态补偿的内在影响因素分析

4.2.1.1　经济发展转型对农业生态补偿的影响分析

1. 经济增长转变对农业生态补偿的影响

经济增长是发展的基础，是人类生存的保证。因此，我们在谈经济发展转型时，还是要强调经济增长的重要性，只是我们要平衡经济增长数量与质量之间的关系。传统的经济增长理论更多地强调资本积累的重要性，而忽视了技术进步与制度创新的作用。在这种理论的指导下，我国经济增长以粗放型方式经历了很多年，造成了资源大量浪费，能源大量消耗，生态环境破坏和生态污染严重。20 世纪 80 年代以来，在新增长理论的指导下，将技术进步作为经济增长的内生变量，应用在农业经济增长方面，提出了农业技术研发与推广、农业的绿色革命，传统农业的改造等理念和政策，这些成果都促进了农业的经济增长。但是，农药、化肥及农膜等过量使用，也带来了农业面源污染，农业生态环境退化等问题。反过来，农业生态环境约束、自然资源约束也严重制约了我国的经济增长。

传统的经济增长理论认为自然资源是取之不尽，用之不竭的，这一指导思想，导致为了追求经济增长而牺牲了生态环境。新增长理论认为，可以通过科技进步，研发出生态环境资源的替代品，而它忽视了有些生态环境资源是不可再生的。上述理论观点隐含着这样一个假设前提：生态环境要素不是经济增长函数的内在变量，而是外生变量，把生态环境要素置于经济增长理论模型之外。但农业生产实践中，农业生态环境约束已经影响到农业的生产、农产品的质量和人们的身体健康。而经济增长转变理论的最初提出，就是试图可以解决这一矛盾。

本节运用环境库兹涅茨曲线（EKC）来分析经济增长转变对农业生态补偿的影响，如图 4 -1 所示。

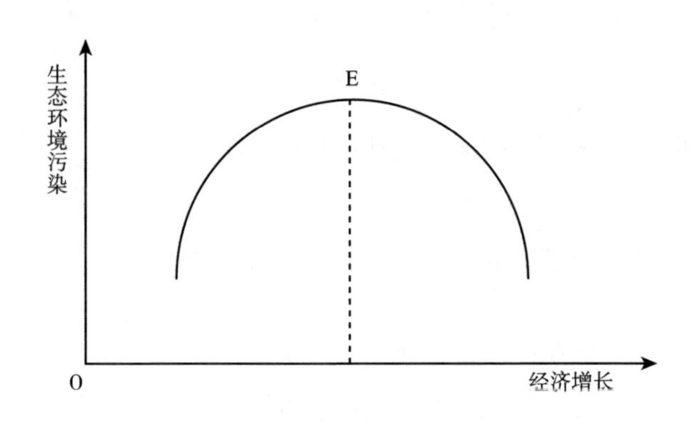

图 4 -1　环境库兹涅茨曲线

图 4 -1 中，横坐标表示经济增长，纵坐标表示生态环境污染，其环境库兹涅茨曲线表明，经济增长与生态环境污染之间的关系曲线呈现倒“U”型。即随着经济不断地增长，生态环境污染也在逐步增加，当经济增长越过临界点 E 之后，随着经济增长的继续推进，生态环境污染逐渐下降。下面具体从规模效应、结构效应和技术效应三个方面进行分析说明。

（1）规模效应分析。规模效应是指经济增长规模的扩大对生态环境的压力随之增大。在经济增长的上升阶段，更多关注于经济增长规模，大量增加投入，生态环境资源的消耗程度高于其再生能力，此时，规模效应超过了结构效应和技术效应，生态环境出现恶化趋势，从环境库兹涅茨曲线来看，处于 E 点前半段的曲线轨迹，如图 4－2（a）所示。

（2）结构效应分析。结构效应是指经济结构的优化对生态环境污染具有缓解作用，生态环境负载逐渐减少。在经济发展中，随着人们环保意识的加强，经济结构不断调整优化，第二产业的比重逐渐下降，第三产业的比重逐渐增加，此时，结构效应超过了规模效应和技术效应，生态环境污染先上升后下降，这与环境库兹涅茨曲线运行轨迹基本一致。如图 4－2（b）所示。

（3）技术效应分析。技术效应是指通过环境友好型生产技术的研发与应用，“三废”排放量不断减少，污染防治能力不断提升。此时技术效应作用明显，生态环境质量得到改善，运行轨迹处于环境库兹涅茨曲线 E 点后半段。如图 4－2（c）所示。

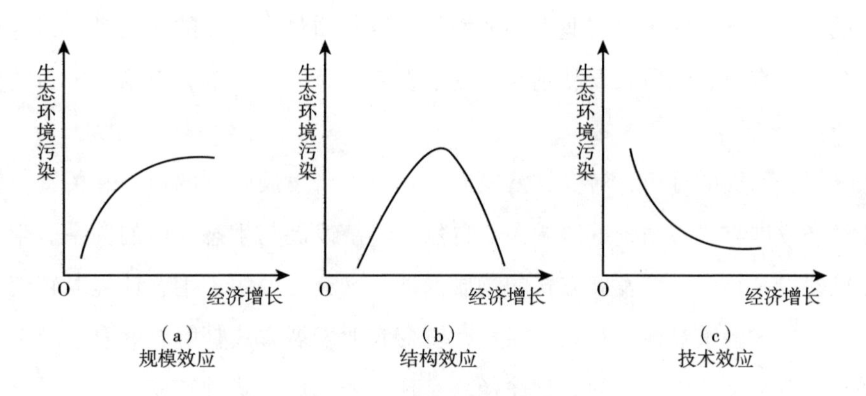

图 4－2　生态环境效应示意

而转变经济增长方式就是通过技术进步和制度创新，实现经济增长方式从粗放型向集约型转变，从规模效应向结构效应和技术效应转化。具体到农业生产实践中，一方面，可以通过技术创新，减少对农业生态环境的污染和破坏，例如，在农业生产中采用清洁生产方式等；另一方面，可以通过制度创新，保护或恢复农业生态环境。制度变迁理论认为，制度变迁是一种更有效率的制度替代无效率或者低效率制度的过程。我国正在开展的农业生态补偿就是制度创新的成果之一。我国自开展农业生态补偿实践以来，伴随着经济的发展、民众环保意识的提高，农业生态补偿制度也逐渐从“国家导向”

转向“社会导向”，由单一补偿机制向多元化补偿机制转变，这样必然带来农业生态补偿绩效的显著提升。因此，经济增长转变可以促进农业生态补偿的有效实施，从而提升农业生态补偿绩效。

2. 经济发展转变以及转变农业发展方式对农业生态补偿的影响

根据第2章对经济发展转型理论的阐释，经济发展不仅要求经济增长的数量，还要求经济增长的质量，注重经济增长的数量与质量的均衡。在这里，经济发展还要求生态环境质量的提高。具体到农业生产实践中，人们从事农业生产不仅要增加农产品的数量，还要提高农产品的质量。如果农业生态环境污染或破坏了，例如，农地、空气，水体等农作物所必需的生长条件都污染了，农作物的质量能得到保证吗？没有了质量，再多的数量也没有用。从有限理性经济人的行为选择来看，人们是不会买一个有质量问题的农产品的。因此，优质的农业生态环境是保证高质量农产品的先决条件，这也是绿色、有机、优质农产品越来越受消费者青睐，越来越有市场竞争力的原因所在。

根据前面的分析，转变经济发展方式是经济发展转型的核心和关键。转变经济发展方式必须统筹协调人与自然、经济发展与生态环境的关系。生态环境建设是转变经济发展方式的物质保证，这充分说明了生态环境对转变经济发展方式的重要性。对农业而言，转变农业发展方式是解决好农业经济发展与农业生态环境矛盾的关键途径。实现农业发展方式的转变，就是要求走一条生态农业、绿色农业与高效农业的现代农业发展的道路。

因此，实施经济发展转型、转变农业发展方式与开展农业生态补偿就有着紧密的相关性。一方面，开展农业生态补偿，恢复或改善农业生态系统服务功能，有效推进经济发展转型，加快转变农业发展方式，走出一条资源节约型、环境友好型的新型农业现代化之路，而实施农业生态补偿政策可以最大限度实现这一目标①。另一方面，实现经济发展转型，理应推动农业发展转型，要求更好地开展农业生态补偿。特别是转变农业发展方式，采用绿色

① 于法稳．中国农业绿色转型发展的生态补偿政策研究［J］．生态经济，2017（3）：14－23.

发展方式，这样做可以减少对农业生态环境的破坏，从而更好地促进农业生态补偿绩效的提升。

4.2.1.2　生态资本对农业生态补偿的影响

生态资本对农业生态补偿的影响与农业生态系统服务功能的关系密切，有必要接着分析农业生态系统服务功能与农业生态补偿的关系。

1. 农业生态系统服务功能与农业生态补偿

农业生态系统服务功能是开展农业生态补偿的重要影响因素。农业生态补偿就是以恢复或改善农业生态系统的服务功能为目的，这是因为健康的农业生态环境是人类赖以生存的基础。在农业生产实践中，基于传统经济增长理论的化工农业生产方式①，没有把农业生态系统服务价值计入农业的生产成本之中，加之农业领域中各经济主体的自利性的经济行为，化工农业生产行为的泛滥以致农业生态环境受到破坏，也造成了农业生态系统服务价值的损失。而环境友好型的农业生产行为不仅可以获得一定的农产品收入，还可以保护农业生态环境。但由于环境友好型农业生产行为获得的农产品收益还低于化工农业生产获得的收益，这就给环境友好型农业生产行为的农户带来了收益的损失。这样，既要保证采用环境友好型农业生产农户的经济利益损失得到补偿，又能减少农业生态环境污染，就需要对环境友好型农业生产行为的农户给予相应的经济补偿。只有这样，农业生态系统服务功能才能得以恢复。至于补偿多少的问题，这个也要根据农业生态系统服务价值来核算。假设环境友好型农业生产获得的农产品收益为 R_B，化工农业生产获得的农产品收益为 R_T，环境友好型农业生产行为带来的生态系统服务价值为 E_S，给环境友好型农业生产行为农户的生态补偿数量为 R_C，基于农业生态系统服务理论，根据环境友好型农业生产获得的农产品收益和其保持的生态系统服务价值这两个方面综合来确定生态补偿多少。为了环境友好型农业生产农户的利

① 本书所指的化工农业生产方式（有的文献又称之为“化学农业生产方式”），就是在农业生产中大量使用化肥、农药、农膜等化工产品，来追求农业产量的增长，而不顾及农业生态环境和农产品质量安全的生产方式。

益不受损失或者损失最少，环境友好型农业生产农户获得的生态补偿数量范围应该满足这样的条件：介于环境友好型农业生产获得的农产品收益的损失与环境友好型农业生产行为带来的生态系统服务价值之间①。用数学形式表示为：$(R_T - R_B) < R_C \leqslant E_S$。

2. 生态资本投入与农业生态补偿

统计资料显示，2015 年，我国人口达到 13.7 亿，占全世界人口的 18.65%，然而，我国的耕地面积为 20.25 亿亩，年内减少了 99 万亩，日趋严重的人地矛盾加剧了供需矛盾，也带来了粮食安全问题②。水资源方面，我国水资源总量丰富，但空间分布不均衡，人均水资源贫乏，浪费严重且利用率很低。农药、化肥、地膜使用量方面，我国是世界上化肥使用量最多的国家，且利用率偏低。近些年来，农药、地膜使用量虽然有所控制，但总量仍然很大，这些带来了严重的农业面源污染，影响农产品质量，危及国人的身体健康和生命安全。另外，农作物秸秆的随意焚烧和农民生活垃圾随意排放等都对我国农业生态环境造成了严重污染。总之，长期以来，我国粗放型经济增长方式消耗了大量的生态资本，短期内很难恢复。生态资本的严重短缺，影响了现代农业的发展和农民收入的增加。

生态资本投资不足严重影响农业生态系统服务功能，也波及农业的生产、农村的美丽及农民的生活，这就是开展农业生态补偿的内在原因。生态资本理论认为，解决农业生态资本不足的办法是对农业生态环境建设和农业生态环境污染治理进行资本投入。生态补偿是获取生态资本的一种重要的经济手段。人们开展的绿色环保（如采用清洁生产、生态循环利用生产等）方面的农业生态补偿，就可以增加农业生态资本的积累，进而保护或修复农业生态系统服务功能，这样也就可以保证农业的产出水平和农业的可持续发展。现在我们把生态资本看作物质资本一样作为内生变量引入生产函数中，得到新的生产函数 $Y = f(K, L, N)$，其中，K 为物质资本，L 为劳动，N 为

---

① 焦洁，等．农业生态系统服务功能价值评价应用研究——基于生态补偿［J］．现代商贸工业，2011（10）：48.

② 根据 2016 年的《中国统计年鉴》相关资料整理而得。

生态资本，当$\frac{\partial Y}{\partial N}>0$时，产出Y随着生态资本N的增加而增加。因此，生态资本不足会影响产出水平。为了不让产出水平降低，就需要通过农业生态补偿，增加生态资本的积累。生态资本投入增加了，农业生产的产出也就增加了。因此，生态资本与农业生态补偿具有内在的联系。

3. 生态马克思主义理论对推进农业生态补偿的启示

前面第2章对农业生态价值与马克思劳动价值论阐述的一般商品价值的关系进行了分析，马克思劳动价值论是理解农业生态价值的理论基础，农业生态价值的形成离不开人类生产劳动（主要由其活劳动或抽象劳动创造而成）。农业生态价值主要体现在农业生态环境保护价值和农业生态环境修复价值两个方面，而这些都离不开人类的劳动。生态马克思主义理论认为生态环境的价值是凝结人类抽象劳动的结果。人类对生态环境的发现、开发、保护和修复等都投入了大量的物化劳动和活劳动。农业生态补偿就是为保护和修复农业生态环境的劳动行为给予一定的价值补偿。另外，生态马克思主义理论认为，生态危机的根源在于消费的异化。从人与自然的角度而言，人与自然是生命共同体，本应该是和谐共生、和谐共处的，但由于消费的异化，诱导了人们生产与生活方式采取了向自然界无度攫夺的观念和行为，以致人类对自然资源过度开发、过度消耗、无情攫取、疯狂掠夺等，从而造成水土流失严重、土地污染和沙化严重、自然灾害频发、水资源和空气污染严重等生态环境问题，逐渐加深了生态危机。为了缓解乃至消除生态危机的恶劣影响，必须大力提倡节能减排、清洁生产、植树造林、杜绝资源浪费、低碳生活、绿色出行等环境友好型生产方式和生活方式。而农业生态补偿就是为了给予环境保护者提供经济补偿，以弥补为了保护生态环境而损失的利益及发展的机会，是缓解生态危机的重要措施。因此，生态马克思主义理论为农业生态补偿提供了理论解释。只有这样，才能对生态资本投入对农业生态补偿影响机理有更深入的理论解读，也才能避免农业生态补偿走弯路，并且还会反思在农业生态补偿实践中存在的不足，从而树立自觉保护环境、节约自然资源、清洁生产、节能减排的生态环境保护意识，这就是生态马克思主义理论对推进我国农业生态补偿的启示。

4.2.1.3　农业可持续发展对农业生态补偿的影响分析

1. 资源、环境稀缺对农业生态补偿的影响

资源、环境稀缺理论认为，稀缺性是生态价值形成的前提条件。农业生态环境之所以能成为资源，是因为农业生态环境不可再生，一旦消费掉在短期内很难恢复，具有稀缺性。经济学上的稀缺性是一个相对比较的概念，它与人类的欲望、地域特征与条件以及时间有关。稀缺性与农业生态价值成正比，稀缺程度越高，则农业生态价值越大；反之，稀缺程度越低，则农业生态价值越少。另外，稀缺性在不同时间、不同条件以及不同资源上，对其效用和成本的影响程度不同，例如，对土地这种自然资源而言，它可以看作一种不可再生资源，随着工业化和城镇化的推进，土地在逐渐减少，以致土地这种资源的稀缺程度在逐渐增加，土地的边际效用增加，成本也在逐渐增加。还有，由于不同土地存在级差地租，也导致不同土地的价值、效用和成本的不同。因此，稀缺性不仅影响农业生态价值量的多少，还影响农业生态价值中效用与成本。农业生态环境资源的稀缺性还与可替代性密切相关，可替代性越强，则稀缺性越低，农业生态价值就越少；反之，可替代性越弱，则稀缺性越高，农业生态价值就越大。

通过以上分析可知，资源、环境稀缺理论为农业生态补偿提供了理论基础，并为制定灵活性的补偿标准提供了理论依据。为了提升农业生态价值，就需要对农业生态环境资源的损失进行农业生态补偿。到底补偿多少？这需要基于前面的分析，测算农业生态价值到底是多少？据此，构建农业生态价值函数为：

$$V(u,c,r) = \frac{f(\sum u, \sum c)}{r} \tag{4.1}$$

其中，V 为农业生态价值；$\sum u$ 为总效用；$\sum c$ 为总成本；r 为农业生态环境资源丰裕程度系数，其数值一般情况下等于 1，但也可以无限大，或是小于 1。若

函数中的 $\sum u = 0$ 或 $\sum c = 0$，则 $V = 0$；若函数中的 $\sum u < 0$ 或 $\sum c < 0$，则 $V < 0$。如果 r 为无穷大时，则 $V = 0$。

由于农业生态价值还受供给弹性、需求弹性及时间等因素的影响。在上面函数的基础上，如果考虑这些因素，就得到新的农业生态价值函数为：

$$V(u,c,r,i,q_d,q_s,e_d,e_s,t) = \frac{xf(\sum u, \sum c)(1+i)^t}{r} \cdot \frac{q_d}{q_s} \cdot \frac{e_d}{e_s} \tag{4.2}$$

其中，x 为函数的弹性系数，其数值介于 0～1，用于修正误差及其他干扰因素的影响；农业生态环境资源的需求量为 q_d，供给量为 q_s，供给弹性系数为 e_s，需求弹性系数为 e_d，农业生态环境资源开采的年限为 t，贴现率为 i。[①]

综上所述，在农业生态补偿实践中，可以根据上面的农业生态价值函数表达式来核算农业生态补偿标准。

2. 农业可持续发展下的农业生态补偿

我国改革开放40余年来，农业取得了举世瞩目的成绩，但也付出了巨大的生态环境代价。近年来，为了解决农业生态环境的污染问题，国家高度重视可持续发展问题，如科学发展观、新发展理念等一系列发展创新理论指导下的政策出台及重要举措的实施，推动着生态文明建设的步伐加快，这也正反映了可持续发展理论要求经济、社会和生态的和谐统一。因此，农业可持续发展与农业生态补偿之间是一种相互影响、相互作用的关系。一方面，开展农业生态补偿，可以促使农业生态环境资源的恢复和改善，保证农业生态环境资源利用的代际公平，从而实现农业的可持续发展；另一方面，农业可持续发展又要求体现经济—社会—生态这一复合系统的和谐统一，这就要求我们在农业生态补偿实践中，要以可持续发展理论为指导，促进经济、社会及生态等方面的协调持续发展。

可持续发展理论还要求农业生态环境资源利用的代际公平。生态环境资源的代际公平性是可持续发展的一个核心问题。为了保证农业的可持续发

① 安晓明. 自然资源价值及其补偿问题研究［D］. 长春：吉林大学，2016.

展，前代人对农业生态环境资源的利用不能以牺牲后代人的利益为代价，因此，每代人究竟应当利用多少生态环境资源，以及利用的生态环境资源会对后代人产生怎样的影响，对此问题的求解，就可以弄清楚农业可持续发展与农业生态补偿的影响机理。下面用数学方法加以说明。

为了更好地说明问题，提出以下假设：第一，农业生态环境资源的总量为 Q，且总量既定不变；第二，存在 n 代人，每代人之间不相互交叠；第三，第 i 代人利用的农业生态环境资源的数量为 q_i，其收获的净收益为 B_i；第四，存在时间贴现率为 r。在此基础上，构建目标函数为：

$$\max PV(B_1, \cdots, B_2) = \sum_{i=1}^{n} \frac{B_i(q_i)}{(1+r)^{i-1}}$$

构造汉密尔顿函数为：

$$H = \sum_{i=1}^{n} \frac{B_i(q_i)}{(1+r)^{i-1}} + \lambda(Q - \sum_{i=1}^{n} q_i)$$

对 q_i 求一阶导数，得到满足最大化的条件为：

$$\frac{1}{(1+r)^{i-1}} \cdot \frac{\partial B_i}{\partial q_i} - \lambda = 0$$

$$Q - \sum_{i=1}^{n} q_i = 0$$

上面方程组中含有 n+1 个方程。因为方程的个数（n+1）大于未知数的个数（n），所以此方程组有解。其中，λ 为利用单位农业生态环境资源获取的边际收益。通过求解以上方程组，每代人利用多少农业生态环境资源是可以计算出来的。下面分两种情况来说明。

第一种情况，假设第 i 代人利用农业生态环境资源不存在外部性。这样，利用农业生态环境资源的成本就是固定的，每代人的支付意愿也是不变的，利用单位农业生态环境资源获取的边际收益 λ 也是相等的。于是，就有：

$$a - bq_i = \lambda$$

$$\sum_{i=1}^{n} q_i = Q$$

假设只有两代人，求得方程组的解为：

$$\begin{cases} q_1 = \dfrac{r(a-c)+bq}{2+r} \\ q_2 = \dfrac{(2+r-b)Q-r(a-c)}{2+r} \\ \lambda = \dfrac{2(a-c)-bQ}{2+r} \end{cases}$$

第二种情况，假设第 i 代人利用农业生态环境资源存在外部性。一般情况下，当代人利用的是成本比较低的生态环境资源，而后代人利用的是成本逐渐增多的生态环境资源。当代人这种利用农业生态环境资源的行为对后代人产生了负外部性的影响。又假设当代人总是利用成本较低的农业生态环境资源，当代人利用农业生态环境资源的成本为 c。这样，下一代人的利用成本就会提高到 $c+\Delta c(\Delta c>0)$，则结果也变为：

$$\begin{cases} q_1 = \dfrac{r(a-c)+\Delta c+bQ}{2+r} \\ q_2 = \dfrac{(2+r-b)Q-r(a-c)-\Delta c}{2+r} \\ \lambda = \dfrac{2(a-c)-\Delta cbQ}{2+r} \end{cases}$$

于是，比较 q_1 和 q_2，得到 $q_1>q_2$。这说明，由于当代人对农业生态环境资源的利用行为使后代人利用成本提高的实际效果与当代人多利用农业生态环境资源的效果是一样的①。也就是说，当代人利用的农业生态环境资源越多，下一代人利用的农业生态环境资源就越少。

综上所述，在农业生态补偿实践中，根据可持续发展理论，为了实现农业生态环境资源的代际公平，就需要对后代人的得益损失进行农业生态补偿。

① 安晓明．自然资源价值及其补偿问题研究［D］．长春：吉林大学，2016.

4.2.2 农业生态补偿的外在影响因素分析

4.2.2.1 外部性对农业生态补偿的影响

农业生态环境同时具有正外部性和负外部性。一方面，农业生态环境具有正外部性。主要体现在：农业生产中，生产者采取保护农业生态环境的清洁生产方式，采取的退耕还林行为及开展农业生态项目建设等行为，例如防风固沙、植被土地、涵养水源、净化空气、美化环境等方面改善了农业生态环境，提高了农业生态系统的服务功能。另一方面，农业生态环境也具有负外部性。主要体现有：在农业生产中，废弃污染物的排泄、农业化学品的残留、过度开垦造成的土地沙化、毁林造田造成森林覆盖率下降、围湖造田导致湖泊消失、农作物秸秆焚烧造成空气污染等损害了农业生态环境，降低了农业生态系统的服务功能①②。因此，实施农业生态补偿政策，可以弥补农业生态环境负外部性对农业生态环境造成的损害。根据第 2 章对外部性理论的论述，在探究外部性产生的原因及解决方案中，产生了两种典型思路，形成了庇古税方案和科斯定理。

从庇古税方案来看。庇古认为，当社会边际产品净收益与个人边际产品净收益不相等时，不能通过市场机制来解决，只有依靠政府干预的手段来解决，政府可以通过税收和补贴的方式来实现外部性内部化。而农业生态补偿政策的提出与实施就是实现农业生态环境外部性问题内部化的一种制度安排。由于农业生产行为会对农业生态环境产生外部成本，而这种成本没有计入交易成本中，而开展农业生态补偿就是要把这一部分成本采用一种经济补偿方式补给农业生态环境保护者和建设者。具体为：（1）对带来农业生态环境正外部性的经济行为，政府应该对农业生态环境保护者（如农户和企业）

① 刘尊梅．中国农业生态补偿机制路径选择与制度保障研究［M］．北京：中国农业出版社，2012：34.

② 金京淑．中国农业生态补偿机制研究［M］．北京：人民出版社，2015：54.

进行补贴，例如退耕还林补贴、农业清洁生产补贴等；（2）对带来生态环境负外部性的经济行为应该对农业生态环境破坏者（如企业和农户）应该课以征税，例如资源税、环境污染税等。

从科斯定理来看。科斯认为，不能将外部性问题简单地归纳为市场失灵，外部性问题的实质是权利和利益边界界定不清。他认为，解决外部性问题的前提是明晰产权。在明晰了产权的基础上，通过市场机制来解决。对农业生态环境而言，只要能够清晰界定农业生态环境资源的产权边界，就可以运用市场机制开展农业生态补偿。

下面以农户清洁农业生产行为与化工农业生产行为为例说明外部性与农业生态补偿之间的逻辑关系。

如果农户采用清洁农业生产行为，就会对农业生态环境的改善和农产品质量的安全产生正面影响；反之，如果农户采用化工农业生产行为，就会损坏农业生态环境，降低农产品质量安全，从而产生负面影响。可见，农户采用不同的农业生产行为表现出不同的外部效应，如表 4 – 1 所示。

表 4 – 1　　　　农户生产行为的外部效应比较

生产行为	化工农业生产行为	清洁农业生产行为
影响后果	农膜、化肥和农药过量使用，导致农业生态环境污染，农产品有害、不安全，消费者健康受到威胁等负面影响	农膜、化肥和农药的减量化使用，带来农业生态环境优质，农产品安全无公害，消费者健康等正面影响
外部效应	边际社会成本大于边际私人成本，农业生产表现出显著的负外部性	边际社会收益大于边际私人收益，农业生产表现出显著的正外部性
补偿方式	农户应向社会提供补偿	社会应向农户提供补偿

资料来源：周颖．农田清洁生产技术补偿的农户响应机制研究——以河北省徐水、藁城为例 [D]. 北京：中国农业科学院，2016，笔者在此基础上整理而得。

根据表 4 – 1 可知，农户采用不同的农业生产行为，是采用清洁农业生产行为，还是采用化工农业生产行为？不同的农业生产行为对农业生态环境产生的影响也是不同的，表现为负外部性和正外部性两种不同的生态环境效应，现结合图 4 – 3 和图 4 – 4 进行具体分析。

首先，结合图 4 - 3 分析农户采用化工农业生产行为产生的负外部性与农业生态环境问题。

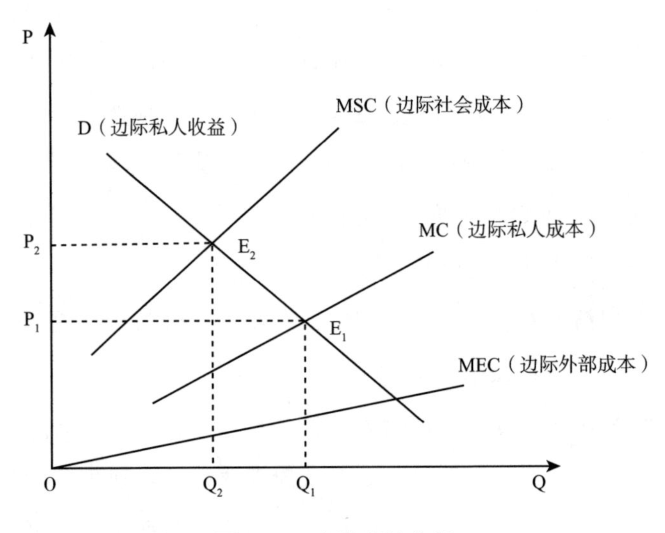

图 4 - 3　负外部性分析

如果农户采用化工农业生产行为，农户在农业生产中，会过量使用农膜、化肥和农药等，这样下去，必然导致农业生态环境受到污染。

如果只考虑私人成本，在图 4 - 3 中，边际私人成本曲线（MC）就是农户的供给曲线，需求曲线（D）就是农户的边际私人收益曲线，E_1点为供求均衡点，此时对应的农产品产量为 Q_1，价格为 P_1。如果从社会角度分析，农户采用化工农业生产行为对农业生态环境的污染是一种负外部性，对农户就会产生边际私人外部成本（MEC），此时，农户的边际社会成本（MSC）就应该是边际私人外部成本（MEC）与农户的边际私人成本（MC）之和。这样，农户边际成本的提高，使农户的边际私人成本曲线向左移动到边际社会成本曲线（MSC）的位置。边际社会成本曲线（MSC）与需求曲线（D）形成了新的均衡点 E_2，此时对应的产量为 Q_2，价格为 P_2。从图 4 - 3 可知，$Q_2 < Q_1$，这时，在需求曲线（D）不变的情况下，由于负外部性的存在，农户边际成本的增加导致在新的均衡条件（E_2）下，价格（P_2）上涨，农产品数量（Q_2）的减少，这是与之前（E_1）没有考虑负外部性时相比较得出

的结果。这也会导致社会收益（SR）小于私人收益（DR）（因为社会收益 $SR = P_2 \times Q_2$，相当于图4-3中 P_2—E_2—Q_2—O所围成的矩形面积；私人收益 $DR = P_1 \times Q_1$，相当于图4-3中 P_1—E_1—Q_1—O所围成的矩形面积，故 $SR < DR$），这时农户应该向社会提供补偿。并且，政府可以通过征税、合并等方式对农户污染农业生态环境的行为予以惩罚，促使负外部性内部化，来解决这种负外部性问题。

其次，下面结合图4-4分析农户采用清洁农业生产行为产生的正外部性与农业生态补偿问题。

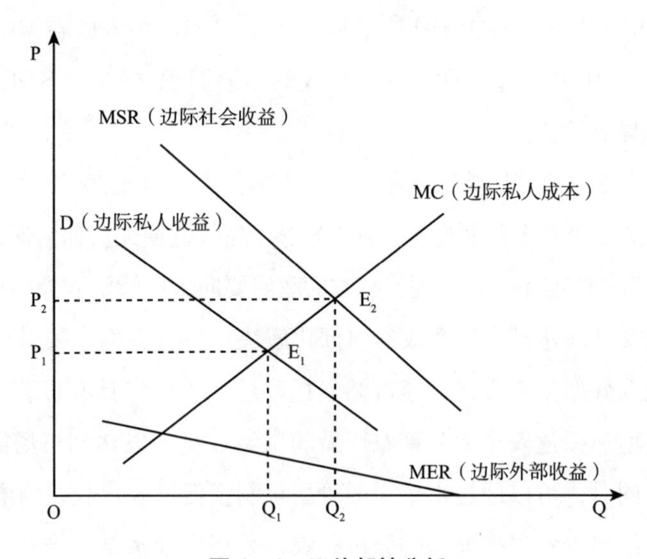

图4-4　正外部性分析

如果农户采用清洁农业生产行为，这样的行为不仅保护了农业生态环境、增强了农业生态系统的服务功能，而且还为广大消费者提供了清洁农产品。

若只考虑农户的私人收益，图4-4中，农户的边际私人收益曲线就是农户的需求曲线（D），E_1点为供求均衡点，此时对应的产量为 Q_1，价格为 P_1。

如果从社会角度分析，农户采用清洁农业生产行为是一种正外部性。此时，边际社会收益（MSR）就应该是边际外部收益（MER）与农户的边际私人收益（D）之和。在正外部性存在的情况下，由于农户边际收益的提高，导致边际收益曲线向右移动到边际社会收益曲线（MSR）的位置。边际社会收益曲线（MSR）与边际私人成本（MC）形成了新的均衡点 E_2，此时对应的产量为 Q_2，价格为 P_2。从图 4－4 可知，$Q_2 > Q_1$，这时，在农户边际成本曲线（MC）不变的情况下，由于正外部性的存在，农户边际收益的增加导致在新的均衡条件（E_2）下，价格（P_2）上涨，农产品数量（Q_2）的增加，这是与农户之前（E_1）没有考虑正外部性时相比得出的结果。这也会导致社会收益（SR）大于私人收益（DR）（因为社会收益 $SR = P_2 \times Q_2$，相当于图 4－4 中 P_2—E_2—Q_2—O 所围成的矩形面积；私人收益 $DR = P_1 \times Q_1$，相当于图 4－4 中 P_1—E_1—Q_1—O 所围成的矩形面积，故 $SR > DR$），这时社会应向农户提供补偿。

最后，由于农户采用清洁农业生产行为不仅需要增加直接的生产成本，还可能需要承受生产方式发生改变所造成的农产品收益损失。如何保证农户采用清洁生产行为的收益不受损失呢？一方面政府要向采取清洁农业生产的农户给予补偿，让农户额外投入生产成本内部化解决；另一方面也要鼓励更多的农户采用环境友好型生产方式，通过帕累托改进大力推广具有显著正外部性的生产行为，增加绿色安全无公害农产品的供给数量，以达到市场需求的最佳产量水平，同时，可以通过市场中的价格机制，促进农户收益的增加。①

至于补偿多少？根据前面的分析，农户采用农业清洁生产行为可以减少对农业生态环境的污染，但与化工农业生产相比，农户需要承担增加的生产成本和生产方式改变带来的收益损失。为了鼓励农户进行农业清洁生产就需要对农户的收益损失进行农业生态补偿。至于补偿多少，以下运用经济学的供求关系原理，结合图 4－5 从理论上进行分析。

由图 4－5 可知，当农户采用化工农业生产行为时，需求曲线（D_1）与供给曲线（S_0）的交点为 E_0，即供求均衡点。此时均衡价格为 P_0，均衡数

① 周颖．农田清洁生产技术补偿的农户响应机制研究——以河北省徐水、藁城为例［D］．北京：中国农业科学院，2016.

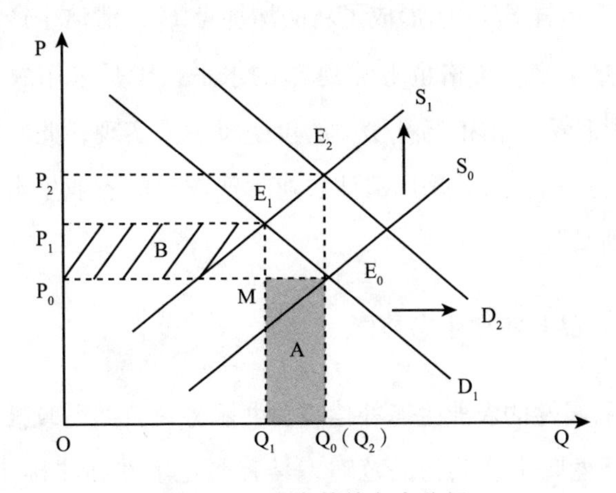

图4-5　生态补偿多少分析

量为Q_0，农户获得的收益$TR_0 = P_0 \times Q_0$（相当于图4-5中P_0—E_0—Q_0—O所围成的矩形面积）。当农户采用农业清洁生产行为时，由于农业生产成本的增加，供给曲线要向左平移，由图3-5中的曲线S_0平移到曲线S_1，形成了新的均衡点E_1。此时的均衡价格为P_1，均衡数量为Q_1。假设农户仍然按之前的价格P_0出售农产品，农户获得的收益为$TR_1 = P_0 \times Q_1$（相当于图4-5中P_0—M—Q_1—O所围成的矩形面积）。这样，农户由于采用清洁农业生产则可能带来的收益损失$LR_1 = TR_0 - TR_1 = (P_0 \times Q_0) - (P_0 \times Q_1)$（相当于图4-5中M—$Q_1$—$Q_0$—$E_0$所围成的面积，用A来表示）。因此，理论上讲，农户采用农业清洁生产行为的生态补偿额度就是图4-5中A的面积。另外，假设农户是按采用清洁生产的均衡价格P_1出售农产品，农户获得的收益为$TR_2 = P_1 \times Q_1$（相当于图4-5中P_1—E_1—Q_1—O所围成的矩形面积）。此时，至于补偿多少？就需要根据损失收益$LR_2 = TR_2 - TR_1$的值来核算，此时，损失的收益为LR_2（相当于图4-5中P_1—E_1—M—P_0所围成的面积，用B来表示）。如果保持在Q_1产量上，由于清洁农业生产是绿色无公害产品，会供不应求，在需求曲线D_1不变条件下，价格会上涨到新的均衡点P_1，P_1大于P_0，采用清洁生产农户获得的收益大于化工生产农户获得的收益，此时，政府补偿转入市场补偿的临界点，即政府补偿停止，转入市场补偿阶段；如果市场上对清洁生产农产品的需求进一步增加，需求曲线D_1就要向右

上方移动到 D_2，这样 S_1 与 D_2 形成了新的均衡点 E_2，清洁生产农产品的产量扩大至 Q_2 的产量水平，价格也上涨到 P_2 的水平，于是采用农业清洁生产行为农户获得的补偿完全由市场补偿中的价格机制来实现，此时进入完全由市场补偿的阶段。严格地讲，采用清洁农业生产农户的农业生态补偿，也就完全由市场机制所替代。

4.2.2.2 公共物品与农业生态补偿

1. 公共物品属性的农业生态补偿与公共服务、公共财政投入

农业生态环境属于公共物品范畴，具有非竞争性和非排他性。一方面，由于农业生态环境的非竞争性，造成了我国农业生态环境资源的过度开发和使用，这样必然引起农业生态环境的日趋恶化，进而影响农业的可持续发展。另一方面，由于农业生态环境的非排他性，容易让人们产生“免费搭车”的行为，没有人愿意由自己来提供公共物品，这就会导致农业生态环境一旦破坏将无法尽快恢复。因此，农业生态环境的公共物品属性决定了保护或修复它所需大量资金需要政府的专项财政支出来解决，这也是进行农业生态补偿的重要原因①。并且公共服务和公共财政投入对农业生态补偿起到重要作用。政府提供的教育、法律救助、社会保障及生态环境保护等公共服务政策和及措施，这为农业生态补偿在政策合法性、社会公众的参与度、政策保障等方面提供了大力支持。而公共财政的投入，主要是通过中央政府的纵向转移支付和地方政府的横向转移支付来解决农业生态补偿实施中的资金问题。从目前的农业生态补偿实践来看，仍然还是存在补偿资金不足，补偿标准偏低的问题，因此，加大公共财政投入，是保证农业生态补偿有效实施的关键因素。当然，至于公共财政投入问题，也要从制度上进行顶层设计，充分考虑地区差异、生态项目类型的不同，不能“一刀切”。由于生态脆弱区，生态环境服务功能更为突出，故需要中央政府对生态脆弱区要给予更多的政

---

① 刘尊梅. 中国农业生态补偿机制路径选择与制度保障研究［M］. 北京：中国农业出版社，2012.

策和资金支持，加大公共财政对其的转移支付。然而对跨区域的农业生态补偿问题，中央政府更要规避地方政府之间在生态环境治理上的“囚徒困境”问题，采用约束政策和措施，通过加征差别的资源税，来平衡地方政府之间治理和保护农业生态环境的行为，从而保证农业的可持续发展。

2. 公共物品属性的农业生态补偿与运用市场机制的补偿运行

农业生态环境的公共物品属性也决定了其面临供给不足的问题，政府作为提供公共物品的主要代表理应成为农业生态补偿的责任主体，但由于农业生态补偿范围广、所需金额较大，仅靠政府的力量是不够的。在农业生态补偿实践中还应该考虑到市场补偿机制的范畴，由于农业生态补偿主体的不同，补偿的内容及机制也应该不同。由于企业和农户的生产行为都会对农业生态环境造成影响，它们也应该成为农业生态补偿的主体。在市场机制指导下，不同的行为主体要严格按照市场规则来进行交易。对于农业生态补偿中“谁来补?”“补给谁”“补多少?”这三个基本问题，就需要遵循“谁污染谁补偿”“谁破坏谁补偿”“谁保护谁受益”“谁治理谁受益”及“交易双方自愿协商”等市场规则。这样，农业生态补偿才能满足市场交易主体的意愿，才能保证农业生态补偿的有效性，当然，政府在维护市场秩序和保障规则的有效实施中所起的作用也不可小觑。对企业而言，只要从事生产经营活动，就不可避免地产生环境污染，在市场机制作用下，可以采用购买排污权等方式来解决。也就是说，如果生态环境产权界定清晰，企业也可以与产权利益主体开展协商议价。而环境友好型的企业可以通过生产生态绿色产品，提高产品价格等价格机制来补偿采用环境友好型生产而增加的成本投入。对农户而言，农户是农业生态补偿的直接行动主体。在市场规则的约束下，农户需要约束自己的生产行为，例如，减少化肥、农药和农膜的使用，否则，生产出来的产品质量不达标、不健康不安全的农产品，在市场上是没有竞争力的，也是会逐渐被淘汰的。于是，最终受损失的还是农户自己。而对那些采用清洁生产的农户来说，虽然它们在前期生产中，投入了更多的人力、物力和财力，但从长远来看，生产的绿色有机无公害农产品获得了消费者的青睐，在价格机制的导向下，高价格的回报可以弥补之前采用清洁生产所增加的成本投入。因此，在市场机制的作用下，只有政府、企业和农户三大补偿主体积极主动参与农业生态补偿实践，农业生态补偿政策措施才能有序有效地实施，农业生态补偿绩效也才能得到巩固和提升。

3. 补偿原理审视下的农业生态补偿

根据第2章补偿理论的分析，补偿理论一方面可以保证农业生态环境保护者的利益不受损失；另一方面可以实现总的社会福利水平的提升，因此，补偿理论为农业生态补偿提供了理论依据。下面以“囚徒困境”模型为例来分析说明。假设有两个参与人，即农业生态环境保护的实施者和受益者。实施者的策略集是{保护，不保护}，受益者的策略集是{补偿，不补偿}，具体博弈模型如表4－2所示。

表4－2　农业生态环境保护实施者和受益者之间的博弈模型

博弈方	受益者		
实施者	策略	补偿	不补偿
	保护	6，6	2，10
	不保护	10，2	4，4

注：表4－2根据图克（Tucker）于1950年提出的“囚徒困境”模型整理而成。

在表4－2博弈模型中，（不保护，不补偿）策略是纳什均衡，并且还是一个占优策略均衡。实施者无论选择“保护”策略，还是选择“不保护”策略，受益者出于理性考虑都必然会选择“不补偿”策略，因为选择“不补偿”策略，受益者获得的收益为10，而选择“补偿”获得收益只有6；同样，无论受益者作出如何选择，作为有限理性经济人的实施者都会选择“不保护”策略，因为选择“不保护”策略获得的收益为10，而选择“保护”策略获得的收益只有6。这样，博弈双方容易陷入“囚徒困境”，此时（保护，补偿）这一策略组合，博弈双方的收益都为6，相比（不保护，不补偿）即（4，4）这一纳什均衡而言，博弈双方各自的收益都增加了，总收益也由8增加到12。因此，选择（保护，补偿）策略是一种帕累托改进策略，这也是开展农业生态补偿的理论依据。

下面再通过社会福利曲线来分析总收益相等的条件下农业生态补偿政策

的合理性。

假设实施者和受益者获得的收益分别为 u_1 和 u_2，在这里，以受益者的收益为横坐标，实施者的收益为纵坐标构建坐标系，直线 $u_1+u_2-12=0$ 表示实施者和受益者的总收益为12的收益约束线；又假设存在三条社会福利水平曲线 S_1，S_2，S_3，如图4-6所示。S_1，S_2，S_3 这三条社会福利水平曲线相互平行且凸向原点，离原点越远社会福利水平越高，即 $S_1<S_2<S_3$。直线 $u_1+u_2-12=0$ 分别与曲线 S_1 相交于A点，与曲线 S_2 相交于B点，与曲线 S_3 相切于C点。图4-6中，A点表示（保护，不补偿）策略组合所表示的社会福利水平，B点表示（不保护，补偿）策略组合所表示的社会福利水平，C点表示（保护，补偿）策略组合所表示的社会福利水平。由于 $S_1<S_2<S_3$，因此在A点、B点、C点的社会福利水平比较中，C点的社会福利水平最高，B点的社会福利水平次之，A点的社会福利水平最低。也就是说，（保护，补偿）策略组合相对于（保护，不补偿）策略组合和（不保护，补偿）策略组合而言，（保护，补偿）策略组合是一种卡尔多—希克斯改进，这是因为在（保护，补偿）策略组合下不仅资源配置效率提高了，而且每一个人的社会福利水平都增加了，总的社会福利水平得到了提升，这正是实施农业生态补偿政策的合理性所在。

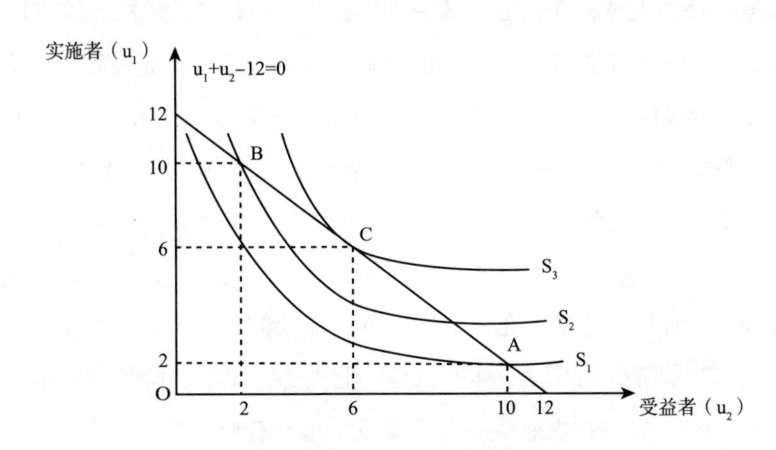

图4-6 生态保护与补偿的社会福利水平分析

4.3 经济发展转型下农业生态补偿绩效主体层次的理论阐释

4.3.1 农业生态补偿绩效利益主体属性的说明

结合前面的理论基础，根据马国勇（2014）等对生态补偿利益相关者的分类，综合第二、第三种分类角度，农业生态补偿绩效涉及的利益相关者包括农业生态环境的保护者、破坏者、受害者和受益者。结合第1章本书的研究范围和第2章分析框架中关于农业生态补偿绩效主体的内涵界定，具体落实到宏观、中观和微观层面，对农业生态补偿绩效涉及的主要利益相关者：政府、企业和农户的属性说明如下。

（1）政府。如前所述，农业生态环境具有公共物品属性，而政府是公共物品支付主体，政府主要负责农业生态环境保护、恢复和治理，并对农业生态环境保护者、因农业生态环境保护而利益受损者提供补偿，故政府是农业生态环境的补偿主体，并且也是最主要的农业生态补偿绩效的补偿主体。

（2）企业。如前所述，本书中的企业是指农业企业。企业行为对农业生态环境的影响包括正面影响和负面影响。在正面影响方面，从利益主体的属性来看，主要表现在企业环境友好型的生产经营行为，根据“谁保护谁受益”的原则，企业应是农业生态补偿绩效的受偿主体。而负面影响方面，从利益主体的属性来看，主要体现为企业存在环境不友好的生产经营行为，根据“谁污染谁补偿”原则，企业应是农业生态补偿绩效的补偿主体。可见，企业既是农业生态补偿绩效的补偿主体，也是农业生态补偿绩效的受偿主体。

（3）农户。农户在农业生态补偿绩效中也具有双重身份，即第一种身份是指农户作为农业生态环境的保护者，根据“谁保护谁受益”的原则，农户应是农业生态补偿绩效的受益主体，是受补偿者；第二种身份意味着农户在农业生产时，处于自利的经济行为也可能会对农业生态环境造成污染，应该根据“谁污染谁补偿”的原则，对农业生态环境的破坏支付补偿，农户应是农业生态补偿绩效的补偿主体，是补偿者。因此，农户既是农业生态补偿绩效的补偿主体，也是农业生态补偿绩效的受偿主体。

4.3.2　经济发展转型中主体层次与农业生态补偿绩效的关系

4.3.2.1　政府层面与农业生态补偿绩效的关系

1. 政府是农业生态补偿绩效的主要责任主体

政府之所以是农业生态补偿绩效的主要补偿主体，其主要原因有：第一，保护好、维护好农业生态环境，提高农业生态环境质量，满足人们日益增长的美好生态环境需要是政府的基本职责和目标任务。坚持“以人民为中心”的发展思想，保证生态环境的代际公平，政府有责任开展好农业生态补偿，并提升农业生态补偿绩效。第二，我国农业生态环境资源的产权属于国家或集体，如果对其进行产权界定，不仅成本高昂并且时间漫长。这是因为，我国国土面积辽阔，地形地貌复杂，并且农业生态补偿及其绩效所涉及的山水林田湖草系统庞大而复杂，对其产权界定，就会面临很高的交易成本和时间成本。另外，农业生态环境资源既具有经济价值又具有生态价值，如何统筹与协调也需要政府决策。第三，农业具有脆弱性和基础性，需要政府相关政策扶持和保护①。因此，政府不仅对农业生态补偿承担责任，而且对提高农业生态补偿绩效具有内在要求。根据第 2 章对中央政府和地方政府行为目标的界定，地方政府在对待农业生态补偿绩效往往会基于自身经济利益最大化进行行为选择。在跨行政区域的农业生态环境污染治理中，地方政府之间容易陷入“囚徒困境”。这是因为有的地方政府投入了大量的资金对生态环境污染进行治理，而相邻的政府无须支付任何费用就可以享受农业生态

---

① 金京淑. 中国农业生态补偿机制研究［M］. 北京：人民出版社，2015：26，123－124.

环境改善带来的收益，这种“搭便车”行为的结果必然使地方政府都不愿意进行生态环境污染治理，最终必将影响农业生态补偿的绩效。因此，中央政府需要对地方政府不投入生态环境污染治理的行为进行约束。这也可以从地方政府在农业生态环境污染治理博弈上反映出来。假设只有两个地方政府，它们都是有限理性经济人，在农业生态环境污染治理上，地方政府 1 和地方政府 2 的策略集都是（治理，不治理）。如果地方政府 1 和地方政府 2 双方都选择“治理”，它们投入治理的成本分别为 C_1，C_2，获得的收益都是 R；若一方选择“不治理”；另一方选择“治理”，成本为 C_3，且满足 $C_3 > C_1$，$C_3 > C_2$，此时它们获得的效用都是 $U(U > 0)$。其博弈模型如表 4-3 所示。

表 4-3　　生态环境治理中地方政府之间的博弈模型

博弈方	地方政府 2		
地方政府 1	策略	治理	不治理
	治理	$R-C_1$，$R-C_2$	$U-C_3$，U
	不治理	U，$U-C_3$	0，0

根据表 4-3 可知，假定地方政府 1 选择“治理”策略，地方政府 2 如何作出选择？这取决于（$R-C_2$）和 U 的大小比较。若（$R-C_2$）$>U$ 时，地方政府 2 就会选择“治理”策略；若（$R-C_2$）$<U$ 时，地方政府 2 就会选择“不治理”策略。

假定地方政府 1 选择“不治理”策略，地方政府 2 如何选择呢？这取决于（$U-C_3$）与 0 的大小比较。若（$U-C_3$）>0 时，地方政府 2 就选择“治理”策略；若（$U-C_3$）<0 时，地方政府 2 就选择“不治理”策略。

通过以上分析，在农业生态环境污染治理问题上，相邻两个地方政府之间都会选择（不治理，不治理）策略。地方政府间的这种“囚徒困境”博弈行为，影响了农业生态补偿的绩效。面对这种情况，一方面，中央政府要对地方政府的生态环境治理情况进行监督和问责，约束其负外部性行为；另一方面，中央政府要给地方政府提供补贴等激励政策，使地方政府之间开展合作博弈。因此，政府在促进农业生态补偿绩效提升方面起到重要的责任主体作用。

2. 促进农业生态补偿绩效提升是政府转变农业发展方式的重要举措

转变农业发展方式就是要充分考虑到资源和环境对经济发展的承载能力。对环境友好型农业生产方式，政府应该给予补贴，鼓励农业生产者进行清洁生产、退耕还林等。而对不利于农业生态环境的生产方式，政府应给予惩罚乃至课以重税。对环境不达标的企业进行处罚或关闭，对污染环境的和浪费资源的生产者和消费者要依法处以罚款乃至课以重税。进一步讲，提升农业生态补偿绩效能够有效地改善和修复农业生态系统，恢复和提高农业生态系统服务功能，为转变农业发展方式提供物质基础和生态资本保证。发展生态农业是改造传统农业理论的重要实践，而对农业进行生态补偿，就是改造传统农业，也是发展生态农业的一项重要措施，尤其是实现现代农业的重要保证。健康的农业生态环境是转变农业发展方式的重要载体，落实农业生态补偿政策，提升农业生态补偿绩效，是建设美好农业生态环境的重要举措。因此，农业生态补偿的有效性更是保障农业发展方式转变的重要因素。

4.3.2.2　企业层面与农业生态补偿绩效的关系

1. 企业是农业生态补偿绩效的重要参与主体

企业是农业生态补偿绩效的重要参与主体，其主要原因有：第一，企业生产所需要的原材料都是来自农业的供给，如果农业生态环境污染了，提供给企业的原材料的质量就得不到保证，就会影响企业的产品质量，最终影响企业的收益。因此，企业作为理性的经济人，为了自身利益最大化，需要积极参与农业生态补偿，并且还必须提高农业生态补偿绩效。第二，良好的农业生态环境，可以提供给企业优质的生产原材料，保证企业产品质量，从而让企业获得更多的收益，根据“谁受益谁补偿”原则，企业理应成为提升农业生态补偿绩效的重要参与主体。第三，企业的不当生产会造成农业生态环境的负外部性。企业作为理性经济人，为了实现利益最大化目标，更多关心的是经济效益，很少关心或甚至不关心生态效益。企业在生产过程中，过度开发和使用自然资源，造成农业生态环境污染，按照“谁污染谁补偿”原则，这类企业理应承担相应的责任，也应该成为补偿主体，不仅如此，企业还必须提高农业生态补偿的绩效。一方面企业管理者要高度重视农业生态环境保护，积极参与农业生态补偿，加大对环境污治理的投入；另一方面企业积极加快实施清洁生产、循环生产等环境友好型的生产方式，以促进农业生态补偿绩效的不断提高。

2. 农业生态补偿绩效为企业转变农业发展方式提供了生态资本保障

西方传统经济学认为自然资源是取之不尽，用之不竭的，自然资源就算是消耗了，也可以通过科技进步来找到其替代品，甚至主张先污染后治理。在这种理论观点的指导下，企业为了追求经济利益最大化目标，大量开发和过度使用自然资源，把生态资本作为外生变量，致使农业生态系统退化和破坏。随之，出现了一系列由生态环境破坏引起的粮食安全、食品安全、温室效应、自然灾害频发等问题。在此背景下，企业的效益不可能保证永续的增长，需要转变经济发展理念和生产发展方式。而可持续发展理论和新发展理念认为，生态资本如同物质资本、人力资本和社会资本一样，对经济发展起着重要作用。为此，生态资本作为企业生产的内生变量，是一种重要的生产要素，对农业生产起着重要影响。在生态—经济—社会的复合系统中，企业生产需要考虑整个系统和谐与稳定，处理好经济、社会和生态这三大效益之间的平衡。充足而优质的农业生态资本是企业转变农业发展方式的重要推动力，为了实现这些，企业还必须重视和提升农业生态补偿的绩效。同样地，农业生态补偿绩效的提升增加了农业生态资本的积累，提升了农业生态系统的服务功能，为企业转变农业发展方式提供了条件和保障。

4.3.2.3 农户层面与农业生态补偿绩效的关系

1. 农户是农业生态补偿绩效的直接行动主体

农户是农业生态补偿绩效的直接行动主体，其主要原因有：第一，由于农业生态环境具有公共物品属性，从长远来看，巩固和提升农业生态补偿绩效一定会有利于农业的发展和增进农户的福利。优质的农业生态资本，健康的生态环境，不仅可以改善农户自身的生活环境，也会提高农业生产效率和农产品质量，从而增强农产品的竞争力。为此，根据“谁收益谁补偿”原则，农户应该对农业生态环境的保护者进行补偿，并应更加关注农业生态补偿的绩效。第二，农户在进行农业生产时，出于自身的经济利益最大化考虑，可能会对农业生态环境产生负外部性，例如，毁林造田、焚烧农作物秸秆、过度农药和化肥的施用、过度对草场的放牧、农业废弃物的随意排放，等等。根据“谁破坏谁补偿”原则，农户应该对农业生态环境的受害者进行补偿，并且更要关注农业生态补偿的绩效。农户的生产、生活直接与农业生态环境保持近距离接触，农业生态环境如果受到污染，那么最直接的受害者就是农户，这是因为农户的生产和生活中的吃、住、用、行等日常行为都直接或间接地来自农业生态系统。因此，农业生态补偿绩效的巩固和提升对农户的生产和生活就尤为重要。农业生态补偿绩效的巩固和提升，直接关系到农民自身的生活安全，同时还关系到农民的增收和粮食安全。这里要强调的是，农户要更加关注农业生态补偿绩效，还在于农业是国民经济的基础，直接关系到其他产业的健康发展和全国人民的粮食、蔬菜、肉类等生活资料的健康安全，这是人类生存和经济社会可持续发展的物质基础和根本保证。

2. 提升农业生态补偿绩效是实现农户转变农业发展方式的重要措施和根本保障

转变农业发展方式就是要形成农业的绿色发展方式。在绿色发展实践中，坚定走一条农业生产发展、农民生活富裕、农村生态良好的文明发展之路。转变农业发展方式的目的就是处理好农业中的生态系统、经济系统和社会系统三大子系统的关系，实现农业的可持续发展和农户的可持续增收。而我国长期的粗放型农业生产方式，造成了农业生态资源大量消耗，农业生态环境严重破坏，农业生态系统严重失衡，致使农业发展后续乏力。在此背景下，实施农业生态补偿制度，一方面，通过政府财政补贴等手段对农户的生态环境保护行为给予补偿，这样，可以激励与促进农户转变农业发展方式；另一方面，也可通过这种补偿方式，使农户因采用有机农业、生态农业等生产行为而增加的成本和减少的产量得到经济补偿，弥补其减少的收益[1]。由此，提升农业生态补偿绩效对转变农业发展方式的作用就显得非常重要了。提升农业生态补偿绩效是改善农业生态环境、增加农业生态资本投入，从而转变农业发展方式，实现农业可持续发展和农户增收的重要措施和根本保障，而要充分发挥农业生态补偿在推动农户转变发展方式中的作用，则必须高度重视农业生态补偿的绩效问题。

4.4 农业生态补偿绩效的机制分析

4.4.1 农业生态补偿绩效机制设计的基本原则

（1）卡尔多—希克斯改进原则。卡尔多—希克斯改进原理认为，当某种制度安排使一些人受益，同时让另一些人受损时，如果通过某种改进措施使受益者向受损者提供补偿最终使总的社会福利水平增加，那么这种改进措施就是有效的。在农业生态补偿及其绩效实践中，如果通过农业生态补偿绩效机制让利益相关者中的破坏者（或受益者）向受害者（或保护者）进行生态补偿，既可以实现经济发展，又可以促进农业生态补偿绩效的提升，那么该机制就是有效的[2]，这就是要满足卡尔多—希克斯改进原则。

（2）权责对等原则。利益相关者理论认为，权责对等是协调各利益相关者之间的利益分配关系，促进组织目标实现的关键。结合农业生态补偿的内涵，农业生态补偿就是要解决农业生态环境的保护者和破坏者，受益者和受害者之间的利益关系。因此，在农业生态补偿实践中，应满足“谁收益谁补偿，谁破坏谁补偿”的基本要求，让农业生态环境的受益者（或破坏者）向农业生态环境的受害者（或保护者）进行补偿，从而平衡它们之间的关系。只有做到权责对等原则，才能促进农业生态补偿绩效的提升。

---

① 金京淑．中国农业生态补偿研究［M］．北京：人民出版社，2015：56－57.

② 转引自马国勇，陈红．基于利益相关者理论的生态补偿机制研究［J］．生态经济，2014（4）：34.

（3）经济社会生态可持续发展原则。可持续发展理论认为，可持续发展要求经济效益、社会效益和生态效益的和谐统一和动态均衡发展，以及满足当代人的效益不能以损害下一代人的效益为代价。而农业生态补偿绩效是一个复合系统，包括经济效益、生态效益和社会效益，兼顾这三种效益既是实现农业可持续发展的要求，也是实现农业生态环境资源代际公平的必然选择。

（4）参与主体多元化原则。埃莉诺·奥斯特罗姆和文森特·奥斯特罗姆夫妇提出的多中心治理理论认为，多中心治理可以做到治理主体的多元化、治理目标的一致性和治理主体之间的相互协作，这可以克服单中心治理模式存在的不足。因此，这种参与主体多元化原则是“多中心”协同治理理论的集中体现。农业生态补偿及其绩效是一项系统工程，涉及许多利益相关者。基于前面的分析，农业生态补偿绩效的提升是政府、企业和农户共同努力的结果。因此，在构建农业生态补偿绩效机制时，要充分考虑政府、企业和农户的利益诉求，满足参与主体多元化原则，以构建政府、企业与农户多主体协同治理的生态补偿机制来提升农业生态补偿的绩效。

4.4.2　农业生态补偿绩效机制：政府、企业和农户层面的分析

4.4.2.1　农业生态补偿绩效机制的政府层面

农业生态环境的公共物品属性，决定了政府补偿机制是农业生态补偿绩效机制中最主要的补偿机制。如前所述，这里的政府包括中央政府和地方政府两个层次。由于中央政府和地方政府行为目标不一样，因此，他们在对待农业生态补偿绩效问题的处理上必然也不一样。中央政府与地方政府之间存在委托—代理关系，中央政府是委托人，行使委托人的权利，而地方政府是代理人，行使代理人的职责，具体执行农业生态补偿及其绩效工作。作为代理人的地方政府由于信息占优，理性的地方政府在官员政绩考核和追求 GDP 上升的推动下，必然会选择过度开发这一生态资源利用策略，这是因为过度

开发的期望得益大于选择适度开发的期望得益。另外，根据前面的分析，地方政府之间在生态环境污染治理问题上容易陷入“囚徒困境”，在治理生态环境污染选择的应对策略上会选择不治理策略，因此，为了巩固和提升农业生态补偿绩效，中央政府必须要对地方政府的过度开发行为和不治理行为进行约束干预，促使地方政府偏好选择适度开发策略和治理策略。这里有两种主要实现途径：一是补贴；二是处罚。这样一来，为了提升农业生态补偿绩效，政府层面可以考虑通过两种机制来实现：第一，激励机制；第二，约束机制。下面进行具体分析。

1. 激励机制与农业生态补偿绩效

农业生态系统服务功能的恢复、农业的转型发展、农业发展方式的转变和农业的可持续发展等都需要健康的农业生态环境作为物质基础。而农业生态补偿绩效的巩固和提升是农业生态环境健康发展的基本保障。根据前面的分析，农业生态补偿的公共物品属性，就需要中央政府采用激励机制来引导地方政府积极参与到农业生态补偿绩效的巩固和提升中。中央政府如何运用激励机制呢？地方政府是农业生态补偿政策的具体执行主体，代理中央政府开展农业生态环境治理和修复工作，保证农业生态补偿绩效得以巩固和提升。第一，中央政府通过财政转移支付，在生态环境保护和污染治理方面多给予资金支持，尤其是支持农业生态脆弱区和重要生态功能区的地方政府。农业生态脆弱区基本上都是贫困地区，地方财政收入有限，而治理和保护农业生态环境需要的资金量大，地方政府无法独立承担，因此，这就需要中央政府的生态转移支付和引导社会资金的支持。第二，中央政府要充分考虑地区之间经济发展的不平衡和不充分问题，以问题为导向，对农业生态脆弱区和重要生态功能区的地方政府给予更多的政策补贴和政策倾斜。一方面，给予农户退耕还林还草补贴补助、清洁生产补贴、沼气池建设补贴等；另一方面，激励农业生态脆弱区和重要生态功能区的地方政府转变农业发展方式，大力发展绿色、有机、生态农业和旅游业等。同时，地方政府要结合地方实际，因地制宜优化产业结构，真正落实“既要金山银山，更要绿水青山”的发展理念。当然，这里需要中央政府给予相关地方政府的政策倾斜、政策支持和发展机会，同时还需要中央政府给予资金支持来完善水利设施、道路、桥梁、涵洞及隧道等基础设施建设。

2. 约束机制与农业生态补偿绩效

作为一个拥有14亿多人口的发展中国家来说，发展仍然是第一要务。这里所指的发展其内涵发生了变化，是指在新发展观指导下的发展，要以人民为中心、落实新发展理念、发展方式要向高质量发展转变。但是，有些地方政府对新发展观理解不透，落实不力。在行政过程中，仍然停留在更多地考虑自己的"职位晋升"和追求短期经济利益目标。对于严重污染农业生态环境的行为，中央政府应该根据生态环境污染情况依法依规给予相应的处罚，以补偿利益相关者的利益损失；对农业生态补偿落实不力，以致农业生态补偿绩效严重下滑的地方政府必须向有关党政一把手及相关责任人进行惩罚与问责，形成行之有效的约束机制。各级地方党委和政府对本地区农业生态补偿绩效的巩固和提升负总责，党委和政府主要领导成员承担主要责任，其他有关领导成员在职责范围内承担相应责任。在坚持依法依规、客观公正、科学认定、权责一致、终身追究的原则下，依照《中华人民共和国环境保护法》第六十八条、第六十九条的相关规定，对直接负责的主管人员和其他直接责任人给予记过、记大过或者降级处分；造成严重后果的，给予撤职或者开除处分，其主要负责人应当引咎辞职。对于构成犯罪的，移送司法部门依法追究相关人员的刑事责任。①

需要强调的是，生态环境固然重要，但我们不能仅为了生态环境保护，而不发展国民经济，也不能只为了发展国民经济而牺牲生态环境，我们所需要的是经济增长与生态环境保护之间的平衡。处理好生态保护与发展经济之间的关系，其衡量标准就是要保证农业经济生态社会可持续发展。

4.4.2.2　农业生态补偿绩效机制的企业层面

根据前面的分析，企业是农业生态补偿绩效的重要参与主体。因此，企

---

① 《中华人民共和国环境保护法》。

业补偿机制也应是农业生态补偿绩效机制中的重要补偿机制。企业补偿机制如何实现？可以通过以下具体机制来实现，第一，自我约束机制；第二，自我创新机制；第三，外部约束机制。下面分别进行阐述。

1. 自我约束机制与农业生态补偿绩效

随着我国社会经济的不断发展，人们的生态环境保护意识、食品安全意识等也在不断增强。目前在生态文明建设深受关注的新时代，企业在追求自身利润最大化目标的驱动下，不能以牺牲农业生态环境为代价获取自我经济利益，否则，企业会受到相关法律法规所规定的经济惩罚乃至行政处罚。因此，作为有限理性经济人的企业，在成本—收益行为的诱导下，企业会产生自我约束行为，以促进企业自身利润目标的实现和农业生态补偿绩效的提升这一双重目标。

“企业是人力资产和人际关系的集合”，企业的生产经营经济行为会受到利益相关者的影响，其中，政府、竞争对手和消费者这些利益相关者对企业的影响较大。第一，企业的生存与发展，需要自我约束。在新时代背景下，政府对企业环境友好型生产行为的扶持力度越来越大，同时也对污染生态环境行为的惩治力度也在不断加强。作为有限理性经济人的企业，也会顺应这种发展需要，与时俱进，努力创造条件，让企业成为环境友好型企业。这种主动性的行为选择，一方面，可以让企业避免由于生态环境不达标而遭受到惩罚；另一方面，还可以获得政府的环境友好型生产补贴和政策扶持。第二，面对同行的竞争、社会公众舆论及消费者的监督，企业需要自我约束。在互联网时代，媒体对企业的影响力越来越大，企业的生态环境污染行为，会受到同行和社会媒体及消费者的监督与曝光，这必然会影响企业的声誉和收益。“金杯银杯不如老百姓的口碑”，因此，企业为了自身的利益不受到损失，需要自我约束。

企业如何形成自我约束？企业在生产经营中，把保护生态环境作为一种自觉行为，树立“企业与自然生命共同体”的企业文化理念。第一，加强制度建设。把生态环境标准作为企业一项制度建设的重要内容，每位员工都必须自觉遵守，让制度的强制力内化为职工的自觉行为。第二，形成生态环境保护的企业文化观念，加强生态环境保护方面的宣传。通过宣传栏、文化墙、广播、网络媒体等多渠道宣传生态环境保护的重要性以及企业在保护生态环境方面的成功经验等，形成“生态好、企业兴”的生态环境文化观念，提升企业领导及员工把促进农业生态补偿绩效内化为日常生产经营中的追求目标。第三，加强对企业管理者及员工环保方面的教育与培训，提高其生态环境保护的知识水平。因此，企业的自我约束机制，就是让企业自觉成为环境友好型企业，让企业的每一个员工都把保护生态环境作为一种自觉行为，树立尊重生态环境、保护生态环境的“企业文化观念”。这样一来，在企业的自我约束机制作用下，农业生态补偿绩效一定会得到巩固和提升。

2. 自我创新机制与农业生态补偿绩效

企业进行自我创新是提升农业生态补偿绩效的重要途径之一。企业为什么要进行自我创新？主要有以下三个方面的原因：第一，外在竞争压力。在市场竞争中，企业会面对同行的竞争，如何获得竞争优势呢？产品质量是最关键因素之一，市场实践已经充分证明。企业生产优质健康无公害的农产品，形成核心竞争力就能最终赢得竞争，是占领市场、开辟新市场，满足市场需求的基本法宝。第二，消费者的食品需求结构和层次的优化，企业需要自我创新。企业生产的产品数量、质量和类型等都是以消费者的需求为导向，随着消费者收入的增加，会带来消费者对食品的消费层次的提高和消费结构的优化，这样，企业为了满足消费者对食品的更高层次需要和多样化的需要，同时也为了获取更多的利润，企业需要进行自我创新。改革开放 40 余年来，我国经济总量已位居世界第二，国家富强了，人民也富裕了。统计资料显示，1978 年，农民人均纯收入（家计调查）为 134 元[①]，而到 2016 年，农村居民人均可支配收入达到 12363. 4 元[②]。人均可支配收入的增加，必然会影响消费者的消费观念和消费结构的变化。消费者之前认为的奢侈品，也许现在就变成了必需品。以前奢侈品可能消费少一点，但现在可能消

① 资料来源：1981 年《中国统计年鉴》相关数据。
② 资料来源：2017 年《中国统计年鉴》相关数据。

费多一点。而有机绿色安全的农产品是美好生活最基本的要求，这些基本上都是来自农业所提供的原材料。为此，在市场机制的作用下，企业的自我创新机制，促使企业采用环境友好型的生产行为，生产出满足人们所需要的有机绿色安全的农产品，这也必将成为一种新常态。在生产有机绿色安全的农产品导向下，作为有限理性经济人的企业，越来越清晰地认识到，只有满足消费者对有机绿色安全的农产品的需求，才能实现企业利润最大化的目标追求，这两者是并行不悖的，因此，企业必然更加关注农业生态补偿绩效。第三，实现企业自身的长远发展和长远利益。农业生态补偿绩效的巩固和提升，是保证企业自身长远发展和长远利益的重要条件。因为，不断提高农业生态补偿绩效，可以为农业生产提供优质健康的空气、水分、土壤等农作物生长的条件，这样就可以保证为企业提供优质的生产原材料来源。优质的生产原材料可以保证企业生产出优质安全的农产品，同时，企业会形成市场认可度较高的知名品牌和市场份额，促进企业持续转变生产方式，走内涵式扩大再生产，把不断创新作为发展动力。这样，企业就会获得较为丰厚的利润，实现自身的长远发展和长远利益。

因此，企业的自我创新不仅会促使企业获得长远发展和长远利益，而且还会促进农业生态补偿绩效的提升。企业的自我创新机制如何形成？一是通过管理创新。转变企业生产经营方式，进行清洁生产、循环生产和提高管理能力。二是通过技术创新。增加人力资本投入，提高技术水平。三是通过制度创新。完善生态产品标记制度和绿色生产制度等来培育企业环保文化。

3. 外部约束机制与农业生态补偿绩效

外部性约束是一种强制性约束，主要是由于农业生态环境外部性导致的市场失灵问题而采取的政府干预措施。这里的外部约束则意味着企业的环境不友好行为会受到政府的行政手段、经济手段、法律手段的约束和市场规则的约束。在市场机制作用下，企业的生产行为会受到市场规则约束，也会受到社会公众的监督，尤其是在新媒体时代，网络舆论涉及的人数多、范围广、传播速度快、有证据等特点，这些对企业的社会形象影响非常大。作为有限理性经济人的企业，一定会利用信息手段维护企业的社会声誉，因为信息就是经济，好的社会声誉就是生产力，就是利益。

由于农业生态环境产权很难完全清晰地界定，通过市场机制无法解决外部性内部化问题。作为有限理性经济人的企业，为了追求利润最大化，在生产经营过程中，过度开发和消耗生态资源、采用粗放型的生产经营方式，随意排放“三废”等。企业的这种环境不友好生产行为必然对农业生态环境造成严重污染，进而影响农业生态补偿的绩效。对这类污染环境的企业，“三废”排放不达标的责令整改并处以罚款，尤其对严重环境污染的企业要强行关闭，停止生产。在农业生态脆弱区和重要生态功能区的企业更应如此，具体如下：对污染严重的企业，依据相关法律法规对企业进行强行关闭，停止生产；对于污染比较严重的企业通过相关法律法规进行整改或搬出农业生态脆弱区和重要生态功能区。当然，这里需要政府强化法治建设，从制度上制定环境标准，约束企业的环境污染行为。

4.4.2.3　农业生态补偿绩效机制的农户层面

如前所述，农户是农业生态补偿绩效的直接行动主体。为此，农户补偿机制更应该成为农业生态补偿绩效机制中不可缺少的补偿机制。如何实现？可以通过以下三个机制来实现，即自我约束机制、自我发展机制及外部约束机制。这三个机制对农业生态补偿绩效的影响机理，具体分析如下。

1. 自我约束机制与农业生态补偿绩效

在市场机制中，自我约束机制很重要，它是一种自觉行为，是对规则和道德的一种积极态度。对农户而言，农业生态补偿绩效尤为重要，这是因为农业生态补偿绩效与农户的生产生活密切相关，农业生态补偿绩效越好，农业生态环境就越健康，农户的生活环境就越美好，例如呼吸新鲜的空气、饮用干净的水、吃健康食品等。以前，由于农业生产力水平低下，人们生存所需的粮食比较紧张，对化工农业生产方式的采用、农业绿色革命有所忽视，主要目标在于增产增粮，而今我国粮食的产量增多了，人们生存所需的粮食问题得到了解决，可是过度采用化工农业生产方式，化肥、农药的过度施用，农膜的过度使用，严重污染了农业生态环境。这样，农业生态危机的窘况，也就不断催生农户对生态环境保护的自我约束机制发挥作用，特别是随着生态文明建设步伐的加快，绿色发展理念的推进，农户的生态环境保护意识和参与力度也逐渐增强。为了巩固和提升农业生态补偿绩效，对农户来讲，自我约束机制可以使农户获得更加美好的生活生产环境和可持续的收入增长。具体体现有：在农业生产中，农药、化肥和农膜的减量使用，既可降低农户的生产成本，也能够防治土壤板结、重金属超标等，这样可以促进农业的可持续发展和农户的持续增收；在生态环境治理中，控制开发森林，不破坏植被，不过度耕种、不过度放牧等，可以有效防治水土流失、改善空气质量和涵养水源等；在生活中，不随意乱堆乱放农作物废弃物及注重环境清洁卫生（如农村的公厕改建、人畜混居的改变以及生活垃圾的无公害处理等）等，这样可以促使农户的生活环境更加美好，减少和预防各种流行疾病的发生，有利于提升农民的人力资本价值。因此，农户的自我约束机制，一方面保证了农户生活环境更加美好和收入的持续增长；另一方面促进了农业生态补偿绩效的巩固和提升。

2. 自我发展机制与农业生态补偿绩效

在市场机制作用下，农户的生产行为受消费者需求的制约。农户进行农产品生产，一部分是为了自给自足；另一部分是为了出售获得货币收入。前面已经分析我国居民人均可支配收入的增加改变了消费者的消费观念和消费结构。随着人们的消费观念的改变和收入的增加，人们对有机绿色安全无公害农产品的需求量会越来越大，并且在市场机制作用下优质无公害农产品的价格也会处于上涨趋势。作为有限理性经济人的农户，在自我收益最大化行为目标的导向下，为了满足消费者的需求，一定会尽最大的努力满足自我发展的需求。农户在自我发展机制作用下，可以促使农户转变农业发展方式，采用清洁农业生产行为，生产出满足人们所需要的有机绿色安全无公害农产品并实现自我收益的最大化。而有机绿色安全无公害农产品的生产需要优质健康的农业生态环境这个物质载体。为了拥有这样的农业生态环境，农业生态补偿绩效的巩固和提升是其根本保障。因此，农户补偿中的自我发展机制与农业生态补偿绩效有着内在的关联，存在相互促进和相互制约的关系。

如何形成自我发展机制？一是加大人力资本投入，从政策和制度上强化新型职业农民的培育，掌握并广泛使用环境友好型生产方式和生产技术；二是对畜禽养殖场废弃物和农作物秸秆进行资源化利用，提高利用率，减少污染；三是调整产业结构，培育新的经济增长点，发展地方经济，增强区域自身“造血能力”，增强自我补偿的能力[①]。总之，自我发展机制对农业生态补偿绩效的提升具有重要作用。

3. 外部约束机制与农业生态补偿绩效

这里的外部约束也是指农户的环境不友好行为会受到政府的行政手段、经济手段和法律手段等的约束和市场规则的约束。例如，对农户乱砍滥伐林木的行为，政府应该对其违法违规行为处于相应的经济罚款，对情节严重的农户，要进行行政干预和法律制裁；对随意焚烧农作物秸秆的行为，也要视情节轻重给予相应的干预，情节较轻的给予警告，严重的不仅要给予经济处罚，还要付诸法律手段。另外，农户的环境不友好行为还会受到社会舆论及公众的约束，例如社会公众的监督、媒体的曝光等。因此，在外部约束机制的作用下，农业生态环境才会减轻受到污染和破坏的威胁，也才能促进农业生态补偿绩效的巩固和提升。

4.4.3　提升农业生态补偿绩效：一个多主体协同治理机制的分析

以上主要从政府层面、企业层面和农户层面对“怎样提升农业生态补偿绩效”进行了机制分析。农业生态补偿绩效是一个系统工程，根据利益相关者理论，利益主体自身的行为会对农业生态补偿绩效产生重要影响，而且利益主体之间的博弈行为也会对农业生态补偿绩效产生重要影响。因此，提升农业生态补偿绩效需要利益相关方共同努力、相互协作来实现。结合本书的研究视角，根据第 2 章的“多中心”协同治理理论来具体分析。

如前所述，埃莉诺·奥斯特罗姆和文森特·奥斯特罗姆夫妇提出的多中

① 金京淑．中国农业生态补偿研究［M］．北京：人民出版社，2015：125.

心治理理论是协同治理理论的重要组成，对解决公共事务治理中的困境与难题具有重要的指导意义。“多中心”协同治理理论强调治理主体的多元化、治理目标的一致性和治理行为的相互协作。“多中心”协同治理理论具体应用到农业生态补偿绩效实践中，就是要求农业生态补偿绩效的三种补偿主体：政府、企业和农户积极构建一种多中心协同治理机制，共同治理农业生态环境问题，从而提升农业生态补偿绩效。基于前面的分析，政府补偿机制是提升农业生态补偿绩效的最主要机制，但政府补偿机制主导存在筹资困难、监管成本高、权力寻租、政策时滞等政府失灵的问题。随着生态文明建设步伐的加快，新发展理念的不断推进，“绿水青山就是金山银山”理念的深入民心，政府补偿机制主导独木难支，不能很好地适应新时代农业生态补偿实践的要求。而对企业补偿机制和农户补偿机制而言，虽然它们都是提升农业生态补偿绩效的重要机制，但是仅靠企业补偿机制主导或者农户补偿机制主导也无法实现提升农业生态补偿绩效的目标，这是因为企业和农户都具有双重身份，它们既是农业生态补偿绩效的受益者，也是农业生态补偿绩效的破坏者，这就导致企业补偿和农户补偿在提升农业生态补偿绩效方面存在自利性、盲目性和机会主义倾向。另外，由于农业生态环境的公共物品属性，企业补偿机制主导或农户补偿机制主导也无力提供如此庞大的公共物品。因此，依靠单一主体的农业生态补偿机制无法从根本上解决农业生态补偿绩效提升的问题，这就需要在“多中心”协同治理理论的指导下，构建一个多主体协同治理机制，即“政府补偿＋企业补偿＋农户补偿”三方协同机制来提升农业生态补偿绩效，如图4－7所示。

构建“政府补偿＋企业补偿＋农户补偿”这种多主体协同治理机制，协同开展农业生态补偿，协同促进农业生态补偿绩效的提升。在这里，政府补偿仍然起到主导作用。因为政府的职能确定了它是承担农业生态补偿及其绩效提升这一公共事务的首要责任主体。这种多主体协同治理机制可以充分发挥政府补偿、企业补偿和农户补偿这三种补偿机制各自的优势，在集体目标一致的行动下，它们之间相互促进、相互协作、取长补短，有效解决了政府、企业和农户这三大补偿主体的偏好显示、信息传递及激励等问题，同时还可以提高它们之间相互协作的积极性和主动性，能够最大限度地遏制集体行动下政府、企业和农户这三大补偿主体的机会主义倾向，进而有助于农业生态补偿绩效目标的实现。

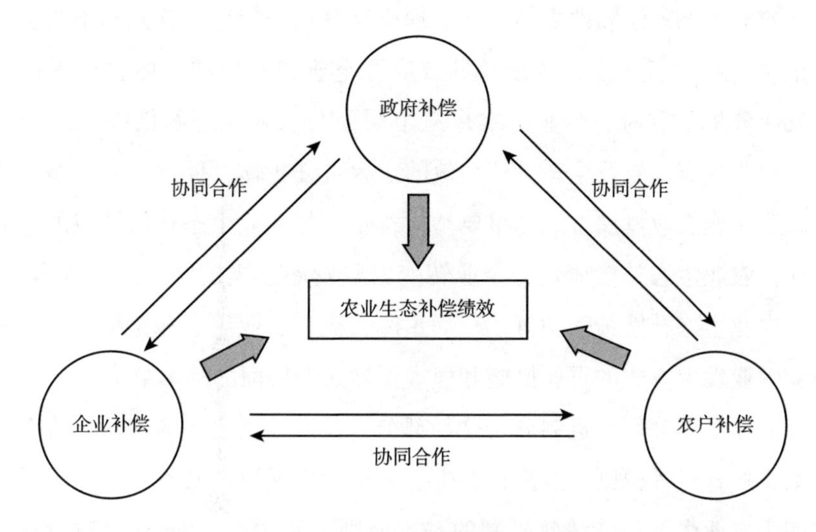

图 4－7　多主体协同治理机制分析

4.5　本章小结

本章主要运用了第 2 章的相关理论，从经济发展转型概述、农业生态补偿的影响因素分析、经济发展转型下农业生态补偿绩效主体层次的理论阐释和农业生态补偿绩机制分析四个部分对"为什么要进行农业生态补偿"，以及"怎样提升农业生态补偿绩效"这两个基本问题进行了理论阐释。

在经济发展转型概述这一部分，主要概述了经济发展转型的演进历程及背景、经济发展转型的内涵、实质以及经济发展转型对本书研究的政府、企业与农户这三大利益主体行为的影响等内容。

在农业生态补偿的影响因素分析这一部分，一是运用经济发展转变理论，资源、环境与可持续发展理论，生态系统服务理论，生态资本理论，生态马克思主义理论以及农业发展理论等理论工具对农业生态补偿内在影响因素进行分析；二是运用外部性，公共物品，补偿理论等理论工具对农业生态补偿外在影响因素进行分析。

在农业生态补偿绩效主体层次的理论阐释这一部分，首先基于利益相关者理论对农业生态补偿绩效涉及的政府、企业和农户的主体属性进行了说明。其次分析了政府、企业与农户三个层面与农业生态补偿绩效的相互关系，得出了政府是农业生态补偿绩效的主要责任主体，促进农业生态补偿绩效是政府转变农业发展方式的重要举措；企业是农业生态补偿绩效的重要参与主体，农业生态补偿绩效为企业转变农业发展方式提供了生态资本保障；农户是农业生态补偿绩效的直接行动主体，提升农业生态补偿绩效是实现农户转变农业发展方式的重要措施和根本保障三个层面的基本结论。

在农业生态补偿绩机制分析这一部分，首先，制定了卡尔多—希克斯改进原则、权责对等原则、经济社会生态可持续发展原则及参与主体多元化原则这四个农业生态补偿绩效机制的基本原则。其次，分别对政府补偿机制、企业补偿机制和农户补偿机制进行了分析。政府补偿主要通过激励机制和约束机制（惩罚问责机制）来实现；企业补偿主要通过自我约束机制、自我创新机制和外部约束机制来实现；农户补偿主要通过自我约束机制、自我发展机制和外部约束机制来实现，并最终归纳出政府、企业和农户三个补偿机制协同合作、相互作用、相互促进的整体观念。`

| 第 5 章 |

农业生态补偿绩效的影响：利益主体行为博弈分析

本章主要通过博弈论工具分析政府、企业和农户的博弈行为对农业生态补偿及其绩效影响的理论机理，即从三大利益主体的行为博弈分析来回答前面分析框架中提出的“为什么要进行农业生态补偿”及“怎样提升农业生态补偿绩效”两个基本问题。

5.1 农业生态补偿绩效的利益主体行为功能分析

5.1.1 政府的行为功能分析

根据前面的分析，政府是提升农业生态补偿绩效最重要的责任主体，尤其是在我国市场机制不完善的情况下更为重要，政府行为在农业生态补偿绩效中起着重要的作用。中央政府和地方政府的行为目标不一样，因此，它们在提升农业生态补偿绩效的行为功能也不一样。

中央政府主要通过财政转移支付开展农业生态补偿，并对生态补偿的专项资金落实情况开展监督、评价及管理。这样就可以保持和提升农业生态补偿的绩效，起到改善农业生态环境和促进农业发展方式转变的效果，进而达到“满足人们对美好生态环境的需要”和“农业可持续发展和农户增收”的目的，这样反过来又可以进一步激励中央政府积极开展农业生态补偿，形成一个良性的持续循环。另外，中央政府在完善农业生态补偿政策及相应的法律法规、健全农业生态补偿绩效评价体系建设、强化农业生态补偿监管力度等方面的行为也会对农业生态补偿绩效产生重要影响。一般地，中央政府是委托地方政府来开展农业生态补偿及绩效提升工作。从理论上讲，中央政府与地方政府存在一种委托—代理关系，地方政府作为中央政府的代理人，在信息不对称的条件下，地方政府作为有限理性经济人，为了追求自身利益最大化，会作出偏离中央政府目标的行为选择。于是，中央政府在农业生态补偿绩效工作中要对地方政府进行监督和指导，使其不能背离中央政府的行为目标。中央政府通过采用激励机制与约束机制来引导地方政府的行为，让地方政府重视农业生态环境保护，在农业生态环境开发中，采用适度开发行为，促使经济、社会和生态可持续发展。

地方政府主要是平衡政府各部门的关系（包括中央政府方面的关系），并且具体执行和指导农业生态补偿及绩效提升工作，地方政府行为也对农业生态补偿绩效起到重要作用和影响。地方政府的行为功能也是基于它的行为目标而作用的。如果地方政府更多地考虑自身的“职位晋升”和短期经济行为目标，那么它就会采用过度开发行为，这样必然会对农业生态补偿绩效起到负面影响。反之，如果地方政府更多地考虑中央政府的生态环境目标和长期的经济发展目标，那么它就会采用适度开发行为，这样就必然对农业生态补偿绩效起到正面影响。

5.1.2 企业的行为功能分析

根据前面的分析，企业是提升农业生态补偿绩效的重要参与主体，企业行为对农业生态补偿绩效也起到重要影响。企业主要从利润中提取一定资金作为生态补偿基金开展农业生态补偿，并对生态补偿的资金落实情况开展监督，进而保证农业生态补偿绩效的提升。农业生态补偿绩效的改善可以促进农业发展方式转变和农业生产结构的优化。优质的农产品和过剩的劳动力为企业扩大再生产提供了原材料和劳动力保障。这样反过来又可以进一步激励企业积极开展农业生态补偿，也形成了一个良性循环。

企业的行为对农业生态补偿绩效的影响主要体现在两个方面：一方面是企业对农业生态补偿及其绩效的重视程度；另一方面是企业对农业生态补偿及其绩效的参与力度。企业的行为功能也是基于企业的行为目标而作用的，如果企业追逐短期经济利益的行为，就会不重视生态环境和采用过度开发等不清洁生产行为，这样必然会对农业生态补偿绩效起到负面影响。反之，如果企业基于长期经济行为，那么企业就会采用保护生态环境，并且企业追逐可持续发展的生产经营行为，肯定要重视生态环境，加大环保投资力度，积极开发应用绿色技术和清洁能源，加快实施清洁生产、清洁循环等行为，这样就必然对农业生态补偿绩效起到正面影响。

5.1.3　农户的行为功能分析

根据前面的分析，农户是提升农业生态补偿绩效的直接行动主体，农户行为对农业生态补偿绩效产生直接影响。农户的行为对农业生态补偿绩效的影响主要体现在两个方面：一是农户对农业生态补偿及其绩效的重视程度；二是农户对农业生态补偿及其绩效的参与力度。农户在农业生产经营过程中可能存在保护农业生态环境的清洁生产方式和破坏农业生态环境的不清洁生产方式两种生产行为方式。因此，农户的行为对农业生态补偿及其绩效也存在正面影响和负面影响。

农户的行为功能基于农户的行为目标而作用。如果农户基于短期经济行为，那么农户就会采用牺牲生态环境，如不重视生态环境因素和过度施用农药、过度使用化肥和农膜、焚烧农作物秸秆等不清洁生产行为，这样必然会对农业生态补偿绩效起到负面影响。反之，如果农户基于长期经济行为，那么农户就会采用保护生态环境、追求可持续发展的生产行为，如重视生态环境和适度施用农药、适度使用化肥和农膜、不焚烧农作物秸秆等清洁生产行为以及退耕还林还草，适度放牧，严禁损毁山林，不污染水源湖泊等，这样就必然对农业生态补偿绩效起到正面影响。

5.2 农业生态补偿绩效利益主体博弈行为对农业生态环境的影响

农业生态环境具有公共物品属性，对其产权很难界定。从长远来讲，农业生态环境非常重要，应该加以保护，但对一个有限理性的经济人来说，它追求的是短期利益，而会选择无偿地消费它，甚至会选择过度消费它。农业生态环境涉及的利益主体——政府、企业和农户，它们在对待农业生态环境问题上的行为选择符合“囚徒困境”博弈模型，下面主要基于“囚徒困境”博弈模型进行展开分析。

5.2.1 政府行为博弈分析

5.2.1.1 地方政府之间的博弈：基于“囚徒困境”博弈模型的展开分析

1. 假设

第一，博弈双方为地方政府 1 与地方政府 2，且拥有相似的地理位置、资源环境、民风民俗等条件。博弈双方的策略集都是｛适度开发，过度开发｝，适度开发是指在农业生态环境可承受的限度内开发，能够实现经济社会生态的可持续发展；而过度开发是指超过了农业生态环境可承受的最大限度开发，不利于经济社会生态的可持续发展。第二，博弈双方地方政府 1 与地方政府 2 是相互竞争的，不选择合作。第三，博弈双方地方政府 1 与地方政府 2 都是有限理性经济人，但各自以追求利益最大化为行为目标。

2. 构建模型

若博弈双方地方政府 1 与地方政府 2 都选择适度开发，其收益都是 6；

若博弈双方都选择过度开发，其收益只能都是4；若地方政府1选择适度开发，地方政府2选择过度开发，其收益组合为｛2，8｝，若地方政府1选择过度开发，地方政府2选择适度开发，其收益组合为｛8，2｝，这就可能出现“囚徒困境”，具体如表5－1地方政府之间的“囚徒困境”博弈模型所示。

表5－1　　　　　　地方政府之间的“囚徒困境”博弈模型

博弈方	地方政府2		
	策略	适度开发	过度开发
地方政府1	适度开发	6，6	2，8
	过度开发	8，2	4，4

注：根据图克（Tucker）于1950年提出的“囚徒困境”模型整理而成。

3. 均衡策略分析

根据表5－1，对地方政府1来说，地方政府2有适度开发和过度开发两种选择。假设地方政府2选择“适度开发”，则对地方政府1而言，“适度开发”收益为6，“过度开发”收益为8，地方政府1应选“过度开发”；假设地方政府2选择“过度开发”，则对地方政府1而言，“适度开发”收益为2，“过度开发”收益为4，地方政府1应选“过度开发”。于是，无论地方政府2做出如何选择，有限理性经济人的地方政府1都会选择“过度开发”。同样地，地方政府2的理性选择也是“过度开发”。这样，博弈双方的均衡策略是｛过度开发，过度开发｝，即｛4，4｝，而不是两者利益最佳组合，生态环境得以保护的均衡策略｛适度开发，适度开发｝，即｛6，6｝。因此，这一结果必然导致农业生态环境受到污染和破坏。

5.2.1.2　中央政府与地方政府之间的博弈：基于委托代理博弈模型的展开分析

根据前面的分析，地方政府以追求短期利益最大化为行为目标，其政绩与经济增长直接挂钩。在这里，假设地方政府获得的期望得益是经济增长U

的正比例函数，即 P = P(U)。结合委托—代理理论和非完全信息博弈理论，构建一个简单的中央政府与地方政府委托—代理博弈模型（见图 5 – 1）。

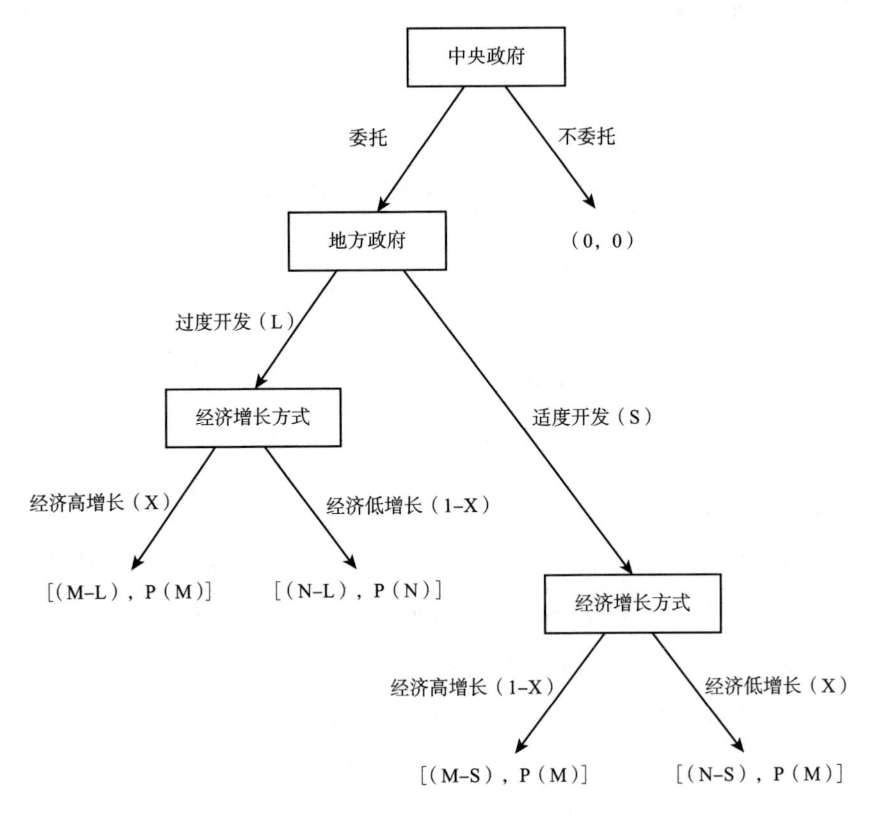

图 5 – 1　中央政府与地方政府委托—代理博弈模型

假设博弈双方的策略满足序贯理性的要求，模型中的不确定性表现为 M 和 N 两种可能的经济增长类型（这里，M > N），M 代表经济高增长，N 代表经济低增长，分别对应的概率为 X 和（1 – X）。如果地方政府选择过度开发策略，则获得 M 单位经济高增长的概率是 X，获得 N 单位经济低增长的概率是（1 – X）；如果地方政府选择适度开发策略，获得 M 单位经济高增长的概率是（1 – X），获得 N 单位经济低增长的概率是 X。又假设过度开发的成本是 L，适度开发的成本是 S，中央政府权力不下放的收益为 0。则地方政府策略选择的具体分析如下。

首先，假定中央政府是风险中立者，满足中央政府选择权力下放的条件可以用以下不等式表示，即：

$$X(M-L)+(1-X)(N-L)>0$$

或者，$(1-X)(M-S)+X(N-S)>0$

即：$X>\frac{L-N}{M-N}$，或 $X<\frac{M-S}{M-N}$

中央政府偏好于地方政府选择适度开发策略，则满足的条件为：

$$X(M-L)+(1-X)(N-L)<(1-X)(M-S)+X(N-S)$$

即：$X<\frac{M-N+L-S}{2(M-N)}$

其次，假定地方政府是风险中立者的，则有：

$$XP(M)+(1-X)P(N)>(1-X)\times P(M)+XP(N)$$

即：$P(M)>P(N)$，这说明地方政府选择过度开发的期望得益大于选择适度开发的期望得益。因此，地方政府会选择过度开发。这样，必然会导致农业生态环境造成严重污染和破坏。

5.2.2　企业行为的博弈：基于“囚徒困境”博弈模型的展开分析

1. 假设

第一，博弈双方为企业1和企业2，它们的策略集都是｛清洁生产，不清洁生产｝，说明一下，这里的清洁生产，是指在农业生态环境可承受的限度内，能够实现农业可持续发展的生产行为；而不清洁生产是指超过了农业生态环境可承受的最大限度内，不利于农业可持续发展的生产行为。第二，博弈企业1和企业2是相互竞争的，不选择合作。第三，博弈双方企业1和企业2都是有限理性经济人，都以各自利润最大化为其行为目标。

2. 构建模型

若博弈双方企业1与企业2都选择清洁生产，其收益都是6；若博弈双方都选择不清洁生产，其收益只能都是4；若企业1选择清洁生产，企业2选择不清洁生产，其收益组合为｛2，8｝，若企业1选择不清洁生产，企业2选择清洁生产，其收益组合为｛8，2｝，企业1和企业2之间的博弈也会出现“囚徒困境”，具体如表5－2企业之间的“囚徒困境”博弈模型所示。

表5－2　　企业之间的“囚徒困境”博弈模型

博弈方	企业2		
企业1	策略	清洁生产	不清洁生产
	清洁生产	6，6	2，8
	不清洁生产	8，2	4，4

注：根据图克（Tucker）于1950年提出的“囚徒困境”模型整理而成。

3. 均衡策略分析

根据表5－2，对企业1来说，企业2的策略是｛清洁生产，不清洁生产｝。假设企业2选择“清洁生产”，则对企业1而言，“清洁生产”收益为6，“不清洁生产”收益为8，这样，企业1应选择“不清洁生产”；假设企业2选择“不清洁生产”，则对企业1而言，选择“清洁生产”收益为2，“不清洁生产”收益为4，这样，企业1应选择“不清洁生产”。于是，无论企业2作出如何选择，有限理性经济人的企业1都会选择“不清洁生产”。同样地，企业2的理性选择也是“不清洁生产”。于是，博弈双方企业1和企业2的均衡策略是｛不清洁生产，不清洁生产｝，即｛4，4｝，而不是双方利润最佳组合，生态环境得以保护的均衡策略｛清洁生产，清洁生产｝，即｛6，6｝。因此，这一情况呈现出农业生态环境受到污染和破坏的博弈结果。

5.2.3　农户行为博弈：基于“囚徒困境”博弈模型的展开分析

1. 假设

这里以秸秆焚烧为例作为代表进行农户的行为分析。第一，博弈双方为农户1和农户2，它们的策略集都是｛焚烧，不焚烧｝，这里说明一下，农户处理秸秆有两种方式：一种是焚烧；另一种是不焚烧，通过秸秆资源化处理，但需要付出成本。第二，博弈双方农户1和农户2是相互竞争的，不选择合作。第三，博弈双方农户1和农户2都是有限理性经济人，都以各自收益最大化为行为目标。

2. 构建模型

若博弈双方农户1与农户2都选择不焚烧，其收益都是6；若博弈双方都选择焚烧，其收益只能都是4；若农户1选择不焚烧，农户2选择焚烧，其收益组合为｛2，8｝，若农户1选择焚烧，农户2选择不焚烧，其收益组合为｛8，2｝，结果农户与农户之间博弈也产生了“囚徒困境”。具体如表5－3农户之间的“囚徒困境”博弈模型所示。

表5－3　　农户之间的“囚徒困境”博弈模型

博弈方	农户2		
农户1	策略	不焚烧	焚烧
	不焚烧	6，6	2，8
	焚烧	8，2	4，4

注：根据图克（Tucker）于1950年提出的“囚徒困境”模型整理而成。

3. 均衡策略分析

根据表5－3，对农户1来说，农户2的策略是｛焚烧，不焚烧｝。假设农户2选择“不焚烧”，则对农户1而言，“不焚烧”收益为6，“焚烧”收益为8，农户1应选择“焚烧”；假设农户2选择“焚烧”，则对农户1而言，“不焚烧”收益为2，“焚烧”收益为4，农户1应选“焚烧”。于是，无论农户2作出如何选择，有限理性经济人的农户1都会选择“焚烧”。同样地，农户2的理性选择也是“焚烧”。这样，博弈双方农户1和农户2的均衡策略是｛焚烧，焚烧｝，即｛4，4｝，而不是双方收益最佳组合，生态环境又得以保护的均衡策略｛不焚烧，不焚烧｝，即｛6，6｝。因此，这一情况呈现出农业生态环境受到污染和破坏的博弈结果。

以上分析主要采用了“囚徒困境”博弈模型来说明政府、企业和农户行为对农业生态环境的影响，其基本结论是，政府、企业和农户作为有限理性经济人，为了追逐经济利益而选择过度开发和不清洁生产等方式，这样就会出现对农业生态环境的污染和破坏。

5.3 农业生态补偿绩效主体之间的演化博弈和合作博弈分析

5.2 节主要分析的是利益主体行为对农业生态环境的影响机理，本节主要是运用非对称演化博弈、对称演化博弈和三方合作博弈模型对上述问题的求解进行推理论证。

5.3.1 非对称演化博弈一般分析

结合前面对农业生态补偿绩效利益主体的界定，本书研究的农业生态补偿绩效的利益主体主要包括政府、企业和农户。但由于现实经济活动中农业生态补偿绩效的利益主体较多，且博弈关系复杂。基于简单明了，又能说明问题的原则，本节将农业生态补偿绩效的博弈主体简化为实施方和受益方。这里说明一下，政府是农业生态补偿绩效的实施方；企业、农户既是农业生态补偿绩效的实施方，也是农业生态补偿绩效的受益方。本书借鉴曹洪华等（2013）将“举报惩罚制度”纳入模型进行分析①。基于此，下面进行非对称演化博弈一般分析。

1. 基本前提假设

第一，实施方的策略集为｛保护，破坏｝；受益方的策略集为｛补偿，不补偿｝。第二，博弈双方都是有限理性经济人，但各自以追求自身利益最大化为行为目标。第三，博弈双方信息不对称，博弈模型也是非对称的。第

① 曹洪华，景鹏，王荣成．生态补偿过程动态演化机制及其稳定策略研究［J］．自然资源学报，2013（9）：1548－1553.

四，博弈双方实施奖罚对等原则。受益方根据实施方的决策而作出决策，如果实施方选择保护策略时，受益方需要支付补偿费，若不支付补偿费且被成功举报，将受到经济处罚；如果实施方选择破坏策略时，受益方应该获得补偿，若实施方不支付补偿费且被成功举报，也将受到经济处罚。

2. 演化博弈模型的构建

假定实施方选择保护策略时，实施方和受益方获得的长期收益分别为 r_1，r_2；实施方选择破坏策略时，实施方和受益方获得的短期收益分别为 q_1，q_2；实施方选择保护策略时所支付的成本为 s，受益方所支付的生态补偿费为 p，受益方不支付补偿费且被成功举报而受到的经济罚款为 m；实施方破坏生态环境时应支付的生态补偿费为 h，实施方不支付生态补偿费且被成功举报而受到的经济罚款为 n；给成功举报者的奖励经费为经济罚款的 λ 倍（$0<\lambda<1$）。基于前面假设，构建一个 2×2 非对称演化博弈来求解均衡策略，具体模型如表 5-4 所示。

表 5-4　　2×2 非对称演化博弈模型

博弈方	受益方		
实施方	策略	补 偿	不补偿
	保护	r_1-s+p，r_2-p	r_1-s，$r_2-(1+\lambda)m$
	破坏	q_1-h，q_2+h	$q_1-(1+\lambda)n$，q_2

3. 演化稳定策略

对实施方而言，假设有 x_1 的比例选择保护策略，则选择破坏策略的比例为（$1-x_1$）；对受益方而言，假设有 x_2 的比例选择补偿策略，则选择不补偿策略的比例为（$1-x_2$）。

令 u_{11}，u_{12}分别为实施方选择保护和破坏策略时的期望收益，它们的平均期望收益为 $\bar{u}_1$，具体表达式分别为：

$$u_{11}=x_2(r_1-s+p)+(1-x_2)(r_1-s);$$

$$u_{12}=x_2(q_1-h)+(1-x_2)[q_1-(1+\lambda)n];$$

$$\bar{u}_1=x_1u_{11}+(1-x_1)u_{12}.$$

令 u_{21}，u_{22}分别为受益方选择补偿和不补偿策略时的期望收益，它们的平均期望收益为$\overline{u_2}$，具体表达式分别为：

$$u_{21} = x_1(r_2 - p) + (1 - x_1)(q_2 + h);$$

$$u_{22} = x_1[r_2 - (1 + \lambda)m] + (1 - x_1)q_2;$$

$$\overline{u}_2 = x_2 u_{21} + (1 - x_2)u_{22}.$$

（1）实施方的演化稳定策略分析。实施方选择保护策略的复制动态方程为：

$$F(x_1) = \frac{dx_1}{dt} = x_1(u_{11} - \overline{u}_1) = x_1(1 - x_1)\{x_2[p + h - (1 + \lambda)n] + r_1 - s - q_1 + (1 + \lambda)n\} \quad (5.1)$$

对式（5.1）求关于 x_1 的一阶导数，则有：

$$F'(x_1) = (1 - 2x_1)\{x_2[p + h - (1 + \lambda)n] + r_1 - s - q_1 + (1 + \lambda)n\}$$

令 $F'(x_1) = 0$，求得式（5.1）中的两个可能稳定状态解：$x_1^* = 0$ 和 $x_1^* = 1$。下面分三种情况进行分析说明：

①当 $x_2 = x_2^* = -\frac{r_1 - s - q_1 + (1 + \lambda)n}{p + h - (1 + \lambda)n}$时，无论 x_1 取何值，$F'(x_1) = 0$ 总成立。此时，所有 x_1 的值都满足稳定状态的条件，其稳定动态演化路径如图 5-2（a）所示。也就是说，只要受益方在 $x_2^* = -\frac{r_1 - s - q_1 + (1 + \lambda)n}{p + h - (1 + \lambda)n}$ 的水平下选择补偿策略，实施方无论选择保护策略，还是选择破坏策略，其收益都没有发生改变。因此，实施方的稳定状态解是所有 x_1 的值。

②当 $x_2 > x_2^* = -\frac{r - s - q_1 + (1 + \lambda)n}{p + h - (1 + \lambda)n}$时，通过计算 $F'(x_1) = 0$ 得出 x_1 的两个可能稳定状态解为 $x_1^* = 0$ 和 $x_1^* = 1$。因为，$F'(0) > 0$，$F'(1) < 0$，所以，只有 $x_1^* = 1$ 是实施方的稳定状态解，其动态演化路径如图 5-2（b）所示。也就是说，只要受益方以高于 $-\frac{r_1 - s - q_1 + (1 + \lambda)n}{p + h - (1 + \lambda)n}$的水平选择补偿策略

时，实施方对生态环境的策略选择，从破坏策略逐渐转向保护策略，最终，实施方的演化稳定策略为保护策略。

③当 $x_2 < x_2^* = -\frac{r-s-q_1+(1+\lambda)n}{p+h-(1+\lambda)n}$ 时，通过计算 $F'(x_1)$ 得出 x_1 的两个可能稳定状态解为 $x_1^*=0$ 和 $x_1^*=1$。因为，$F'(0)>0$，$F'(1)<0$，所以，只有 $x_1^*=1$ 是实施方的稳定状态解，其动态演化路径如图5-2（c）所示。也就是说，只要受益方以低于 $-\frac{r_1-s-q_1+(1+\lambda)n}{p+h-(1+\lambda)n}$ 的水平选择补偿策略时，实施方对生态环境的策略选择，从保护策略逐渐转向破坏策略，最终，实施方的演化稳定策略为破坏策略。

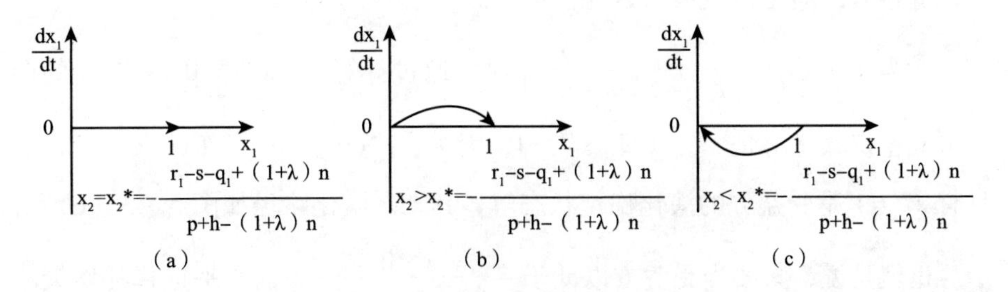

图5-2 实施方的动态演化路径示意

（2）受益方的演化稳定策略分析。受益方选择补偿策略的复制动态方程为：

$$F(x_2)=\frac{dx_2}{dt}=x_2(u_{21}-\bar{u}_2)=x_2(1-x_2)\{x_1[(1+\lambda)m-p-h]+h\} \tag{5.2}$$

通过计算 $F'(x_2)=0$，求得式（5.2）中的两个可能的稳定状态解为，$x_2^*=0$ 和 $x_2^*=1$。下面分三种情况进行分析说明：

①当 $x_1=x_1^*=-\frac{h}{(1+\lambda)m-p-h}$ 时，无论 x_2 取何值，$F'(x_2)=0$ 总成立。此时，所有 x_2 的值都满足稳定状态的条件，其稳定动态演化路径如图5-3（a）所示。也就是说，只要实施方在 $x_1^*=-\frac{h}{(1+\lambda)m-p-h}$ 的水平

下选择补偿策略时，实施方无论选择保护策略，还是选择破坏策略，其收益没有发生改变。受益方无论选择补偿策略，还是选择不补偿策略，其收益也没有发生改变。因此，受益方的稳定状态解是所有 x_2 的值。

②当 $x_1 > x_1^* = -\frac{h}{(1+\lambda)m-p-h}$时，通过计算 $F'(x_2)=0$ 得出 x_2 的两个可能稳定状态解是 $x_2^*=0$ 和 $x_2^*=1$。因为，$F'(0)>0$，$F'(1)<0$，所以，只有 $x_2^*=1$ 是受益方的演化稳定状态解，其动态演化路径如图 5-3（b）所示。也就是说，只要当受益方以高于 $-\frac{h}{(1+\lambda)m-p-h}$的水平选择补偿策略时，受益方对生态环境的补偿策略，从不补偿策略逐步转向补偿策略。最终，受益方的演化稳定策略是补偿策略。

③当 $x_1 < x_1^* = -\frac{h}{(1+\lambda)m-p-h}$时，通过计算 $F'(x_2)=0$ 得出 x_2 的两个可能稳定状态解是 $x_2^*=0$ 和 $x_2^*=1$。因为，$F'(0)>0$，$F'(1)<0$，所以，只有 $x_2^*=1$ 是受益方的演化稳定状态解，其动态演化路径如图 5-3（c）所示。也就是说，只要当受益方以低于 $-\frac{h}{(1+\lambda)m-p-h}$的水平选择补偿策略时，受益方对生态环境的补偿策略，从补偿策略逐步转向不补偿策略。最终，受益方的演化稳定策略是不补偿策略。

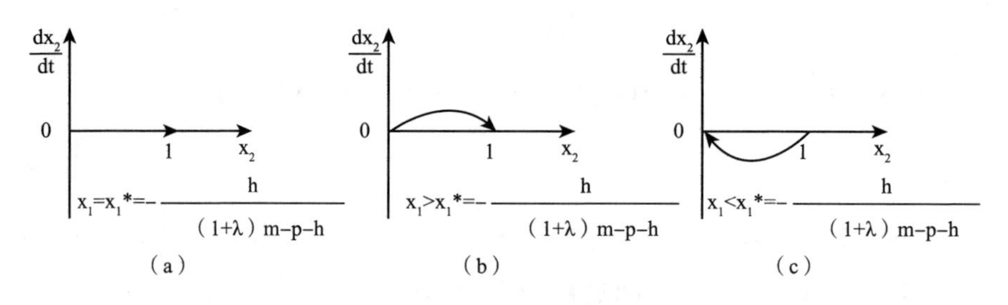

图 5-3　受益方的动态演化路径示意

（3）复制动态系统稳定性分析。由式（5.1）和式（5.2）构成了博弈双方的复制动态系统，该系统的局部均衡构成系统的演化博弈均衡。根据以上对博弈双方的演化稳定策略分析可得出，该动态复制系统共有 5 个局部均衡点，即（0，0）、（1，0）、（0，1）、（1，1）及（x_1^*，x_2^*）。为了确定农业生态补偿绩效利益主体关系演变的最终结果，需要对该系统的每个局部均衡点进行稳定性分析。根据弗里德曼（Friedman，1991）的方法①，对局部均衡点的稳定性分析可通过复制动态系统的雅克比矩阵的局部稳定性分析得出。基于此，求得雅克比矩阵及其迹如下：

$$J=\begin{bmatrix}\dfrac{\partial F(x_1)}{\partial x_1} & \dfrac{\partial F(x_1)}{\partial x_2}\\[2ex] \dfrac{\partial F(x_2)}{\partial x_1} & \dfrac{\partial F(x_2)}{\partial x_2}\end{bmatrix}$$

$$=\begin{bmatrix}(1-2x_1)\{x_2[p+h- & x_1(1-x_1)\\ (1+\lambda)n]+r_1-s-q_1+n\} & [p+h-(1+\lambda)n]\\ x_2(1-x_2) & (1-x_2)\{x_1[(1+\\ [(1+\lambda)m-p-h] & \lambda)m-p-h]+h\}\end{bmatrix}$$

$$\det(J)=\frac{\partial F(x_1)}{\partial x_1}\cdot\frac{\partial F(x_2)}{\partial x_2}-\frac{\partial F(x_1)}{\partial x_2}\cdot\frac{\partial F(x_2)}{\partial x_1}$$

$$\mathrm{trace}(J)=\frac{\partial F(x_1)}{\partial x_1}+\frac{\partial F(x_2)}{\partial x_2}$$

接着，将以上求得的局部均衡点代入雅克比矩阵，分别求出每个局部均衡点的行列式的值和矩阵的迹，其结果如表5－5所示。

表5－5　　局部均衡点的行列式值和矩阵的迹

局部均衡解	行列式的值	矩阵的迹
(0，0)	$h[r_1-s-q_1+(1+\lambda)n]$	$r_1-s-q_1+(1+\lambda)n+h$
(1，0)	$-[(1+\lambda)m-p][r_1-s-q_1+(1+\lambda)n]$	$-r_1+s+q_1-n+(1+\lambda)m-p$
(0，1)	$-h(p+h+r_1-s-q_1)$	$p+r_1-s-q_1$
(1，1)	$[(1+\lambda)m-p](p+h+r_1-s-q_1)$	$-h-r_1+s+q_1-(1+\lambda)m$
(x_1^*，x_2^*)	0	0

① Friedman D. Evolutionary Games in Economics [J]. Econometrica, 1991 (3): 637－666.

从表5－5可知，该复制动态系统中行列式的值、矩阵的迹的正负性与受益方的经济产出无关，只与实施方的决策有关，这说明受益方的决策对复制动态系统的均衡解起决定性作用，这与假设中“受益方根据实施方的决策而决策”相一致。因此，可根据实施方收益参数的大小来确定该复制动态系统局部均衡点的稳定性①。

假设 $(1+\lambda)m>p$，$(1+\lambda)n>h$，$p>s$，则实施方的收益参数大小比较有以下三种情况，即：

第一种情况：$(r_1-s+p)>(r_1-s)>(q_1-h)>[q_1-(1+\lambda)n]$；

第二种情况：$(r_1-s+p)>(q_1-h)>(r_1-s)>[q_1-(1+\lambda)n]$；

第三种情况：$(r_1-s+p)>(q_1-h)>[q_1-(1+\lambda)n]>(r_1-s)$。

基于此，接下来对该复制动态系统每个局部均衡点的稳定性进行分析。

①当 $(r_1-s+p)>(r_1-s)>(q_1-h)>[q_1-(1+\lambda)n]$ 时，求得该复制动态系统每个局部均衡解的稳定性结果如表5－6所示。

表5－6　第一种情况下复制动态系统局部均衡解的稳定性分析结果

局部均衡点	行列式的值	矩阵的迹	稳定性
(0, 0)	+	+	不稳定
(1, 0)	−	+ −	不稳定
(0, 1)	−	+ −	不稳定
(1, 1)	+	−	稳定
(x_1^*, x_2^*)	0	0	鞍点

根据表5－6可知，该复制动态系统的局部均衡点为（1，1），对应的就是（保护，补偿）策略，即（保护，补偿）策略是上述复制动态系统的稳定状态解。

②当 $(r_1-s+p)>(q_1-h)>(r_1-s)>[q_1-(1+\lambda)n]$ 时，求得该复制动态系统每个局部均衡解的稳定性结果如表5－7所示。

① 曹洪华，景鹏，王荣成．生态补偿过程动态演化机制及其稳定策略研究［J］．自然资源学报，2013（9）：1548，1551－1553.

表5－7　　第二种情况下复制动态系统局部均衡解的稳定性分析结果

局部均衡点	行列式的值	矩阵的迹	稳定性
（0，0）	+	+	不稳定
（1，0）	－	+　－	不稳定
（0，1）	－	+　－	不稳定
（1，1）	+	+　－	不稳定
（x_1^*，x_2^*）	0	0	鞍点

根据表5－7可知，该系统的局部均衡解的稳定性分析结果都是不稳定，所以没有稳定的均衡解。

③当 $(r_1 - s + p) > (q_1 - h) > [q_1 - (1 + \lambda)n] > (r_1 - s)$ 时，求得该复制动态系统每个局部均衡解的稳定性结果如表5－8所示。

表5－8　　第三种情况下复制动态系统局部均衡解的稳定性分析结果

局部均衡点	行列式的值	矩阵的迹	稳定性
（0，0）	－	+　－	不稳定
（1，0）	+	+	不稳定
（0，1）	－	+　－	不稳定
（1，1）	+	+　－	不稳定
（x_1^*，x_2^*）	0	0	鞍点

根据表5－8可知，该系统的局部均衡解的稳定性分析结果都是不稳定，所以没有稳定的均衡解。

综上所述，只有当 $(r_1 - s + p) > (r_1 - s) > (q_1 - h) > [q_1 - (1 + \lambda)n]$ 时，该演化博弈模型才存在唯一稳定均衡解（1，1），对应的策略集为（保护，补偿），也就是说，（保护，补偿）是农业生态补偿绩效博弈双方的稳定均衡策略。这一结果表明，当奖惩机制成功在农业生态补绩效中落实时，作为有限理性经济人行为的利益群体会经过一个学习和演变过程，最终收敛于稳定均衡策略，即（保护，补偿），从而达到促进农业生态补偿绩效提升的目的。

前面的一般分析框架概括了农业生态补偿绩效中利益主体之间的博弈行为，当然，政府与企业、政府与农户、企业与农户之间的博弈分析也属于以上的一般分析框架，因此，它们的稳定策略的分析结果都应是（保护，补偿）。

5.3.2 对称演化博弈分析

5.3.2.1 企业之间对称演化博弈

1. 基本前提假设

第一，博弈双方企业 1 与企业 2 的策略集都是｛采取清洁生产，不采取清洁生产｝。

第二，博弈双方企业 1 与企业 2 都是有限理性经济人，但各自以追求自身利益最大化为行为目标。

第三，博弈双方企业 1 与企业 2 是同质的、无差异的，信息是对称的。因此是一个对称演化博弈模型。

第四，在没有技术进步的情况下，企业就没有新收益。

2. 演化博弈模型构建

令企业 1 采取清洁生产新获得的收益为 m，不采取清洁生产新获得的收益为 0；企业 2 采取清洁生产新获得的收益为 n，不采取清洁生产新获得的收益为 0。其具体模型如表 5 -9 所示。

表 5 -9　　企业之间 2 ×2 对称演化博弈矩阵

博弈方	企业 2		
企业 1	策略	采取清洁生产	不采取清洁生产
	采取清洁生产	(m, m)	(n, 0)
	不采取清洁生产	(0, n)	(0, 0)

3. 演化稳定策略

假设有比例为 x 的博弈方采取清洁生产，比例为（1 -x）的博弈方不采取清洁生产。那么，采用两种策略博弈方的期望得益与平均期望得益分别为：

$$u_1 = xm + (1-x)n;$$
$$u_2 = x \cdot 0 + (1-x) \cdot 0 = 0;$$
$$\bar{u} = xu_1 + (1-x)u_2 = xu_1$$

因此，企业的复制动态方程为：

$$F(x) = \frac{dx}{dt} = x(u_1 - \bar{u}) = x(1-x)[xm + (1-x)n]$$

根据上述复制动态方程，令 $F'(x) = 0$，求得三个可能均衡解，即 $x^* = 0$，$x^* = 1$，$x^* = -\frac{n}{m-n}$。由于第三个稳定点可能与前两个稳定点中的一个相同，因此，实际上可能只有 $x^* = 0$ 与 $x^* = 1$ 这两个稳定点。

由于 $xm + (1-x)n > 0$，结合复制动态方程的相位图分析，$x^* = 1$ 是该博弈的演化稳定策略，如图5-4所示。

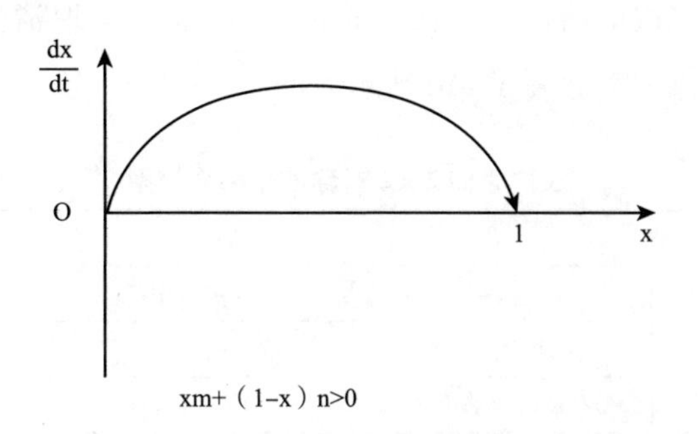

图5-4 企业之间对称演化博弈的复制动态

结合图5-4分析，当 $x^* = 0$ 时，所有企业都没有进行技术创新，都没有采用清洁生产，这样自然就不会存在模仿的事情。但随着政府对生态环境的重视让外部环境改变时，例如，采取清洁生产的成本降低、政府给予政策优惠和补贴等。一旦有一部分企业尝试了技术创新，采取了清洁生产，并获得了好处与好评，那么最终所有的企业都会采取清洁生产，实现了 $x^* = 0$ 的演化稳定策略。于是，所有企业都采取清洁生产将会极大地改善我国农业生态环境状况。当然，其中隐含了一个关键假设。那就是，长期而言，采取清洁生产获得的收益比不采取清洁生产获得的收益多。

5.3.2.2 农户之间对称演化博弈

1. 基本前提假设

第一，博弈双方农户 1 与农户 2 的策略集都是为｛采取清洁生产，不采取清洁生产｝。

第二，博弈双方农户 1 与农户 2 都是有限理性经济人，各自以追求自身利益最大化为行为目标。

第三，博弈双方农户 1 与农户 2 是同质的、无差异的，信息是对称的，因而是一个对称演化博弈模型。

第四，在没有技术进步的情况下，农户就没有新收益。

2. 演化博弈模型构建

令农户 1 采取清洁生产新获得的收益为 m，不采取清洁生产新获得的收益为 0；农户 2 采取清洁生产新获得的收益为 n，不采取清洁生产新获得的收益为 0。其具体模型如表 5－10 所示。

表 5－10　农户之间 2×2 对称演化博弈模型

博弈方	农户 2		
农户 1	策略	采取清洁生产	不采取清洁生产
	采取清洁生产	（m，m）	（n，0）
	不采取清洁生产	（0，n）	（0，0）

3. 演化稳定策略

假设有比例为 x 的博弈方采取清洁生产，比例为（1－x）的博弈方不采取清洁生产。那么，采用两种策略博弈方的期望得益与平均期望得益分别为：

$$u_1 = xm + (1 - x)n;$$

$$u_2 = x \cdot 0 + (1 - x) \cdot 0 = 0;$$

$$\overline{u} = xu_1 + (1 - x)u_2 = xu_1$$

因此，农户的复制动态方程为：

$$F(x)=\frac{dx}{dt}=x(u_1-\bar{u})=x(1-x)[xm+(1-x)n]$$

根据上述复制动态方程，令 $F'(x)=0$，求得可能三个稳定解为：$x^*=0$，$x^*=1$，$x^*=-\frac{n}{m-n}$。由于第三个稳定点可能与前两个稳定点中的一个相同，因而实际上可能只有 $x^*=0$ 与 $x^*=1$ 这两个稳定点。

由于 $xm+(1-x)n>0$，结合复制动态方程的相位图分析，$x^*=1$ 是该博弈的演化稳定策略，如图5-5所示。

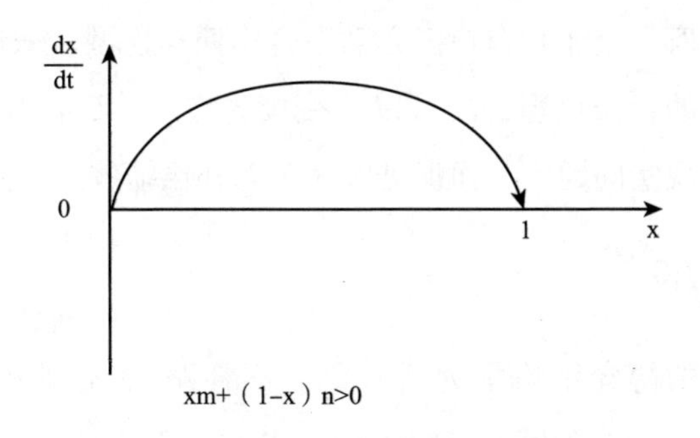

图5-5　农户之间对称演化博弈的复制动态

结合图5-5分析，当 $x^*=0$ 时，所有农户都没有采用清洁生产，这样就不会存在任何模仿的事情。但随着政府对生态环境的重视让外部环境改变时，例如，采取清洁生产的成本降低、政府给予政策优惠和补贴等。一旦有一部分农户尝试了技术创新，采取了清洁生产，并获得了好处与好评，那么最终所有的农户都会采取清洁生产，实现了 $x^*=0$ 的演化稳定策略。于是，所有农户都采取清洁生产将会极大地改善我国农业生态环境状况。当然，其中隐含了一个关键假设。那就是，长期而言，采取清洁生产获得的收益比不采取清洁生产获得的收益多。

综合以上对企业之间和农户之间的对称演化博弈模型分析得出，当政府对生态环境的重视让外部环境发生改变时，例如，采取清洁生产的成本降低、政府给予政策优惠和补贴等，企业和农户都会采用清洁生产方式，实现演化稳定策略。这样就能够促进农业生态补偿绩效的提高。

5.3.3 合作博弈模型分析

农作物秸秆是农业生产中的废弃物，非常普遍且数量很大。如果处理不当，只是采用简单的焚烧方式处理，会对农业生态环境造成非常严重的污染，因此，在前面多中心协同治理机制分析的基础上，这里采用农作物秸秆资源化为例进行说明，结合相关文献（盛锦，2015；刘甜等，2016），且借鉴刘甜等（2016）的研究方法，考虑到农户参与农作物秸秆资源化的成本因素，通过构建政府、企业和农户三方动态合作博弈模型，来探讨农业生态补偿绩效主体之间的合作机理，既可以“变废为宝”，又可以减少对农业生态环境的污染这一现实问题，从而促进农业生态补偿绩效的提升。

5.3.3.1 基本假设

第一，政府的博弈策略集为｛补贴，不补贴｝，企业的博弈策略集为｛开发，不开发｝，农户的博弈策略集为｛参与，不参与｝。第二，博弈主体政府、企业和农户都是有限理性经济人，但各自以追求利益最大化为行为目标。第三，博弈主体政府、企业和农户三者彼此之间信息是对称的，博弈模型属于完全信息动态博弈模型。第三，博弈过程属于序贯博弈。

5.3.3.2 博弈模型构建

根据上述假设，构建博弈树来描述政府、企业和农户三方的合作博弈模型，如图5－6所示。

5.3.3.3 博弈均衡分析

假定政府扶持农作物秸秆资源化获得的社会收益为 r_1，企业开发农作物秸秆获得的收益为 r_2，企业生产传统石化能源获得的收益为 r_3，农户参与开发农作物秸秆资源化获得的收益为 r_4；政府对企业开发农作物秸秆行为给予的补贴为 b_1，政府对农户参与开发农作物秸秆资源化行为的补贴为 b_2；企业

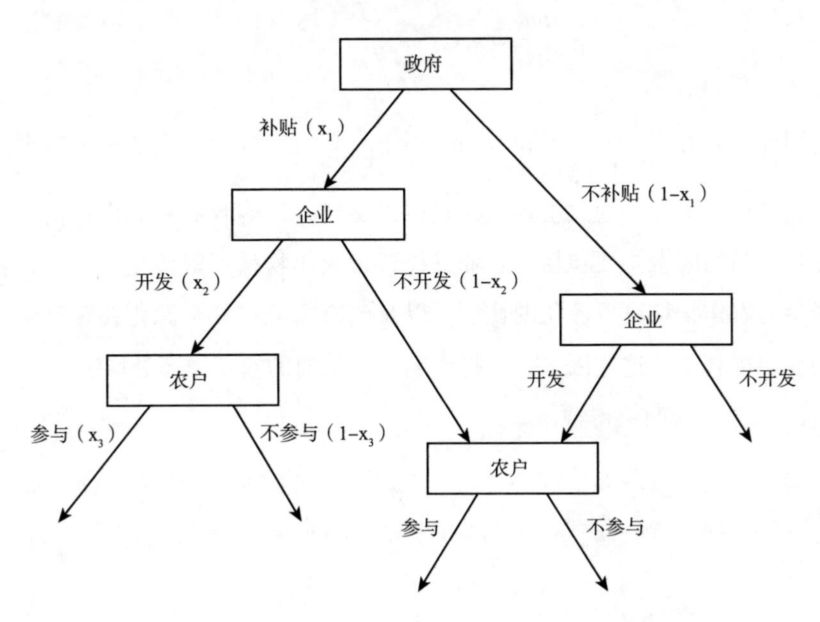

图5-6　政府、企业和农户三方的合作博弈模型

开发农作物秸秆资源化的成本为 c_1，企业生产传统石化能源的成本为 c_2；农户参与开发农作物秸秆资源化的成本为 c_3，政府不扶持农作物秸秆资源化需要支付的生态环境治理成本为 c_3。

假设政府选择补贴农作物秸秆资源化的比例为 x_1，选择不补贴农作物秸秆资源化的比例为 $(1-x_1)$；企业选择开发农作物秸秆的比例为 x_2，选择不开发农作物秸秆的比例为 $(1-x_2)$；农户选择参与农作物秸秆资源化的比例为 x_3，选择不参与农作物秸秆资源化的比例为 $(1-x_3)$。又令政府、企业和农户的期望得益分别为 u_1，u_2，u_3，则有：

（1）政府的期望得益函数为：

$$u_1 = x_1\{x_2[x_3(r_1-b_1-b_2)+(1-x_3)(-c_2-b_2)]+(1-x_2)[x_3(-b_1)+(1-x_3)(-c_3)]\}+(1-x_1)\{x_2[x_3\cdot 0+(1-x_3)(-c_4)]+(1-x_2)[x_3\cdot 0+(1-x_3)(-c_4)]\}$$

上式关于 u_1 对 x_1 求偏导数，并整理得：

$$\frac{du_1}{dx_1}=x_2x_3r_1-x_2b_2-x_3b_2$$

因此，只有当$\frac{du_1}{dx_1}=x_2x_3r_1-x_2b_2-x_3b_2>0$时，政府才会选择补贴来支持农作物秸秆资源化。通过上述表达式可以得出，影响政府对农作物秸秆资源化提供补贴的因素主要包括：企业选择开发农作物秸秆资源化的比例、农户选择参与农作物秸秆资源化的比例，以及政府实施秸秆资源化补贴政策后获得的社会福利等。这些因素也必将影响政府层面的农业生态补偿绩效。

（2）企业的期望得益函数为：

$$\begin{aligned}u_2=x_3\{x_1[x_2(r_2-c_1+b_1)+(1-x_2)(-c_1+b_1)]+(1-x_1)[x_2(r_2-c_1)\\+(1-x_2)(-c_1)]\}+(1-x_3)\{x_1[x_2(r_3-c_2)+(1-x_2)(-c_2)]\\+(1-x_1)[x_2(r_3-c_2)+(1-x_2)(-c_2)]\}\end{aligned}$$

上式关于u_2对x_2求偏导数，并整理得：

$$\frac{du_2}{dx_2}=x_1b_1+x_1(r_2-r_3)-(c_1+c_2)$$

因此，只有当$\frac{du_2}{dx_2}=x_1b_1+x_1（r_2-r_3）-（c_1+c_2）>0$时，企业才会选择开发农作物秸秆资源化。通过上述表达式可以得出，企业选择开发农作物秸秆资源化的影响因素主要包括：政府对企业开发农作物秸秆资源化的补贴、企业开发农作物秸秆资源化的收益和成本、企业开发传统石化能源的收益和成本，以及政府补贴的比例等。这些因素也必将影响企业层面的农业生态补偿绩效。

（3）农户的期望得益函数为：

$$u_3=x_1x_2x_3(r_4+b_2-c_3)+(1-x_1)x_2x_3(r_4-c_3)$$

上式关于u_3对x_3求偏导数，并整理得：

$$\frac{du_3}{dx_3}=x_1x_2b_2+x_2r_4-x_2c_3$$

因此，只有当$\frac{du_3}{dx_3}=x_1x_2b_2+x_2r_4-x_2c_3>0$时，农户才会选择参与农作物秸秆资源化。通过上述表达式可以得出，农户选择参与农作物秸秆资源化的影响因素主要包括：农户参与农作物秸秆资源化的收益和成本、政府选择补贴的比例、企业选择开发农作物秸秆资源化的比例，以及政府对农户参与农作物秸秆资源化的补贴等。这些因素也必将影响农户层面的农业生态补偿绩效。

综上所述，只有政府、企业和农户加强协作，实施多主体协同治理，共同参与农作物秸秆资源化项目。也就是，同时满足以下三个条件，即：

$$\begin{cases} x_2x_3r_1-x_2b_2-x_3b_2>0 \\ x_1b_1+x_1(r_2-r_3)-(c_1+c_2)>0 \\ x_1x_2b_2+x_2r_4-x_2c_3>0 \end{cases}$$

这样，农作物秸秆资源化才会顺利开展，才会取得很好的效果，也才会有效改善农业生态环境，从而促进农业生态补偿绩效的提高，反之则相反。

5.4　本章小结

本章主要通过博弈论工具分析政府、企业和农户的博弈行为对农业生态补偿及其绩效的影响，进而回答了前面分析框架中提出的“为什么要进行农业生态补偿”及“怎样提升农业生态补偿绩效”两个问题。具体为：首先对政府、企业和农户的行为功能进行了分析，在此基础上，应用“囚徒困境”博弈模型、委托—代理模型分析了政府、企业和农户的有限理性经济人行为对农业生态环境的影响，回答了“为什么要进行农业生态补偿”的问题。其次，应用演化博弈模型（包括非对称演化博弈模型和对称演化博弈模型）和三方完全信息动态博弈模型，通过构建奖惩机制和合作机制，说明如何可以有效促进利益主体开展农业生态补偿和进行农业生态环境保护，从而解决了“怎样提升农业生态补偿绩效”的问题。

| 第 6 章 |

农业生态补偿绩效评价的实证分析

20 世纪 90 年代以来，随着我国农业生态补偿实践的不断推进，农业生态补偿取得了一定的绩效。然而对农业生态补偿绩效如何进行评价，并对绩效评价结果加强应用，可以视为继续深入开展农业生态补偿提供经验借鉴和科学依据，并且对前面分析框架中提出的“如何评价农业生态补偿绩效”这一命题进行具体实证性的求证，主要从政府、企业和农户三个层面进行农业生态补偿绩效的评价。

6.1 绩效评价的一般方法

从文献梳理来看，绩效评价的一般方法主要有：成本—收益分析法、因子分析法、投入—产出法、数据包络分析法（DEA）、模糊综合评价法和层次分析法（AHP）等，这里从本书研究需要出发，重点介绍以下方法。

6.1.1 DEA 方法

（1）数据包络分析（DEA）是美国著名运筹学家查尼斯（Charnes）、库珀（Cooper）和罗兹（Rhodes）等于 1978 年提出的“相对有效评价”这一概念基础上逐渐发展起来的一种绩效评价方法。数据包络分析主要用在多投入与多产出的系统模型中，在评价相同（相似）类型部门间相对有效性问题上具有突出优势。数据包络分析的目的是确定哪一个决策单元用最小的投入生产出最大的产出。应用 DEA 方法的步骤为：第一步，确定评价目标；第二步，选择决策单元；第三步，建立指标体系；第四步，选择 DEA 模型；第五步，进行 DEA 分析；第六步，得出综合评价结论。

（2）DEA 方法的主要特点：第一，运用 DEA 方法分析绩效评价时，多投入—多产出的指标权重确定是从最有利于被评价决策单元的角度进行决定的，权重确定是客观的，而不是人为主观行为确定；第二，运用 DEA 方法分析问题事先不需要设定一个生产函数；第三，投入—产出指标选择不受数据单位限制，在处理数据时，也不受输入、输出数据量纲的影响。

（3）CCR 模型评价的一般原理。现有文献中，DEA 模型主要有 CCR、BCC、CCGSS、CCWH 等。本书拟选择 CCR 模型进行绩效评估，因此，下面主要介绍 CCR 模型评价的一般原理。假设有 m 个决策单元（DMU），每个 DMU 中都有 n 种输入和 p 种输出。令 x_{ij} 代表第 j 个 DMU 对第 i 种输入的投入量，且 $x_{ij}>0$；y_{rj} 代表第 j 个 DMU 对第 r 种输出的产出量，且 $y_{rj}>0$；ω_i 代表第 i 种类型输入的一种权重，且 $\omega_i\geqslant 0$；u_r 表示第 r 种类型输出的一种权重，且 $u_r\geqslant 0$。选择适当的权重系数 ω 和 u，使其满足 $h_j=u^Ty_j/\omega^Tx_j\leqslant 1(j=1,2,\cdots,m)$，则有：

$$\left(\sum_{r=1}^{s}u_ry_{rj}-\sum_{i=1}^{m}\omega_ix_{ij}\right)\leqslant 0(j=1,2,\cdots,m)$$

若对任一的决策单元 j 进行绩效评价，DEA 模型必须满足以下条件：

$$\max h_0=u^Ty_o/\omega^Tx_0=\omega_D$$
$$s.t.\ h_j=u^Ty_j/v^Tx_j\leqslant 1(j=1,2,\cdots,m)$$
$$u\geqslant 0,\omega\geqslant 0$$

接着，对以上模型进行线性化处理。令 $t=1/v^TX_0$，$w=t\omega$，$k=tu$，则之前的分式规划模型变为以下线性规划模型，即：

$$\max K^{T}y_{0}=\omega_{D}$$

$$s.t.\ (w^{T}x_{j}-k^{T}y_{j})\geqslant 0(j=1,2,\cdots,n)$$

$$w^{T}x_{0}=1$$

$$w\geqslant 0,k\geqslant 0$$

如果投入指标和产出指标个数相等，可以运用 CCR 线性规划模型的对偶规划模型，这样，就比较简单。即：

$$\min\theta = \omega_{D}$$

$$s.t.\ \sum_{j=1}^{n} x_{j}\lambda_{j} = \theta x_{0}$$

$$\sum_{j=1}^{n} y_{j}\lambda_{j} = y_{0}$$

$$\lambda_{j} \geqslant 0(j = 1,2,\cdots,n)$$

根据上述模型，若最优解 $\omega_{D}=1$，则 CCR 模型评价有效。当 $\sum_{j=1}^{n}\lambda/\theta = 1$ 时，规模报酬不变，当 $\sum_{j=1}^{n}\lambda/\theta < 1$ 时，规模报酬递增，当 $\sum_{j=1}^{n}\lambda/\theta > 1$ 时，规模报酬递减①。本书下面对政府层面的农业生态补偿绩效评价将采用前面的 CCR 对偶规划模型，从而评价政府生态转移支付政策的有效性。

6.1.2 模糊综合评价方法

模糊综合评价方法是在美国著名自动控制专家扎德教授于 1965 年提出“模糊集合”这一概念的基础上逐渐发展起来的。模糊数学是模糊综合评价方法的理论基础，模糊关系合成是模糊综合评价的核心。

在绩效评价方法中，模糊综合评价方法比较适用于那些指标层级多，指

① 王朝明，等. 社会资本视角下政府反贫困政策绩效管理研究——基于典型社区与村庄的调查数据［M］. 北京：经济科学出版社，2013：89，114－116.

标因素多，边界不易定量化的评价对象。它把定性分析和定量分析统一起来，将定性评价指标定量化。[①] 模糊综合评价方法操作简单，一般包括确定因素层次、建立权重集、建立备择集和综合评价四个步骤[②]。另外，模糊综合评价方法与最大隶属度原则结合起来，可以判断评价对象所隶属的层级（或等级）。

模糊综合评价方法的数学模型可以分成一级模糊综合评价模型和多级模糊综合评价模型，本书需要对农业生态补偿的绩效进行综合评价，农业生态补偿绩效具有多个层级，因此，本书的模糊综合评价属于多级模糊综合评价。

6.1.3　AHP 方法

层次分析法（AHP）是美国著名运筹学家萨蒂（Saaty）于 20 世纪 70 年代提出的。AHP 方法的理论基础是数学和心理学的相关原理，它将定性和定量有机结合起来进行决策评价分析。

在应用 AHP 方法时，首先，通过分析系统中各个因素的关系，按照隶属关系结构化构建一个描述系统特征的递阶层级结构。这个递阶层级结构一般包括目标层、准则层和方案层三个层级。其次，选择合理的标度，通过相关领域的专家运用专业知识和经验判断对因素的重要程度进行两两比较，建立成对比矩阵（或两两判断矩阵）。再次，求解成对比矩阵，并进行一致性检验。最后，确定系统中各因素的权重。

AHP 方法在应用的过程中，需要相关领域专家对因素的重要程度进行主观比较，虽然，专家的专业知识、经验等主观因素对决策结果会产生一定的影响，但 AHP 方法通过应用矩阵、特征值、特征向量等数学原理和方法，将主观和客观结合起来，可以保证决策评价结果的客观性[③]，进而真

---

① 董肇君．系统工程与运筹学［M］．北京：国防工业出版社，2003：65.

② 曾贤刚，等．社会资本对生态补偿绩效的影响机制［M］．北京：中国环境出版社，2017：93 - 94.

③ 黄洪金．居次分析和模赖综合评价方法在公共政策评价中的应用［D］．武汉：华中师范大学，2014：10.

实地反映系统特征。

6.2 农业生态补偿绩效评价指标体系构建

6.2.1 构建农业生态补偿绩效评价指标体系的基本标准

本书的研究涉及政府、企业和农户三个层面，这就需要在构建农业生态补偿绩效评价指标体系时，从政府、企业和农户层面进行整体设计，而每一个层面又是一个完整的子系统，每个子系统设计也要遵循系统性原则。综合考虑农业生态补偿绩效评价指标体系的复杂性，同时又能比较准确地评价我国生态脆弱区农业生态补偿绩效的真实状况。因此，在构建本书的农业生态补偿绩效评价指标体系时，需要先制定该评价指标体系设计的基本标准。

（1）系统性标准。农业生态补偿绩效是一个系统工程，基于本书的研究视角，需要从政府、企业及农户三个层面进行系统性的指标体系设计，而每一个层面又是一个完整的子系统，也涉及多个影响指标要素，因此，构建农业生态补偿绩效评价指标体系时，必须遵循系统性标准。

（2）可获得性标准。指标数据的可获得性是开展实证研究的基础。因此，在构建农业生态补偿绩效评价指标体系时，尽量满足指标数据可获得性标准。需要强调说明的是，为了保持指标体系的完整性，个别暂时难以获取数据的指标也列入指标系统，以便参考。

（3）差异性标准。本书开展的农业生态补偿绩效评价，涉及政府、企业和农户三个层面，各个层面又是一个完整的子系统，因此，在构建指标体系时，需要根据各个层面的特点，遵循差异性标准，进行指标的设计和选取。

（4）相对完整性标准。指标体系的相对完整性，可以科学、全面地反映评价对象的整体性。因此，在构建农业生态补偿绩效评价指标体系时，需要符合指标数据选择的相对完整性标准。

（5）简明性标准。农业生态补偿绩效评价涉及的指标较多且复杂，把所有的指标都考虑完全是不现实的，这就需要对指标进行筛选。为此，指标选择的标准就是用尽量少的指标最大限度地评价农业生态补偿绩效的真实状况，这就是简明性标准。

6.2.2　农业生态补偿绩效评价指标体系的构建

6.2.2.1　构建评价指标体系

根据2.3.4.1节构建农业生态补偿绩效评价指标体系的维度层级说明，结合前面指标体系构建的基本标准，在参考现有文献的基础上[①]，考虑到指标数据的完整性和可获得性，构建了本书的农业生态补偿绩效评价指标体系，本指标体系包括1个目标层，3个一级指标，10个二级指标和42个三级指标。如表6－1所示。

表6－1　农业生态补偿绩效指标体系构建情况

<table>
<tr><th>目标层</th><th>一级指标</th><th>二级指标</th><th>三级指标</th><th>相关关系</th></tr>
<tr><td rowspan="9">农业生态补偿绩效评价总指标</td><td rowspan="6">政府层面的农业生态补偿绩效评价指标</td><td>生态建设财政支出指标</td><td>林业投资完成情况（亿元）</td><td>正向关系</td></tr>
<tr><td rowspan="2">环境治理财政支出指标</td><td>环境污染治理投资总额（亿元）</td><td>正向关系</td></tr>
<tr><td>污染源治理投资（亿元）</td><td>正向关系</td></tr>
<tr><td rowspan="3">农业生态保护基本情况指标</td><td>退耕还林工程造林面积（公顷）</td><td>正向关系</td></tr>
<tr><td>活立木总蓄积量（立方米）</td><td>正向关系</td></tr>
<tr><td>森林蓄积量（立方米）</td><td>正向关系</td></tr>
<tr><td rowspan="3">企业层面的农业生态补偿绩效评价指标</td><td rowspan="3">财务指标</td><td>绿色产品销售收入占总销售收入比重（%）</td><td>正向关系</td></tr>
<tr><td>绿色产品投资回报率（%）</td><td>正向关系</td></tr>
<tr><td>绿色产品收入增长率（%）</td><td>正向关系</td></tr>
</table>

①　说明：在构建农业生态补偿绩效评价指标体系时，基于政府层面的主要参考了侯广平（2015）等的研究；基于企业层面的主要参考了陈希勇（2013）、张美诚（2013）等的研究；基于农户层面的主要参考了刘盈盈（2013）、徐大伟等（2015）、邓远建等（2015）、曾贤刚等（2017）等的研究。

续表

目标层	一级指标	二级指标	三级指标	相关关系
农业生态补偿绩效评价总指标	企业层面的农业生态补偿绩效评价指标	利益相关者指标	绿色产品市场占有率（%）	正向关系
			绿色产品客户保持率（%）	正向关系
			绿色产品新客户获得率（%）	正向关系
			绿色产品顾客获利率（%）	正向关系
			政府/环保组织认可程度（%）	正向关系
			资助社会环保支出比重（%）	正向关系
			对公众生态环境补偿总额占企业净利润比重（%）	正向关系
			公众环境满意度（%）	正向关系
			一年内媒体对环境的不良曝光次数（次）	负向关系
		内部运营指标	万元产值能耗（吨标准煤/万元）	负向关系
			原材料和能源减量化率（%）	负向关系
			万元产值“三废”排放量（吨/万元）	负向关系
			“三废”处理达标率（%）	正向关系
			废弃物综合利用率（%）	正向关系
			环保研发投入比重（%）	正向关系
			环保技术改造投入比重（%）	正向关系
			清洁能源使用量占能源使用总量比重（%）	正向关系
		学习与成长指标	员工环保参与度（%）	正向关系
			每年环保教育与培训次数（次/年）	正向关系
			员工环保教育与培训经费占比（%）	正向关系
	农户层面的农业生态补偿绩效评价指标	经济效益指标	农林牧渔业总产值（亿元）	正向关系
			农村居民人均纯收入（元）	正向关系
			农村居民人均转移净收入（元）	正向关系
		生态效益指标	农村沼气池产气量（万立方米）	正向关系
			化肥施用量变化率（%）	负向关系
			农药施用量变化率（%）	负向关系
			地膜使用量变化率（%）	负向关系
			有效灌溉面积（千公顷）	正向关系
			人工造林面积（公顷）	正向关系
			森林面积（万公顷）	正向关系
		社会效益指标	恩格尔系数（%）	负向关系
			农村改水累计受益人口（万人）	正向关系
			农村卫生厕所普及率（%）	正向关系

6.2.2.2　各级指标关系的说明

根据表6－1可知，本书以农业生态补偿绩效评价总指标为目标层，通过政府层面的农业生态补偿绩效评价指标、企业层面的农业生态补偿绩效评价指标与农户层面的农业生态补偿绩效评价指标，这3个一级指标作支撑来说明目标层，这也是由本书的研究视角决定的。由于政府、企业和农户在农业生态补偿绩效中的行为目标和功能都有所不同，因此，分别构建政府、企业和农户三个层面的农业生态补偿绩效评价指标体系，以便于后面的绩效评价。

1. 政府层面的农业生态补偿绩效评价指标体系的说明

如前所述，本书将农业生态补偿绩效的补偿范围界定为农业生态环境建设和农业生态环境污染治理这两个方面，基于此，在一级指标“政府层面的农业生态补偿绩效评价指标”下，主要选取了生态建设财政支出指标等3个二级指标（见表6－1）。政府开展农业生态补偿及其绩效实践，主要是通过政府生态转移支付政策来实现的，因此，政府生态转移支付政策的绩效评价就可以代表政府层面的农业生态补偿绩效评价。而政府生态转移支付政策主要体现在生态建设财政支出和环境治理财政支出这2个指标上，是投入指标；而农业生态保护基本情况指标则是反映政府层面的农业生态补偿绩效状况，是产出指标。政府层面的农业生态补偿绩效评价指标体系也正是基于投入与产出分析的思路来构建的，这也便于后面采用DEA方法进行绩效评价。

（1）在二级指标“生态建设财政支出指标”下，主要选取了林业投资完成情况这个三级指标（见表6－1）。选取这个指标的理由是，政府开展农业生态补偿绩效实践，主要是依托生态建设项目，林业对防治水土流失、调节气候、防风固沙、涵养水源和保护生态环境等具有重要作用，因此，笔者把林业投资完成情况作为一个重要指标纳入生态建设财政支出指标中。这个指标对“生态建设财政支出指标”产生正面影响，也对“政府层面的农业生态补偿绩效指标”产生正面影响。

（2）在二级指标“环境治理财政支出”下，主要选取了环境污染治理投资总额、污染源治理投资这2个三级指标来说明政府层面对农业生态环境治理的投入。选取这 2 个指标是因为，环境污染治理投资总额反映的是政府在环境污染治理支出的总体情况，而污染源治理投资反映的是政府对关键领域污染治理的支出情况，要从根本上减少农业生态环境污染，就必须从污染源头治理抓起。同时，这 2 个指标也对“政府层面的农业生态补偿绩效指标”产生正面影响。

（3）在二级指标“农业生态环境保护基本情况指标”下，主要选取了退耕还林工程造林面积 3 个三级指标（见表 6－1）。选取这 3 个指标是由于我国最大最广泛的农业生态补偿项目是退耕还林生态建设项目，这里则以退耕还林工程造林面积为代表来说明生态环境建设的产出情况。另外，森林建设情况是农业生态环境状况的重要体现，基于数据的完整性与可获得性，主要选择了活立木总蓄积量和森林蓄积量这 2 个指标来说明。因此，选取这 3 个三级指标来说明政府层面的农业生态补偿绩效，且都对“政府层面的农业生态补偿绩效指标”产生正面影响。

2. 企业层面的农业生态补偿绩效评价指标体系的说明

如前所述，企业是提升农业生态补偿绩效的重要参与主体。企业既是农业生态补偿绩效的受益者，又是农业生态补偿绩效的破坏者，这种双重身份，决定了作为有限理性经济人的企业会在满足自身利益最大化的前提下，来实现农业生态环境破坏最小，或者是在保护农业生态环境的基础上，实现自身利益的损失最小化。企业层面的农业生态补偿绩效评价也是一个复杂的系统工程，本书根据平衡记分卡理论[①]，在借鉴陈希勇（2013）研究方法的基础上，在一级指标“企业层面的农业生态补偿绩效评价指标”下，主要选取了财务指标等 4 个二级指标（见表 6－1）。

（1）在二级指标“财务指标”下，主要选取了绿色产品销售收入占总销售收入比重等 3 个三级指标（见表 6－1）。这是基于绿色发展能力目标，考虑到企业财务中的关键生态绩效指标而选取的。这 3 个指标都对“企业层

① 平衡计分卡理论是 1992 年，美国著名的管理学家罗伯特·卡普兰提出的一种绩效评估方法，该方法认为企业的绩效指标包括财务、客户、内部流程、学习与成长四个指标。

面的农业生态补偿绩效指标”产生正面影响。

（2）由于农业生态补偿绩效涉及多个利益相关者，不仅包括企业产品的消费者，还包括政府/环保组织、社会公众、媒体等利益相关者，他们的行为都对农业生态补偿绩效产生重要影响。基于此，在二级指标“利益相关者指标”下，根据消费者、政府/环保组织、社会公众、媒体4个主要利益相关者各自的内涵要求，细化为绿色产品市场占有率等9个三级指标（见表6-1）。具体分析如下。

对消费者而言，消费者是企业最重要的利益相关者，企业的销售收入主要通过消费者购买绿色农产品而实现，对企业层面的农业生态补偿绩效产生重要作用。一般衡量消费者的关键生态绩效指标有绿色产品市场占有率等4个指标（见表6-1）；对政府/环保组织而言，在企业环境友好型生产行为实施中，必须考虑政府或环保组织的影响，这是因为，政府或环保组织发布的一些指标对企业会造成或好或坏的影响。这些关键指标包括环保组织认可程度、资助环保活动支出比重等（见表6-1）；对社会公众而言，这里的社会公众主要是指居住在企业周边受企业生态环境影响的居民或社区。当企业作为破坏者，也就是企业的生产经营行为对企业周边的社区或居民产生负外部性时，需要对企业周边的社区或居民进行生态补偿。而当企业作为受益者，企业周边的居民或社区为企业生产带来了正外部性时，企业也应给他们提供生态补偿。因此，采用“对公众生态环境补偿总额占企业净利润比重”和“公众满意度”这2个指标可以反映企业的环境友好型行为；对媒体而言，在新时代背景下，媒体的作用非常重要，关乎企业的声誉和利益，也是企业的一个重要利益相关者。基于此，主要选取了“一年内媒体对环境的不良曝光次数”这一指标。

在以上9个三级指标中，一年内媒体的不良曝光次数这一指标对“企业层面的农业生态补偿绩效”产生负面影响，其他8个指标都对“企业层面的农业生态补偿绩效”产生正面影响。

（3）企业的环境友好型生产行为，主要体现在企业的资源节约、环境友好和气候安全三个方面。因此，以这三个方面为基准点，在二级指标“内部运营指标”下，主要选取了万元产值能耗量等8个三级指标（见表6-1）。具体分析如下。

对资源节约而言，由于农业资源存量少，可利用的资源有限，因此，企业节约资源，提高资源的利用率非常重要。基于此，在资源节约方面，主要选取了“万元产值能耗量”“原材料和能源减量化率”两个指标来衡量；对环境友好型而言，环境友好是指企业的生产要以生态环境承载能力为基础，以遵循自然规律为核心、以绿色科技为动力进行生产，因此，主要选取了万元“三废”排放量、“三废”处理达标率等5个指标来衡量（见表6-1）；对气候安全而言，气候安全主要是与全球气候变暖有关，企业在生产过程中排放了大量的二氧化碳，因此，在实施环境友好行为时必须把减少碳排放作为重要目标之一。碳排放主要是由企业生产的能源产生的，因而把清洁能源占比作为关键生态绩效指标来衡量气候安全情况①。

在以上8个三级指标中，万元产值能耗量、原材料和能源减量化率和万元产值“三废”排放量这3个指标对“企业层面的农业生态补偿绩效”产生负面影响，其他的指标对“企业层面的农业生态补偿绩效”产生正面影响。

（4）学习与成长这一指标主要体现在企业生态环境知识学习情况，主要依靠企业员工对环保的参与程度、企业员工环保知识与技能的培训及其经费投入，这可以从员工环保意识和员工培训两个方面进行评价。基于此，在二级指标“学习与成长指标”下，主要选取了员工环保参与度等3个三级指标（见表6-1）。这3个指标都对“企业层面的农业生态补偿绩效”产生正面影响。

3. 农户层面的农业生态补偿绩效评价指标体系的说明

农业生态补偿绩效的评价是一个综合性的评价，现有文献中，大多数学者从经济效益、生态效益和社会效益三个方面对其进行综合评价，只有这

---

① 这里所说的清洁能源，是指不排放或少排放污染物的能源，包括核电站和“可再生能源［如水力发电、风力发电、太阳能、生物能（沼气）］等。

样，才能全面地评价农业生态补偿绩效状况，这也符合可持续发展理论中的经济可持续、生态可持续和社会可持续的和谐统一思想，这也是农业可持续发展的内在要求。因此，在一级指标“农户层面的农业生态补偿绩效评价指标”下，选取了经济效益指标、生态效益指标和社会效益指标这3个二级指标。这3个指标都对“农户层面的农业生态补偿绩效指标”产生正面影响。

（1）农业生态补偿绩效中的经济效益主要体现在农业的总产值和农民的收入情况这两个方面。农业的总产值用农林牧渔业总产值来衡量，农民的收入情况主要用农村居民人均纯收入及农村居民人均转移净收入来衡量，尤其是农村居民人均转移净收入指标可以用来衡量农户获得生态补偿等这种转移性收入状况。因此，在二级指标“经济效益指标”下，主要选取了农林牧渔业总产值这3个三级指标来衡量（见表6-1）。这3个三级指标都对“经济效益指标”产生正面影响，也对“农户层面的农业生态补偿绩效指标”产生正面影响。

（2）农业生态补偿绩效中的生态效益主要体现在废弃物综合利用、清洁农业生产行为、资源节约和森林建设等方面，基于此，考虑到数据完整性和可获得性，在二级指标“生态效益指标”下，主要选择了农村沼气池产气量等7个三级指标（见表6-1）。具体分析如下。

对废弃物综合利用而言，废弃物综合利用不仅可以“变废为宝”，还可以减少对农业生态环境的污染，废弃物综合利用主要体现在农村沼气池产气量这一指标上；对清洁农业生产行为而言，清洁农业生产行为主要体现在以下两种途径：第一种是农药、化肥和地膜的减量使用；第二种是使用有机化肥、低毒农药和可降解地膜上。考虑到数据的可获得性，本书选择了第一种途径，主要采用化肥使用量变化率等3个指标来衡量清洁农业生产行为；对资源节约而言，农户在农业生产中，资源节约主要体现在有效灌溉面积上；对森林建设而言，森林建设情况可以反映农业生态补偿绩效状况。人工造林这一指标可以反映农户参与森林建设情况，森林面积这一指标可以反映农户参与农业生态补偿绩效的力度。

在以上7个三级指标中，化肥施用量变化率、农药施用量变化率及地膜使用量变化率这3个指标都对“农户层面的农业生态补偿绩效指标”产生负面影响，其他的4个指标对“农户层面的农业生态补偿绩效指标”产生正面影响。

（3）农业生态补偿绩效中的社会效益主要体现在农户的生活水平和农户生活条件改善等方面。农户的恩格尔系数这一指标可以比较充分地反映农户的生活水平；而农村改水累计受益人口和农村卫生厕所普及率这两个指标可以反映农户生活条件的改善情况。农户是农业生态补偿绩效的直接受益者，政府的生态转移支付，不仅增加了农户的收入，也改善了农户的生活条件。考虑到数据的完整性和可获得性，在二级指标“社会效益指标”下，主要选择了恩格尔系数等3个三级指标（见表6－1）。其中，恩格尔系数指标对“农户层面的农业生态补偿绩效指标”产生负面影响，其他2个指标都对“农户层面的农业生态补偿绩效指标”产生正面影响。

6.3 农业生态补偿绩效的评价

6.3.1 政府层面：基于DEA方法分析

政府是农业生态补偿的最重要补偿主体，政府补偿必然成为农业生态补偿的主要方式。政府开展生态补偿主要是通过生态转移支付政策。本节以“政府生态转移支付”行为来代表政府农业生态补偿的行为。对此行为绩效进行评价，即为政府层面的农业生态补偿绩效的评估。评价方法上，采用数据包络法（DEA）对政府生态转移支付绩效进行评价。

6.3.1.1 指标选取

本书在构建的指标体系基础上（见表6－1），考虑到数据的完整性与可获得性，重点选取了6个指标，投入与产出指标各3个[①]。其中，投入指标包括：x_1 环境污染治理投资总额（亿元）、x_2 污染源治理投资（亿元）和 x_3

① 侯广平．政府生态转移支付绩效评价方法与应用研究［D］．济南：山东师范大学，2015.

林业投资完成情况（亿元）；产出指标包括：y_1 退耕还林工程造林面积（公顷）、y_2 活立木总蓄积量（万立方米）和 y_3 森林蓄积量（万立方米）。

6.3.1.2　数据来源及处理

1. 研究范围

基于前面对我国生态脆弱区的界定，本书采用李虹（2011）的做法，概括地将这21个省级行政区划为生态脆弱区，包括河北、山西、内蒙古、辽宁、吉林、黑龙江、安徽、江西、湖北、湖南、广西、重庆、四川、贵州、云南、西藏、陕西、甘肃、青海、宁夏、新疆21个省（区、市）。

2. 数据来源、处理及描述

第一，退耕还林工程是我国实施的规模最大、范围最广、投入最多的农业生态补偿项目。因此，将退耕还林工程造林面积纳入进来分析具有更强的解释力，本书选取2003～2014年的指标数据作为研究时间区间。所有指标数据均来自2004～2015年的《中国农业统计年鉴》，并经过整理而得。

第二，生态脆弱区涉及的21个省（区、市），由于每年的生态建设项目投资、退耕还林工程造林面积等指标数据具有随机性，不能全面反映该地区的农业生态补偿绩效状况，因此，本书用2003～2014年各指标数据的平均值来处理。

第三，数据描述。根据上面两条的要求，结合生态脆弱区涉及的21个省（区、市）2003～2014年各指标数据计算其平均值后，整理得出表6－2中的数据。其中，投入指标63个数据，产出指标63个数据。

表6－2　　政府层面的农业生态补偿绩效评价各指标数据描述

省份	投入指标			产出指标		
	环境污染治理投资总额（x_1）	污染源治理投资（x_2）	林业投资完成情况（x_3）	退耕还林工程造林面积（y_1）	活立木总蓄积量（y_2）	森林蓄积量（y_3）
河北	308.94	27.58	41.15	61103.33	9837.24	7795.34
山西	178.76	35.14	65.68	77562.25	8501.86	7224.67
内蒙古	249.71	25.85	83.04	94987.25	133501.60	115739.35

续表

省份	投入指标			产出指标		
	环境污染治理投资总额 (x_1)	污染源治理投资 (x_2)	林业投资完成情况 (x_3)	退耕还林工程造林面积 (y_1)	活立木总蓄积量 (y_2)	森林蓄积量 (y_3)
辽宁	252.08	25.40	58.98	57215.25	20561.51	19543.31
吉林	74.60	7.55	40.98	25537.58	87966.33	84087.36
黑龙江	128.20	9.35	82.24	63516.25	147882.45	147164.56
安徽	201.41	12.42	31.40	34313.00	15185.99	12610.55
江西	131.26	7.47	36.85	47507.92	40759.87	35386.18
湖北	158.25	18.65	36.03	69974.42	21457.11	19277.74
湖南	117.72	14.51	62.91	103433.33	33461.44	29865.67
广西	123.51	11.85	354.41	61712.50	45693.58	41621.71
重庆	124.94	6.06	38.44	65444.08	12999.24	10621.48
四川	128.07	17.15	131.10	86131.58	164647.50	155552.33
贵州	51.75	10.40	30.01	73738.58	25212.34	21601.12
云南	85.50	12.86	48.48	118111.33	164673.61	150889.50
西藏	7.40	0.22	7.80	8237.08	220061.64	217415.60
陕西	2899.98	447.23	45.46	128785.08	35565.52	27951.82
甘肃	67.55	13.39	49.92	117327.83	20990.03	18757.22
青海	17.52	2.54	14.17	29983.27	4304.96	3796.54
宁夏	40.28	7.98	10.66	55945.42	609.58	486.56
新疆	130.27	11.05	35.69	65236.42	33259.51	29442.56

资料来源：根据2004～2015年的《中国农村统计年鉴》相关数据整理而得。

6.3.1.3 实证结果及分析

本书选择CCR模型的对偶规划来对生态脆弱区政府生态转移支付绩效进行评价。以重庆为例，其具体的CCR模型对偶规划形式为：

$$\min\theta = V_D$$

$$s.t.\ \sum_{i=1}^{21} x_{ii}\lambda_i \leqslant 124.94\theta,\ \sum_{i=1}^{21} x_{2i}\lambda_i \leqslant 6.06\theta,\ \sum_{i=1}^{21} x_{3i}\lambda_i \leqslant 38.44\theta$$

$$\sum_{i=1}^{21} y_{1i}\lambda_i \geqslant 65444.08, \sum_{i=1}^{21} y_{2i}\lambda_i \geqslant 12999.24, \sum_{i=1}^{21} y_{3i}\lambda_i \geqslant 10621.48$$

$$\sum_{i=1}^{21} \lambda_i = 1, \lambda_i \geqslant 0, i = 1,2,\cdots,21$$

根据表6-2中的投入与产出指标数据，采用DEAP 2.1软件分析工具，对上述线性规划求解可得：$\theta = 1, \sum_{i=1}^{21} \lambda_i/\theta = 1$，重庆市的政府生态转移支付绩效是有效的。同理，可得到其他20个省（区、市）的政府生态转移支付绩效也是有效的。其绩效有效性评价的结果如表6-3所示。

表6-3　　生态脆弱区政府生态转移支付绩效有效性评价统计

省份	θ	$\sum\lambda/\theta$	规模效益
河北	1	1	不变
山西	1	1	不变
内蒙古	1	1	不变
辽宁	1	1	不变
吉林	1	1	不变
黑龙江	1	1	不变
安徽	1	1	不变
江西	1	1	不变
湖北	1	1	不变
湖南	1	1	不变
广西	1	1	不变
重庆	1	1	不变
四川	1	1	不变
贵州	1	1	不变
云南	1	1	不变
西藏	1	1	不变
陕西	1	1	不变
甘肃	1	1	不变

续表

省份	θ	$\sum \lambda/\theta$	规模效益
青海	1	1	不变
宁夏	1	1	不变
新疆	1	1	不变

注：表中数据由 DEAP Version 2.1 软件运算整理而得。

根据表6-3的有效性结果分析，我国生态脆弱区涉及的21个省（区、市）的政府生态转移支付绩效综合评价是有效的。也就是说，尽管在生态转移支付投入与产出方面，各个省份之间存在差异，但从生态转移支付的效果来看，政府的生态转移支付政策综合评价还是有一定绩效的。2003～2014年，政府生态转移支付的政策与措施，综合来评价是有效的，这与国内学者金京淑（2015）的观点一致。

接下来，对各个省份的政府生态转移支付绩效的技术效率进行对比分析。本书采用 DEA-MALMQUIST 方法，运用 DEAP 2.1 软件分析工具，得到表6-4的结果，其结果表明，生态脆弱区涉及的21个省（区、市）技术效率是存在差异的。其中，西藏、甘肃、青海、宁夏四个省份的技术效率是较有效的，而辽宁、山西和吉林三省份的技术效率相比而言是较差的。这说明西藏、甘肃、青海、宁夏这四个省份高度重视生态环境问题，并且充分发挥政府生态转移支付资金投入所产生的生态补偿绩效。其他各省（区、市）的生态环境补偿绩效也在发挥作用，但其他各省（区、市），尤其是辽宁、山西和吉林三省份要加强监管和督导政府生态转移支付资金的使用明细和落实情况，充分提升政府生态转移支付资金投入的技术效率。这是因为，辽宁、吉林是老工业基地，重化工业比重大，山西是煤炭基地，生态环保任务重，这些地方政府对生态污染的治理力度及成效就显得尤为重要。

表6-4　　生态脆弱区政府生态转移支付绩效的技术效率及分解结果

省份	技术效率	纯技术效率	规模效率
河北	0.309	0.573	0.539
山西	0.297	0.655	0.454

续表

省份	技术效率	纯技术效率	规模效率
内蒙古	0.407	0.809	0.503
辽宁	0.278	0.483	0.575
吉林	0.299	0.450	0.664
黑龙江	0.466	0.835	0.559
安徽	0.332	0.381	0.871
江西	0.578	0.636	0.909
湖北	0.489	0.715	0.685
湖南	0.687	0.875	0.784
广西	0.343	0.560	0.613
重庆	0.867	1.000	0.867
四川	0.407	0.934	0.436
贵州	0.885	0.887	0.998
云南	0.951	1.000	0.951
西藏	1.000	1.000	1.000
陕西	0.561	1.000	0.561
甘肃	1.000	1.000	1.000
青海	1.000	1.000	1.000
宁夏	1.000	1.000	1.000
新疆	0.647	0.678	0.955

注：表中数据由 DEAP Version 2.1 软件运算整理而得。

6.3.1.4　结论

上述实证分析是以政府的生态转移支付行为作为政府行为的代表，采用DEA 方法，对政府生态转移支付绩效进行了有效性评价及分析。其结果表明，我国生态脆弱区涉及的21 个省（区、市）的政府生态转移支付绩效综合评价是有效的。这与各个省份高度重视农业生态环境、认真落实农业生态补偿政策（尤其是生态转移支付政策）密不可分。但各个省份的政府生态转移支付绩效存在差异。因此，相关部分要加强调研和检查工作，找到问题的症结所在，具体问题具体分析，做好政策引导，分类指导。

6.3.2 企业层面：基于模糊综合评价法分析

6.3.2.1 样本企业描述

本节是以农业企业环境友好行为来代表企业生态补偿行为。为了更有效地说明农业企业的环境友好型行为对农业生态补偿绩效的影响，本书所选择的农业企业有两个基本条件：一是获得了政府生态补偿资金或优惠政策的农业企业；二是通过了环境认证的农业企业。主要是基于模糊综合评价法对企业层面的农业生态补偿绩效进行评价。为了评价结果更真实，对现实更有说服力。针对表6-1中企业层面的农业生态补偿绩效评价指标体系中的各评价指标进行了量化，选择了涉及生态脆弱区的陕西、宁夏、内蒙古、重庆等省（区、市）的14个环境友好型涉农企业开展了问卷调查，调查结果可以为专家进行主观判断时，提供参考。

1. 企业基本情况描述

在对14家“农业企业所属主要行业”的调查中发现，化学制品企业（化肥、农药等）占7.2%，畜牧业饲养企业占35.7%，食品加工企业占14.3%，农业种植企业占14.3%，农林牧渔服务企业占7.1%，其他农业企业占21.4%；企业对政府补贴政策认为“非常满意”的占85.7%，认为“比较满意”的占14.3%。在“政府对企业生态环境保护方面的补偿标准”调查中，企业认为补偿标准“很高”的占57.1%，认为“偏高”的占35.7%，认为“偏低”的占7.2%。

2. 农业生态补偿绩效评价指标的描述性统计分析

根据表6-1中企业层面的农业生态补偿绩效评价指标体系的构成，对农业生态补偿绩效评价各指标进行描述性统计分析。本书设计的问卷调查采用的李克特五级量表，通过问卷调查统计情况，下面主要从财务方面的指标、利益相关者方面的指标、内部运营方面的指标和学习与成长方面的指标四个方面分别进行描述性统计分析。具体情况如表6-5~表6-8所示。

表6-5　财务方面的指标

指标名称	均值	标准差
绿色产品销售收入占总销售收入的比重	4.64	0.72
绿色产品投资回报率	4.71	0.59
绿色产品收入增长率	4.64	0.61

根据表6-5可知，以上3个指标中，均值最大为4.71，最小为4.64，均值都大于2.5，这说明企业认识到绿色产品生产和销售的重要性，同时企业也在积极采用环境友好型农业生产方式。相比而言，绿色产品投资回报率这一指标的均值最大，这说明样本企业中，绿色产品生产获得了消费者的认可，而企业也获得了相应的回报。

表6-6　利益相关者方面的指标

指标名称	均值	标准差
绿色产品市场占有率	4.43	0.73
绿色产品客户保持率	4.43	0.73
绿色产品新客户获得率	4.50	0.60
绿色产品顾客获利率	4.43	0.73
政府/环保组织认可程度	4.57	0.62
资助社会环保支出比重	4.50	0.63
对公众生态环境的补偿额占净利润的比重	4.71	0.45
公众的环境满意度	4.71	0.45
一年内媒体的不良曝光次数降低	4.57	0.62

根据6.2.2.2节"各级指标关系的说明"，这里的利益相关者主要包括企业产品的消费者、政府/环保组织、社会公众和媒体四个方面。通过表6-6可知，以上9个指标中，均值最大为4.71，最小为4.43，均值都大于2.5，这说明企业的环境友好型生产行为获得了利益相关者的认可。其中，绿色产品市场占有率、绿色产品客户保持率和绿色产品顾客获利率这3个指标的均值较小，说明消费者对绿色产品的购买力不强，可能与目前绿色

产品价格较高有关。

表6-7　　内部运营方面的指标

指标名称	均值	标准差
万元产值能耗量	4.00	1.41
原材料和能源减量化率	4.14	1.12
万元产值“三废”排放量	4.00	1.41
“三废”处理达标率	4.57	0.62
废弃物综合利用率	4.50	0.63
环保研发投入比重	4.64	0.48
环保技术改造投入比重	4.43	0.73
清洁能源使用量占能源使用总量的比重	4.36	0.72

根据6.2.2.2节“各级指标关系的说明”，这里的内部运营指标可以细化为资源节约、环境友好和气候安全三个方面。通过表6-7可知，以上8个指标中，均值最大为4.64，最小为4，均值都大于2.5，这说明企业在积极采用环境友好型生产行为。其中，环保研发投入比重这一个指标的均值较大，说明企业认识到环保投入的重要性，也在积极增加环保投入，通过环保投入，生产消费者青睐的绿色产品，这是企业占领市场、开辟新市场，满足市场需求的基本法宝。

表6-8　　学习与成长方面的指标

指标名称	均值	标准差
员工环保参与度	4.43	0.49
环保教育与培训人员占比	4.36	0.48
环保教育与培训经费占比	4.36	0.48

根据表6-8可知，以上3个指标中，均值最大为4.43，最小为4.36，均值都大于2.5，这说明企业认识到环保知识和技能的重要性，也在积极增加投入，对员工开展环保知识和技能的教育与培训。相比而言，环保教育与培训人员占比、环保教育与培训经费占比这两个指标的均值较小，这说明企

业在“学习与成长”方面还需要加强环保教育与培训的力度，增加投入，提高员工的环保意识和参与力度。

6.3.2.2　评价指标的解释

根据表6－1中企业层面的农业生态补偿绩效评价指标体系，结合6.2.2.2节“各级指标关系说明”，为了后面模糊综合评价的顺利开展，现将表6－1中企业层面的农业生态补偿绩效评价指标体系中的二级指标细化为9个。在进行模糊综合评价前，还需对各具体指标进行编号及解释，如表6－9所示。

表6－9　　企业层面的农业生态补偿绩效评价各指标解释

一级指标	二级指标	细化的二级指标	三级指标	三级指标解释
企业层面的农业生态补偿绩效评价指标X	财务指标X1	绿色发展能力指标X11	绿色产品销售收入占总销售收入比重X111	（绿色产品销售收入÷企业总销售收入）×100%
			绿色产品投资回报率X112	（绿色产品净利润÷绿色产品开发投资额）×100%
			绿色产品收入增长率X113	（绿色产品销售收入增加额÷上年绿色产品销售收入）×100%
		消费者指标X21	绿色产品市场占有率X211	（各种绿色产品的销售额之和÷各种产品的市场销售总额之和）×100%
			绿色产品客户保持率X212	[（企业期末客户量－本期新增客户量）÷企业期初客户量]×100%
			绿色产品新客户获得率X213	（绿色产品初级购买客户数÷绿色产品客户总数）×100%
			绿色产品顾客获利率X214	（绿色产品客户利润÷绿色产品客户服务成本）×100%
	利益相关者指标X2	政府/环保组织指标X22	政府/环保组织认可程度X221	（企业环境好评入选次数÷环保组织评选次数）×100%
			资助社会环保支出比重X222	（资助社会环保支出额÷产品营业额）×100%

续表

一级指标	二级指标	细化的二级指标	三级指标	三级指标解释
企业层面的农业生态补偿绩效评价指标X	利益相关者指标X2	社会公众指标X23	公众环境满意度X231	环境满意度是一个定性指标，需要进行调查，综合算出得分
			对公众生态环境补偿总额占企业净利润比重X232	(对公众生态环境补偿总额÷企业净利润)×100%
		媒体指标X24	一年内媒体对环境的不良曝光次数X241	一年内，各种媒体对企业环境方面的一些负面报道次数。不良曝光次数越多，表明企业的环境绩效越差
	内部运营指标X3	资源节约指标X31	万元产值能耗X311	年消耗的能源÷年总产值（万元）
			原材料和能源减量化率X312	[(上年单位产品原料能源消耗－今年单位产品原料能源消耗)÷去年单位产品原料能源消耗]×100%
		环境友好型指标X32	万元产值“三废”排放量X321	“三废”排放总量÷年总产值(万元)
			“三废”处理达标率X322	(达标“三废”排放量÷“三废”排放总量)×100%
			废弃物综合利用率X323	(废弃物综合利用量÷废弃物总量)×100%
			环保研发投入比重X324	(生态产品、生态工艺研发投入经费总额÷产品销售收入总额)×100%
			环保技术改造投入比重X325	(环保技术改造费用总额÷产品销售收入总额)×100%
		气候安全性指标X33	清洁能源使用量占能源使用总量比重X331	(清洁能源使用量÷能源使用总量)×100%
	学习与成长指标X4	生态环境知识学习情况指标X41	员工环保参与度X411	(参加环保员工人数÷企业员工总数)×100%
			每年环保教育与培训次数X412	一年内企业员工接受企业各种环保教育与培训的次数
			员工环保教育与培训经费占比X413	(企业员工环保教育与培训费用÷企业销售收入)×100%

6.3.2.3　评价指标权重的确定

以下为本节中的重要性判断和三级模糊关系确定。首先，笔者将问卷调查结果告知给相关领域的5位专家和博士；其次，专家和博士进行重要性判断；最后，在与专家和博士讨论的基础上确定评价指标权重及模糊关系，具体分析如下。

（1）确定二级指标的权重。如表6-9所示，评价指标体系中二级指标主要包括财务指标（X1）、利益相关者指标（X2）、内部运营指标（X3）和学习与成长指标（X4）。对这四个指标进行重要性判断，得到成对比矩阵：

$$A_1 = \begin{pmatrix} 1 & 3 & 2 & 4 \\ \frac{1}{3} & 1 & \frac{1}{2} & 2 \\ \frac{1}{2} & 2 & 1 & 3 \\ \frac{1}{4} & \frac{1}{2} & \frac{1}{3} & 1 \end{pmatrix}$$

运用 IDRISI 17.0 软件，求得一级指标权重向量为（0.46 0.16 0.28 0.10），一致性比率为0.01，小于0.1，通过一致性检验。

（2）确定细化的二级指标的权重。以利益相关者指标下的细化的二级指标为例，主要包括消费者指标（X21）、政府/环保组织指标（X22）、社会公众指标（X23）及媒体指标（X24）。对这三个指标进行重要性判断，得到成对比矩阵：

$$A_2 = \begin{pmatrix} 1 & 3 & 5 & 7 \\ \frac{1}{3} & 1 & 3 & 5 \\ \frac{1}{5} & \frac{1}{3} & 1 & 2 \\ \frac{1}{7} & \frac{1}{5} & \frac{1}{2} & 1 \end{pmatrix}$$

运用 IDRISI 17.0 软件，求得权重向量为（0.57 0.26 0.11 0.06），一致性比率为0.03，小于0.1，通过一致性检验。

（3）确定三级指标的权重。以环境友好型指标下的三级指标为例，包括万元产值“三废”排放量（X321）、“三废”处理达标率（X322）、废弃物综合利用率（X323）、环保研发投入比重（X324）及环保技术改造投入比重（X325）。对这五个指标进行重要性判断，得到成对比矩阵：

$$A_3 = \begin{pmatrix} 1 & 2 & 3 & 4 & 3 \\ \frac{1}{2} & 1 & 2 & 3 & 2 \\ \frac{1}{3} & \frac{1}{2} & 1 & 2 & 1 \\ \frac{1}{4} & \frac{1}{3} & \frac{1}{2} & 1 & \frac{1}{2} \\ \frac{1}{3} & \frac{1}{2} & 1 & 2 & 1 \end{pmatrix}$$

运用 IDRISI 17.0 软件，求得权重向量为（0.40 0.24 0.14 0.08 0.14），一致性比率为0.01，小于0.1，通过一致性检验。

根据以上方法，同理可得到其他各级指标的权重及模糊关系，如表6-10所示。

表6-10　企业层面的农业生态补偿绩效评价各级指标的权重及模糊关系

一级指标	二级指标	权重	细化的二级指标	权重	模糊关系	三级指标	权重	模糊关系
企业层面的农业生态补偿绩效评价指标X	财务指标X1	0.46	绿色发展能力指标X11	1	（0.07 0.18 0.33 0.42）	绿色产品销售收入占总销售收入比重X111	0.22	（0 0.1 0.4 0.5）
						绿色产品投资回报率X112	0.11	（0 0.2 0.4 0.4）
						绿色产品收入增长率X113	0.67	（0.1 0.2 0.3 0.4）

续表

一级指标	二级指标	权重	细化的二级指标	权重	模糊关系	三级指标	权重	模糊关系
企业层面的农业生态补偿绩效评价指标X	利益相关者指标X2	0.16	消费者指标X21	0.57	（0.05 0.21 0.41 0.33）	绿色产品市场占有率X211	0.1	（0 0.1 0.5 0.4）
						绿色产品客户保持率X212	0.4	（0 0.2 0.4 0.4）
						绿色产品新客户获得率X213	0.2	（0.1 0.3 0.4 0.2）
						绿色产品顾客获利率X214	0.3	（0.1 0.2 0.4 0.3）
企业层面的农业生态补偿绩效评价指标X	利益相关者指标X2	0.16	政府/环保组织指标X22	0.26	（0.2 0.3 0.37 0.13）	政府/环保组织认可程度X221	0.67	（0.2 0.3 0.4 0.1）
						资助社会环保支出比重X222	0.33	（0.2 0.3 0.3 0.2）
			社会公众指标X23	0.11	（0.1 0.34 0.36 0.2）	对公众生态环境补偿总额占企业净利润比重X232	0.38	（0.1 0.4 0.3 0.2）
						公众环境满意度X231	0.62	（0.1 0.3 0.4 0.2）
			媒体指标X24	0.06	（0 0.1 0.6 0.3）	一年内媒体对环境的不良曝光次数X241	1	（0 0.1 0.6 0.3）
	内部运营指标X3	0.28	资源节约指标X31	0.16	（0.07 0.33 0.37 0.23）	万元产值能耗X311	0.67	（0.1 0.3 0.4 0.2）
						原材料和能源减量化率X312	0.33	（0 0.4 0.3 0.3）

续表

一级指标	二级指标	权重	细化的二级指标	权重	模糊关系	三级指标	权重	模糊关系
企业层面的农业生态补偿绩效评价指标X	内部运营指标X3	0.28	环境友好型指标X32	0.54	(0.13 0.33 0.31 0.23)	万元产值“三废”排放量X321	0.40	(0.1 0.3 0.3 0.3)
						“三废”处理达标率X322	0.24	(0.1 0.3 0.4 0.2)
						废弃物综合利用率X323	0.14	(0.2 0.4 0.3 0.1)
						环保研发投入比重X324	0.08	(0.1 0.4 0.3 0.2)
						环保技术改造投入比重X325	0.14	(0.2 0.4 0.2 0.2)
			气候安全性指标X33	0.30	(0.1 0.4 0.3 0.2)	清洁能源使用量占能源使用总量比重X331	1	(0.1 0.4 0.3 0.2)
	学习与成长指标X4	0.10	生态环境知识学习情况指标X41	1	(0.12 0.37 0.31 0.20)	员工环保参与度X411	0.65	(0.1 0.4 0.3 0.2)
						每年环保教育与培训次数X412	0.23	(0.2 0.3 0.3 0.2)
						员工环保教育与培训经费占比X413	0.12	(0.1 0.3 0.4 0.2)

为了更清晰地表述各指标权重，首先对表6-10中的指标权重进行汇总，详细情况如表6-11所示。

表6-11　企业层面的农业生态补偿绩效评价三级指标的权重汇总

指标含义	指标代码	对应的指标权重
绿色产品销售收入占总销售收入比重	X111	0.101
绿色产品投资回报率	X112	0.051
绿色产品收入增长率	X113	0.308

续表

指标含义	指标代码	对应的指标权重
绿色产品市场占有率	X211	0.011
绿色产品客户保持率	X212	0.034
绿色产品新客户获得率	X213	0.017
绿色产品顾客获利率	X214	0.0285
政府/环保组织认可程度	X221	0.0286
资助社会环保支出比重	X222	0.013
公众环境满意度	X231	0.011
对公众生态环境补偿总额占企业净利润比重	X232	0.009
一年内媒体对环境的不良曝光次数	X241	0.010
万元产值能耗	X311	0.030
原材料和能源减量化率	X312	0.014
万元产值“三废”排放量	X321	0.059
“三废”处理达标率	X322	0.038
废弃物综合利用率	X323	0.022
环保研发投入比重	X324	0.011
环保技术改造投入比重	X325	0.022
清洁能源使用量占能源使用总量比重	X331	0.084
员工环保参与度	X411	0.070
每年环保教育与培训次数	X412	0.020
员工环保教育与培训经费占比	X413	0.010

其次，对表6-11中的指标权重进行重要性排序，如表6-12所示。

表6-12　企业层面的农业生态补偿绩效评价三级指标权重重要性排序

指标含义	指标代码	对应的指标权重
绿色产品收入增长率	X113	0.308
绿色产品销售收入占总销售收入比重	X111	0.101
清洁能源使用量占能源使用总量比重	X331	0.084
员工环保参与度	X411	0.070
万元产值“三废”排放量	X321	0.059
绿色产品投资回报率	X112	0.051

续表

指标含义	指标代码	对应的指标权重
“三废”处理达标率	X322	0.038
绿色产品客户保持率	X212	0.034
万元产值能耗	X311	0.030
政府/环保组织认可程度	X221	0.0286
绿色产品顾客获利率	X214	0.0285
废弃物综合利用率	X323	0.022
环保技术改造投入比重	X325	0.022
每年环保教育与培训次数	X412	0.020
绿色产品新客户获得率	X213	0.017
原材料和能源减量化率	X312	0.014
资助社会环保支出比重	X222	0.013
绿色产品市场占有率	X211	0.011
公众环境满意度	X231	0.011
环保研发投入比重	X324	0.011
一年内媒体对环境的不良曝光次数	X241	0.010
员工环保教育与培训经费占比	X413	0.010
对公众生态环境补偿总额占企业净利润比重	X232	0.009

根据表6-12可知，居于前三位的（绿色产品收入增长率、绿色产品销售收入占总销售收入比重及清洁能源使用量占能源使用总量比重）指标所占权重较大，重要性程度比较高，而位于后三位的（一年内媒体对环境的不良曝光次数、员工环保教育与培训经费及对公众生态环境补偿总额占企业净利润比重）指标所占权重较小，重要性程度比较低。这一结果说明，样本农业企业认识到保护生态环境的重要性，也积极地参与到生态环境保护的实践中，但更多考虑的是企业自身的经济利益，其行为动机主要还是经济利润驱动，而没有形成保护生态环境作为一种自觉的企业文化渗透生产经营的各个环节，这就反映出企业对生态环境保护的自觉程度不够，企业员工环保知识的学习和生态环境保护的参与力度不足的问题。

6.3.2.4　模糊综合评价分析

基于上述的评价指标体系，本书需要进行三级模糊综合评价，主要分三步完成，具体过程如下。

第一步，对绿色发展指标、消费者指标等 9 个指标进行第三级模糊评价。具体计算过程如下：

$$B_{31}=(0.22\quad 0.11\quad 0.67)\begin{pmatrix}0 & 0.1 & 0.4 & 0.5\\ 0 & 0.2 & 0.4 & 0.4\\ 0.1 & 0.2 & 0.3 & 0.4\end{pmatrix}$$

$$=(0.07\quad 0.18\quad 0.33\quad 0.42)$$

同理可得，

$$B_{32}=(0.05\quad 0.21\quad 0.41\quad 0.33)$$

$$B_{33}=(0.2\quad 0.3\quad 0.37\quad 0.13)$$

$$B_{34}=(0.1\quad 0.34\quad 0.36\quad 0.2)$$

$$B_{35}=(0\quad 0.1\quad 0.6\quad 0.3)$$

$$B_{36}=(0.07\quad 0.33\quad 0.37\quad 0.23)$$

$$B_{37}=(0.13\quad 0.33\quad 0.31\quad 0.23)$$

$$B_{38}=(0.1\quad 0.4\quad 0.3\quad 0.2)$$

$$B_{39}=(0.12\quad 0.37\quad 0.31\quad 0.2)$$

第二步，对财务指标、利益相关者指标、内部运营指标及学习与成长指标这 4 个指标进行第二级模糊评价。具体计算过程如下：

$$B_{21}=(1\quad 1\quad 1\quad 1)(0.07\quad 0.18\quad 0.33\quad 0.42)$$

$$=(0.07\quad 0.18\quad 0.33\quad 0.42)$$

$$B_{22}=(0.57\quad 0.26\quad 0.11\quad 0.06)\begin{pmatrix}0.05 & 0.21 & 0.41 & 0.33\\ 0.2 & 0.3 & 0.37 & 0.13\\ 0.1 & 0.34 & 0.36 & 0.2\\ 0 & 0.1 & 0.6 & 0.3\end{pmatrix}$$

$$=(0.09 \quad 0.24 \quad 0.41 \quad 0.26)$$

同理可得，

$$B_{23}=(0.11 \quad 0.35 \quad 0.32 \quad 0.22)$$

$$B_{24}=(0.12 \quad 0.36 \quad 0.31 \quad 0.2)$$

第三步，对企业层面的农业生态补偿绩效指标进行第一级模糊综合评价。具体计算过程如下：

$$B=(0.46 \quad 0.16 \quad 0.28 \quad 0.1)\begin{pmatrix} 0.07 & 0.18 & 0.33 & 0.42 \\ 0.09 & 0.24 & 0.41 & 0.26 \\ 0.11 & 0.35 & 0.32 & 0.22 \\ 0.12 & 0.36 & 0.31 & 0.2 \end{pmatrix}$$

$$=(0.09 \quad 0.25 \quad 0.34 \quad 0.32)$$

根据以上的第一级模糊综合评价计算结果，结合最大隶属度原则，进行企业层面的农业生态补偿绩效综合评价隶属度分析，如表 6－13 所示。

表 6－13　　企业层面的农业生态补偿绩效综合评价隶属度分析

层级	差	一般	较好	很好
比重（%）	9	25	34	32

通过表 6－13 企业层面的农业生态补偿绩效综合评价隶属度分析，其结果表明，样本企业的农业生态补偿绩效综合评价隶属于“差”层级的比重为 9%，隶属于“一般”层级的比重为 25%，隶属于“较好”层级的比重为 34%，隶属于“很好”层级的比重为 32%。根据最大隶属度原则，样本企业生态补偿绩效综合评价为“较好”。

6.3.2.5　结论

根据以上企业层面的农业生态补偿绩效综合评价隶属度分析，样本企业生态补偿绩效综合评价为“较好”。这一结果表明，样本企业环境友好型生产行为对农业生态补偿绩效影响的总体情况较好。这说明农业企业采用环境友好型生产行为，不仅可以改善农业生产环境，还可以提高企业的经济利润，这为鼓励企业采用环境友好型生产发展方式提供了实证依据和经验借鉴。同时通过各指标的分析发现样本企业在“学习与成长”方面一般，这说明企业在环保教育与培训方面还要加强投入，提高员工环保参与度。

6.3.3　农户层面：基于 AHP 方法分析

基于前面的分析，农户的行为对农业生态补偿绩效会产生重要影响。本节根据表 6－1 中农户层面的农业生态补偿绩效评价指标体系，主要包括 1 个一级指标，3 个二级指标和 13 个三级指标。然后采用 AHP 综合评价法对农户层面的农业生态补偿绩效进行评价。

6.3.3.1　数据来源及说明

本节从农户层面对农业生态补偿绩效的评价，仍以前面界定的生态脆弱区所涉及的 21 个省（区、市）为研究范围。考虑到数据完整性和可获得性，选取 2004～2015 年的指标数据作为研究时间区间。所有指标数据均来自 2005～2016 年的《中国农村统计年鉴》《中国环境统计年鉴》《中国统计年鉴》中相关数据，并由笔者整理而得。

6.3.3.2　数据统计描述

为了方便起见，将表 6－1 中农户层面的农业生态补偿绩效评价指标体系分离出来，并对指标名称编上代码，便于后面统计。如表 6－14 所示。

根据表 6－14 中农户层面的农业生态补偿绩效指标体系，按照二级指标对数据进行归纳整理，并按照具体指标进行以下数据描述。

1. 经济效益指标数据

根据表 6－2 中的评价指标体系，经济效益指标主要包括农林牧渔业总产值、农村居民人均纯收入及农村居民人均转移净收入这三个子指标。各指标数据根据 2004～2015 年生态脆弱区涉及的 21 个省（区、市）分别对应的数据加总而得。2004～2015 年，各指标数据变化趋势如图 6－1 所示。

表 6-14　农户层面的农业生态补偿绩效评价指标体系

一级指标	二级指标	三级指标	指标单位
农户层面的农业生态补偿绩效评价指标	经济效益指标 X1	农林牧渔业总产值 X11	亿元
		农村居民人均纯收入 X12	元
		农村居民人均转移净收入 X13	元
	生态效益指标 X2	农村沼气池产气量 X21	万立方米
		化肥施用量变化率 X22	%
		农药施用量变化率 X23	%
		地膜使用量变化率 X24	%
		有效灌溉面积 X25	千公顷
		人工造林面积 X26	公顷
		森林面积 X27	万公顷
	社会效益指标 X3	恩格尔系数 X31	%
		农村改水累计受益人口 X32	万人
		农村卫生厕所普及率 X33	%

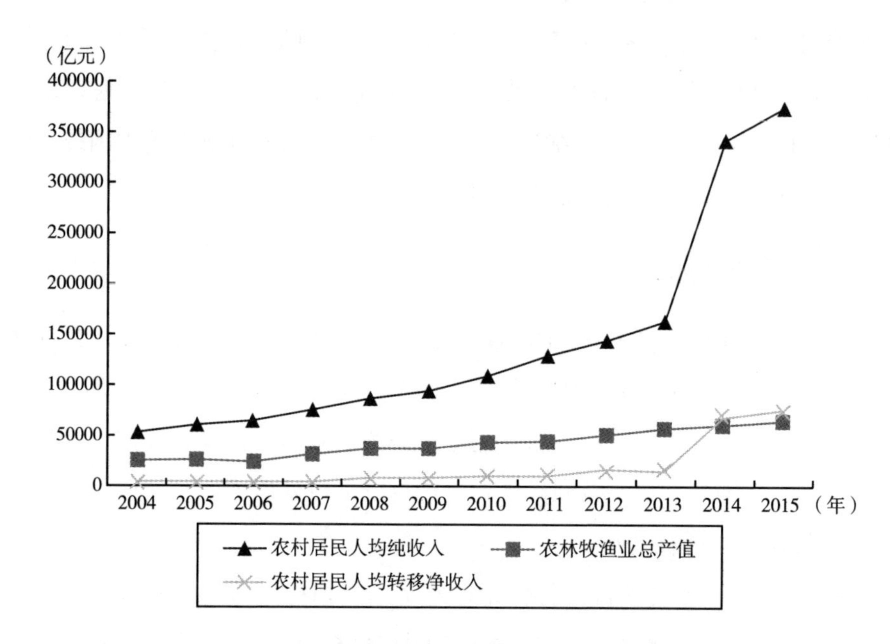

图 6-1　农林牧渔业总产值等指标数据变化趋势

资料来源：2005～2016 年的《中国农村统计年鉴》相关数据整理而得。

从图6－1可以看出，2004～2015年，我国生态脆弱区农林牧渔业总产值、农村居民人均纯收入及农村居民人均转移净收入三个指标都呈增长趋势。农林牧渔业总产值由2004年的21408.4亿元，增加到2015年的64998亿元，平均增长率为10.6%；农村居民人均纯收入由2004年的51715.84元，增加到2015年的372517.2元，平均增长率为19.7%；农村居民人均转移净收入由2004年的2071.243元，增加到2015年的74225.9元，平均增长率为38.5%。其中，农村居民人均纯收入这一指标增长幅度最大。这可能是因为近些年来，在国家惠农政策加大实施力度情况下，农户获得更多退耕还林等生态项目补助和出去打工获得更多收入相关。

2. 生态效益指标数据

根据表6－2中的评价指标体系，生态效益指标主要包括农村沼气池产气量、化肥施用量变化率、农药施用量变化率、地膜使用量变化率、有效灌溉面积、人工造林面积及森林面积七个子指标。各指标数据根据2004～2015年生态脆弱区涉及的21个省（区、市）分别对应的数据加总而得，其中，化肥施用量变化率、农药施用量变化率及地膜使用量变化率三个指标数据是根据（y_t-y_{t-1}）/y_{t-1}计算而得，y_t表示第t年的生态脆弱区涉及的21个省（区、市）分别对应的数据加总，y_{t-1}表示第（t－1）年生态脆弱区涉及的21个省（区、市）分别对应的数据加总。2004～2015年，其各指标数据的具体变化趋势如图6－2～图6－8所示。

第一，农村沼气池产气量变化趋势分析。

2004～2015年，化肥施用量变化率这一指标的变化趋势，如图6－2所示。

从图6－2可知，2004～2015年，我国生态脆弱区农村沼气池产气量的变化趋势呈增长态势。农村沼气池产气量由2004年的407326.4万立方米，增加到2015年的1150270万立方米，增加了1.82倍。这与落实国家鼓励农户建设沼气池的政策有关，通过给建设沼气池的农户进行资金补助，激发了农户建设沼气池的积极性，也促进了农业生态补偿绩效的提升。

第二，化肥施用量变化率的统计描述分析。

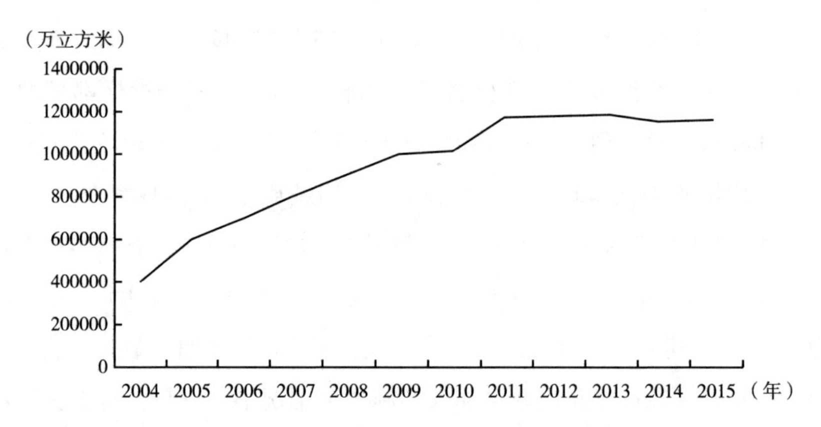

图 6－2　农村沼气池产气量变化趋势

资料来源：2005～2016 年的《中国农村统计年鉴》相关数据整理而得。

2004～2015 年，化肥施用量变化率这一指标的变化趋势，如图 6－3 所示。

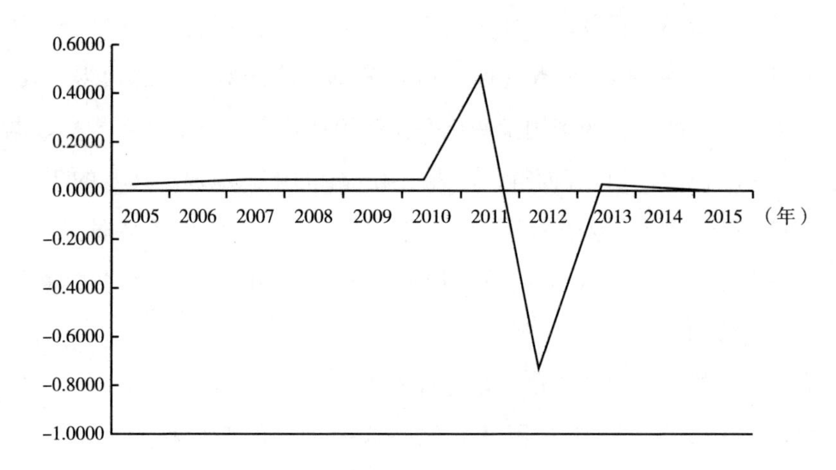

图 6－3　化肥施用量年增长比例变化趋势

资料来源：根据 2005～2016 年的《中国农村统计年鉴》相关数据整理而得。

根据图 6－3 可以看出，2004～2015 年，以 2004 年为基期，我国生态脆弱区农户化肥施用量变化率由 2005 年的 0.0283 下降到 2015 年的 0.0049。从整体变化趋势来看，化肥施用量变化率下降趋势不是很明显。但在此期间也出现了几次阶段性的波动情况，2010～2011 年陡升至 0.4643，2011～2012 年又陡降至－0.7429，2012～2013 年又陡升至 0.0180，这可能是因为：一是农户对落实清洁农业生产行为存在机会主义倾向；二是化肥施用量的结构发生了变化，有机化肥的使用量增加了；三是对农户采用清洁农业生产行为的补贴还偏低，无法激励农户的积极性。

第三，农药施用量变化率的统计描述分析。

2004～2015 年，农药施用量变化率这一指标的变化趋势，如图 6－4 所示。

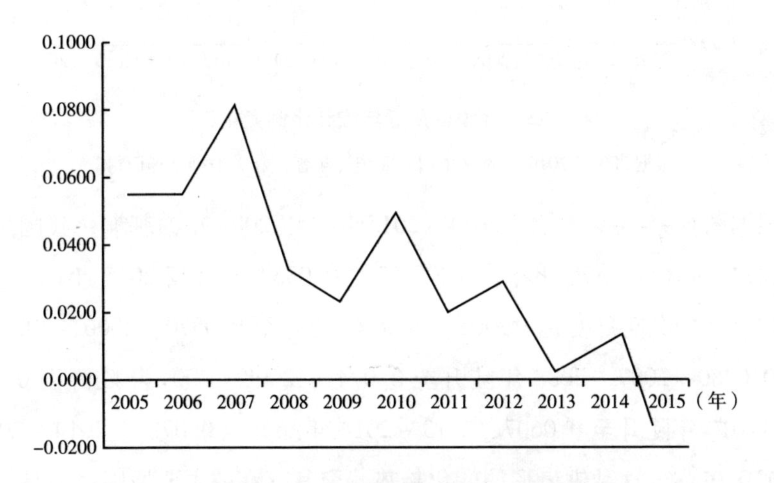

图 6－4　农药施用量变化率变化趋势

资料来源：根据 2005～2016 年的《中国农村统计年鉴》相关数据整理而得。

根据图 6－4 可以看出，2004～2015 年，以 2004 年为基期，我国生态脆弱区农户农药施用量变化率由 2005 年的 0.0546 下降到 2015 年的－0.0117。从整体变化趋势来看，农户农药施用量变化率呈现下降趋势。这与农户积极推进农业生产过程清洁化和推广节药技术有关，但其中也出现阶段性反弹情况，2006～2007 年、2009～2010 年、2011～2012 年、2013～2014 年等都出现了反弹性上升趋势。这可能与农户推广农药减量化技术不力有关。另外，也可能与农业生态环境污染有关，农业生态环境的变异造成虫害的增多，导致农药施用量的增加。

第四，地膜使用量变化率的变化趋势分析。

2004～2015 年，地膜使用量变化率这一指标的变化趋势，如图 6－5 所示。

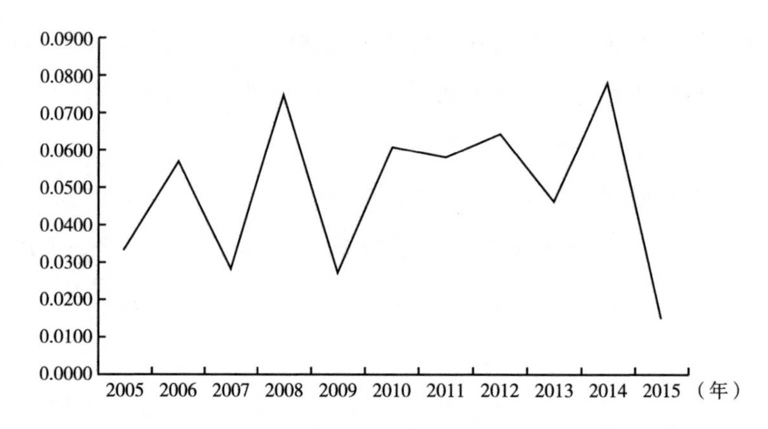

图 6－5　地膜使用量年增长比例变化趋势

资料来源：根据 2005～2016 年的《中国农业统计年鉴》相关数据整理而得。

根据图 6－5 可以看出，2004～2015 年，以 2004 年为基期，我国生态脆弱区农户地膜使用量变化率由 2005 年的 0.0334 下降到 2015 年的 0.0148。但其中又有几次反复变化，2005～2006 年陡升至 0.0570，2006～2007 年陡降至 0.0280，2007～2008 年陡升至 0.0747，2008～2009 年陡降至 0.0273，2009～2010 年陡升至 0.0607，2013～2014 年陡升至 0.0781，2014～2015 年陡降至 0.0148，这种锯齿形的变化趋势，究其存在的主要原因：一是农户在落实清洁农业生产行为上存在机会主义倾向，对清洁农业生产方式重视不够；二是农户受经济利益驱动，增加地膜使用量可以提高农产品产量；三是在农业生态补偿政策引导下，有些时段又出现地膜使用量的减少。

第五，有效灌溉面积的变化趋势分析。

2004～2015 年，有效灌溉面积这一指标的变化趋势，如图 6－6 所示。

从图 6－6 可知，2004～2015 年，我国生态脆弱区有效灌溉面积呈平滑增长趋势。由 2004 年的 36427.2 千公顷，增加到 2015 年的 45894.3 千公顷，增加了 26%。其原因在于：一是高效节水灌溉技术在农业生产中广泛应用；二是近些年来，国家支农政策上，对农田水利设施建设支持力度加大，促使农业水利基础设施的不断完善，促进了有效灌溉面积的增加。

第六，人工造林面积的变化趋势分析。

2004～2015 年，人工造林面积这一指标的变化趋势，如图 6－7 所示。

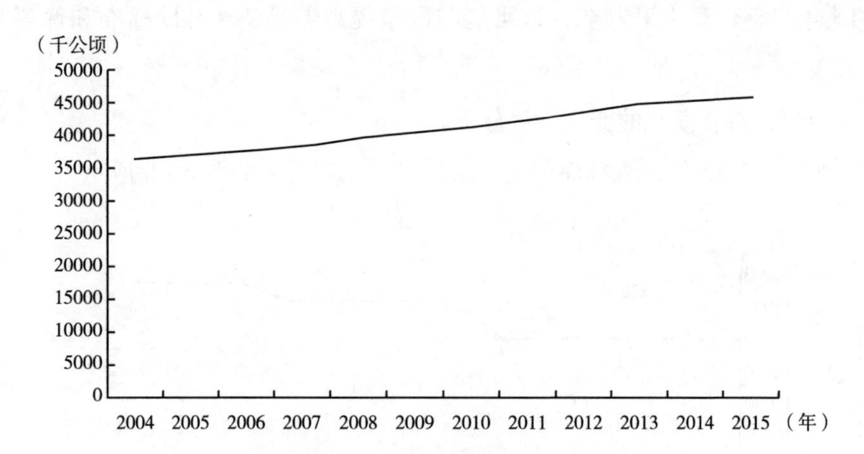

图6－6　有效灌溉面积变化趋势

资料来源：2005～2016年的《中国农村统计年鉴》相关数据整理而得。

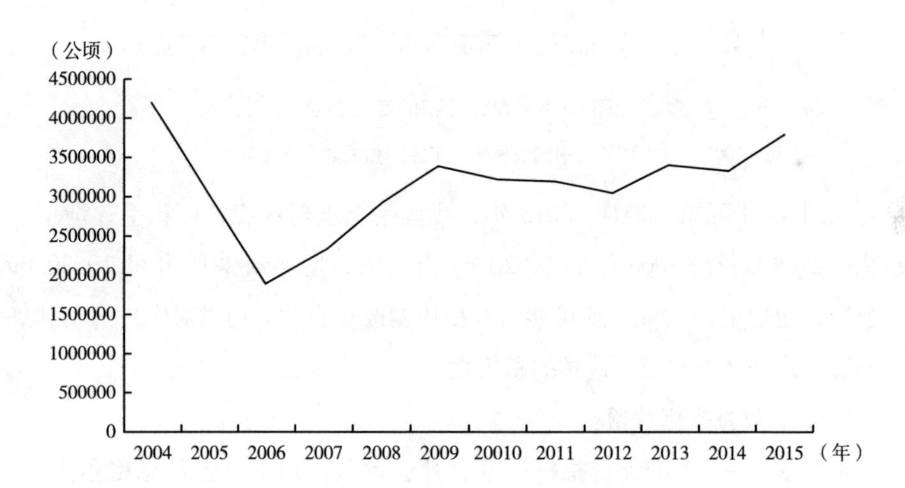

图6－7　人工造林面积变化趋势

资料来源：2005～2016年的《中国农村统计年鉴》相关数据整理而得。

从图6－7可知，2004～2015年，我国生态脆弱区人工造林面积先下降后上升。2004～2006年呈急速下降趋势，2006～2009年呈上升趋势，2008～2012年呈缓慢下降趋势，2012～2015年整体呈上升趋势。人工造林面积呈先下降后上升的变化趋势，这可能是因为2004～2006年，退耕还林补助标准不高，农户参与退耕还林的积极性和力度不够有关。2007～

2015 年，整体呈上升趋势，这可能与国家提高退耕还林补助标准和优惠政策有关。

第七，森林面积的变化趋势分析。

2004～2015 年，森林面积这一指标的变化趋势，如图 6－8 所示。

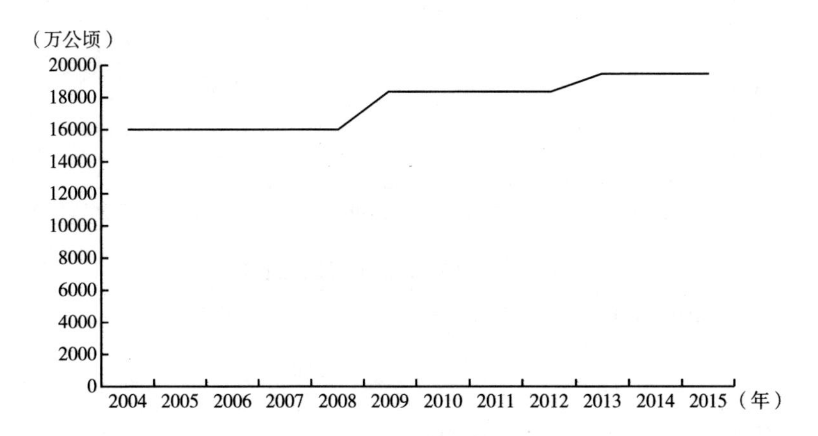

图 6－8　森林面积的变化趋势

资料来源：2005～2016 年的《中国农村统计年鉴》相关数据整理而得。

从图 6－8 可知，2004～2015 年，我国生态脆弱区森林面积呈逐渐增长趋势。森林面积由 2004 年的 16020.67 万公顷，增加到 2015 年的 19530.09 万公顷，增加了 21.9%。这可能与林权体制改革有关，通过对农户的山林确权颁证，刺激了农户植树造林的积极性。

3. 社会效益指标数据

根据表 6－1 中的评价指标体系，社会效益指标主要包括恩格尔系数、农村改水累计受益人口及农村卫生厕所普及率三个子指标。农村改水累计受益人口指标数据是根据 2004～2015 年生态脆弱区涉及的 21 个省（区、市）分别对应的数据加总而得；恩格尔系数和农村卫生厕所普及率是笔者根据相关数据计算而得。2004～2015 年，各指标数据的具体变化趋势如图 6－9～图 6－11 所示。

第一，恩格尔系数变化趋势分析。

恩格尔系数指标数据是根据恩格尔定律①所规定的公式：x_t/y_t 计算而得，y_t 表示第 t 年的生态脆弱区涉及的 21 个省（区、市）的总消费支出数据加总，x_t 表示第 t 年生态脆弱区涉及的 21 个省（区、市）的食品消费支出数据加总。2004～2015 年，恩格尔系数这一指标的变化趋势，如图 6－9 所示。

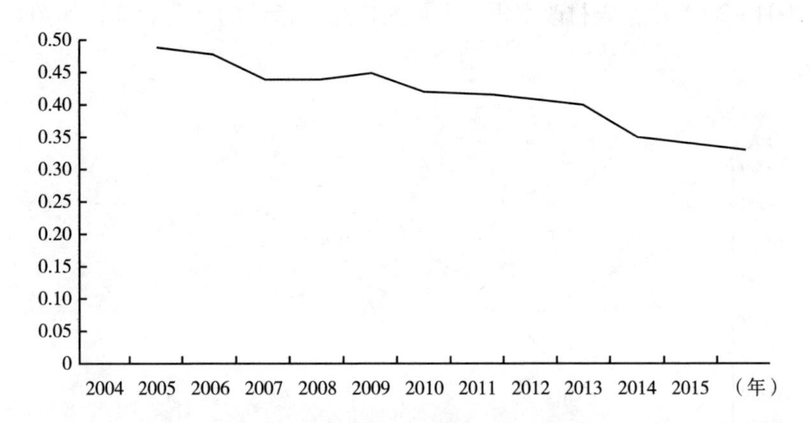

图 6－9　恩格尔系数变化趋势

资料来源：2005～2016 年的《中国农村统计年鉴》相关数据整理而得。

从图 6－9 可知，2004～2015 年，我国生态脆弱区恩格尔系数呈下降趋势。恩格尔系数由 2004 年的 0.49 下降到 2015 年的 0.33，农户的生活水平逐步提高，按照联合国标准，农户的生活由小康达到了相对富裕的水平②。在这里通过两种情况进行说明：一种是这一判断结果可能是正确的，究其原因：一是国家惠农政策促进了生态脆弱区农户收入水平的提高。二是近些年来，国家高度重视生态文明建设，生态脆弱区环境污染治理投资总额不断增

① 恩格尔定律是指一个家庭或个人收入越低，其食品支出在收入中所占比重越大；反之，其比重越小；随着家庭收入的增加，食品支出占家庭总收入或总支出的比重会逐渐减少。资料来源：约翰·伊特韦尔，默里，米尔盖特，彼特·纽曼．新帕尔格雷夫经济学大辞典（第二卷）[M]．北京：经济科学出版社，1996：154.

② 联合国粮农组织将恩格尔系数在 60% 及以上为绝对贫困水平，50%～59% 为温饱水平，40%～50% 为小康水平，30%～40% 为富裕水平，30% 以下则为最富裕的水平。资料来源：约翰·伊特韦尔，默里，米尔盖特，彼特·纽曼．新帕尔格雷夫经济学大辞典（第二卷）[M]．北京：经济科学出版社，1996：154.

加。统计数据显示，2004～2015年，生态脆弱区环境污染治理投资总额的年平均增长率为17.3%，生态扶贫绩效显著①。另一种是这一判断也许与一些生态脆弱区的实际情况还有所出入，用恩格尔系数来衡量人们生活水平虽然具有很强的说服力，但由于其统计方法存在差异有可能存在失效。

第二，农村改水累计受益人口的变化趋势分析。

2004～2015年，农村改水累计受益人口这一指标的变化趋势，如图6－10所示。

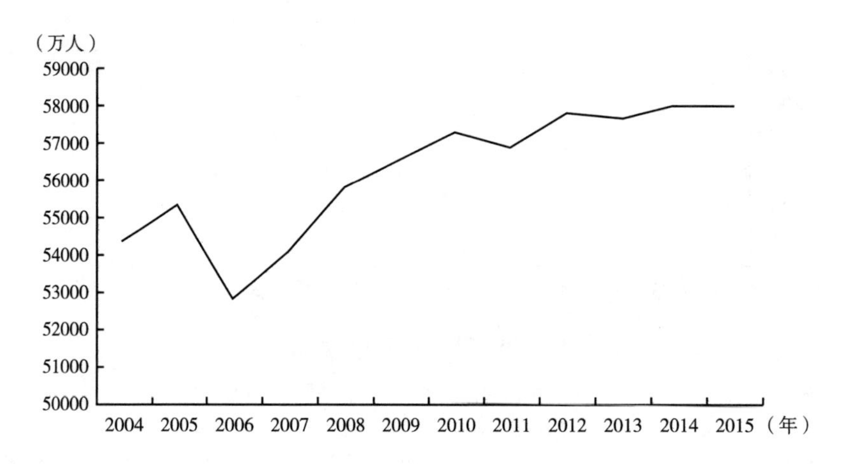

图6－10　农村改水累计受益人口变化趋势

资料来源：2005～2016年的《中国环境统计年鉴》相关数据整理而得。

从图6－10可知，2004～2015年，我国生态脆弱农村改水累计受益人口整体呈上升趋势，农村改水累计受益人口由2004年的54384.23万人，增加到2015年的58015.3万人。但其中，2005～2006年出现下降，这可能与财政投入不足、生态脆弱区生态移民等要素有关。

第三，农村卫生厕所普及率的变化趋势分析。

农村卫生厕所普及率指标数据是根据生态脆弱区涉及的21个省（区、市）的总消费支出数据加总，然后除以总年份数而得。2004～2015年，农村卫生厕所普及率这一指标的变化趋势，如图6－11所示。

① 资料来源：根据2005～2016年的《中国环境统计年鉴》相关数据整理计算而得。

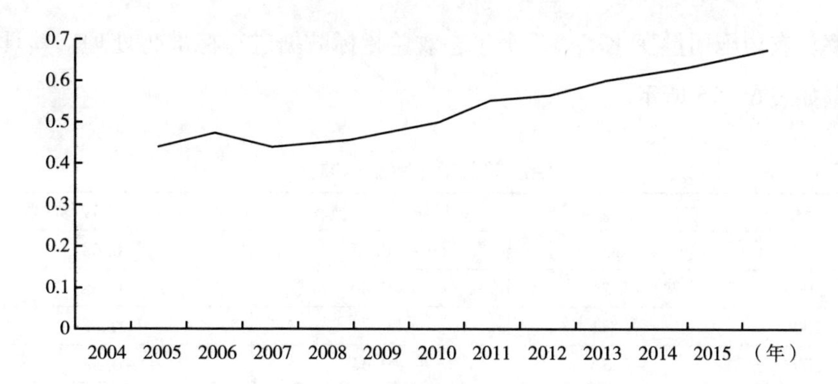

图 6－11　农村卫生厕所普及率变化趋势

资料来源：2005～2016 年的《中国农村统计年鉴》相关数据整理而得。

从图 6－11 可知，2004～2015 年，我国生态脆弱区农村卫生厕所普及率呈上升趋势。农村卫生厕所普及率由 2004 年的 0.44，增加到 2015 年的 0.67，增加了 52.3%。这是因为自中华人民共和国成立以来，国家一直重视农村卫生基础设施建设，尤其是近年来美丽乡村建设、“厕所革命”的实施等都促进了农村卫生厕所普及率的提高。

6.3.3.3　指标数据标准化处理

根据表 6－2 可知，农户层面的农业生态补偿绩效指标体系总共有 13 个具体指标。因为这些指标的单位不全相同，所以在进行综合评价之前，需要对其进行无量纲化处理。本书采用标准化处理方法，即采用 $(a_{ij}-\overline{a_j})/\sigma_j$ 对各指标数据进行标准化处理，其中，$\overline{a_j}$ 是各指标数据的平均值，σ_j 是各指标数据的标准差。由于指标数据太多，下面分别从经济效益指标、生态效益指标和社会效益指标分类实施指标数据标准化。具体数据如表 6－15～表 6－17 所示。

1. 经济效益数据标准化处理

运用上面的数据标准化处理方法，对农林牧渔业总产值等 3 个指标进行标准化处理，其具体数据如表 6－15 所示。

2. 生态绩效指标数据标准化处理

运用上面的数据标准化处理方法，对农村沼气池产气量、化肥施用量变化率、农药施用量变化率等7个生态效益指标数据进行标准化处理，其具体数据如表6－16所示。

表6－15　经济效益指标数据标准化

年份	农林牧渔业总产值	农村居民人均纯收入	农村居民人均转移净收入
2004	－1.34	－0.85	－0.68
2005	－1.21	－0.80	－0.65
2006	－1.21	－0.74	－0.62
2007	－0.76	－0.64	－0.58
2008	－0.36	－0.53	－0.49
2009	－0.27	－0.47	－0.42
2010	0.13	－0.33	－0.38
2011	0.13	－0.13	－0.30
2012	0.69	0.04	－0.18
2013	1.09	0.22	－0.12
2014	1.43	1.96	2.04
2015	1.67	2.27	2.36

表6－16　生态绩效指标数据标准化

年份	农村沼气池产气量	化肥施用量变化率	农药施用量变化率	地膜使用量变化率	有效灌溉面积	人工造林面积	森林面积
2004	－2.11	0.11	0.85	－0.75	－1.42	1.82	－1.13
2005	－1.38	0.14	0.84	0.46	－1.26	－0.12	－1.13
2006	－1.02	0.16	1.89	－1.02	－1.06	－2.16	－1.13
2007	－0.50	0.13	－0.03	1.36	－0.84	－1.46	－1.13
2008	－0.07	0.15	－0.42	－1.06	－0.47	－0.38	－1.13
2009	0.26	0.14	0.61	0.65	－0.24	0.39	0.46
2010	0.24	1.82	－0.55	0.52	0.06	0.11	0.46
2011	0.93	－2.92	－0.19	0.83	0.44	0.07	0.46
2012	0.97	0.07	－1.26	－0.08	0.78	－0.12	0.46
2013	0.98	0.08	－0.80	1.54	1.16	0.45	1.26
2014	0.87	0.02	－1.78	－1.70	1.36	0.29	1.26
2015	0.84	0.11	0.85	－0.75	1.51	1.12	1.26

3. 社会效益指标数据标准化处理

运用上面的数据标准化处理方法，对恩格尔系数、农村改水累计受益人口、农村卫生厕所普及率3个生态效益指标数据进行标准化处理，其具体数据如表6-17所示。

表6-17　　社会效益指标数据标准化

年份	恩格尔系数	农村改水累计受益人口	农村卫生厕所普及率
2004	1.61	-1.10	-1.13
2005	1.41	-0.53	-0.75
2006	0.60	-2.05	-1.13
2007	0.60	-1.29	-1.00
2008	0.80	-0.27	-0.75
2009	0.20	0.18	-0.38
2010	0.20	0.65	0.25
2011	0.00	0.40	0.38
2012	-0.20	0.96	0.88
2013	-1.21	0.88	1.13
2014	-1.41	1.07	1.38
2015	-1.61	1.07	1.75

6.3.3.4　综合评价

本节各指标权重的确定，也是通过相关领域的3名专家，根据专业知识和经验判断，对指标进行重要性判断，得到成对比矩阵。

1. 确定指标权重

首先，确定二级指标的权重。

如表6-14所示，评价指标体系中一级指标农户层面的农业生态补偿绩效指标下，主要包括经济效益指标（X1）、生态效益指标（X2）、社会效益指标（X3）。对这3个二级指标进行重要性判断，得到成对比矩阵：

$$A_1 = \begin{pmatrix} 1 & 1 & 1 \\ 1 & 1 & 1 \\ 1 & 1 & 1 \end{pmatrix}$$

运用IDRISI 17.0软件，求得一级指标权重向量为（0.3333 0.3333

0. 3333 0. 333)，一致性比率为0，小于0. 1，通过一致性检验。

其次，确定三级指标的权重。

（1）在二级指标经济效益指标 X1 下的三级指标主要包括农林牧渔业总产值（X12）、农村居民人均纯收入（X12）及农村居民人均转移净收入（X13）。对这三个指标进行重要性判断，得到成对比矩阵：

$$A_2=\begin{pmatrix}1 & \frac{1}{3} & 3\\ 3 & 1 & 5\\ \frac{1}{3} & \frac{1}{5} & 1\end{pmatrix}$$

运用 IDRISI 17. 0 软件，求得权重向量为（0. 2583 0. 6370 0. 1047），一致性比率为0. 03，小于0. 1，通过一致性检验。

（2）在二级指标生态效益指标 X2 下的三级指标主要包括农村沼气池产气量（X21）等七个指标（见表6 - 14）。对这七个指标进行重要性判断，得到成对比矩阵：

$$A_3=\begin{pmatrix}1 & \frac{1}{5} & \frac{1}{5} & \frac{1}{4} & 2 & \frac{1}{3} & \frac{1}{6}\\ 5 & 1 & 1 & 3 & 6 & 4 & \frac{1}{3}\\ 5 & 1 & 1 & 2 & 5 & 3 & \frac{1}{3}\\ 4 & \frac{1}{3} & \frac{1}{2} & 1 & 2 & 2 & \frac{1}{4}\\ \frac{1}{2} & \frac{1}{6} & \frac{1}{5} & \frac{1}{2} & 1 & \frac{1}{3} & \frac{1}{4}\\ 3 & \frac{1}{4} & \frac{1}{3} & \frac{1}{2} & 3 & 1 & \frac{1}{6}\\ 6 & 3 & 3 & 4 & 7 & 6 & 1\end{pmatrix}$$

运用 IDRISI 17. 0 软件，求得权重向量为（0. 0402 0. 2019 0. 1745 0. 0977 0. 0340 0. 0700 0. 3818)，一致性比率为0. 04，小于0. 1，通过一致性检验。

(3) 在二级指标社会效益指标 X3 下的三级指标主要包括恩格尔系数 (X31)、农村改水累计收益人口 (X32) 及农村卫生厕所普及率 (X33)。对这三个指标进行重要性判断，得到成对比矩阵：

$$A_4 = \begin{pmatrix} 1 & 3 & 5 \\ \frac{1}{3} & 1 & 3 \\ \frac{1}{5} & \frac{1}{2} & 1 \end{pmatrix}$$

运用 IDRISI 17.0 软件，求得权重向量为 (0.6483 0.2297 0.1220)，一致性比率为0.03，小于0.1，通过一致性检验。

再其次，为了更清晰地描述各指标权重，根据上述综合评价结果，对表6-14 中各指标的权重进行汇总，详细情况如表6-18 所示。

表6-18　农户层面的农业生态补偿绩效评价各指标权重汇总

三级指标代码	二级指标及权重			对应的三级指标权重
	X1	X2	X3	
	0.3333	0.3333	0.3333	
X11	0.2583			0.09
X12	0.6370			0.21
X13	0.1047			0.03
X21		0.0402		0.01
X22		0.2019		0.07
X23		0.1745		0.06
X24		0.0977		0.03
X25		0.0340		0.01
X26		0.0700		0.02
X27		0.3818		0.14
X31			0.6483	0.26
X32			0.2297	0.08
X33			0.1220	0.07

最后，对表6－18 中指标权重进行重要性排序，详细情况如表6－19 所示。

表6－19　　农户层面的农业生态补偿绩效评价各指标重要性排序

指标含义	指标代码	对应的指标权重
恩格尔系数	X31	0.26
农村居民人均纯收入	X12	0.21
森林面积	X27	0.14
农林牧渔业总产值	X11	0.09
农村改水累计受益人口	X32	0.08
化肥施用量变化率	X22	0.07
农村卫生厕所普及率	X33	0.07
农药施用量变化率	X23	0.06
农村居民人均转移净收入	X13	0.03
地膜使用量变化率	X24	0.03
人工造林面积	X26	0.02
农村沼气池产气量	X21	0.01
有效灌溉面积	X25	0.01

根据表6－19 可知，居于前三位的（恩格尔系数、农村居民人均纯收入及森林面积）指标所占权重较大，重要性程度比较高，而位于后三位的（人工造林面积、农村沼气池产气量及有效灌溉面积）指标所占权重较小，重要性程度比较低。这一结果说明，农业生态补偿绩效与农户生产生活息息相关，直接影响农户的生活水平、收入情况和生活环境的改善。虽然农户的清洁农业生产行为促进了农业生态补偿绩效的提升，但作为有限理性经济人的农户，更多的还是出于自身收益最大化目标的考虑，而在资源节约、废弃物综合利用和人工造林等方面参与力度不够。

2. 农户层面的农业生态补偿绩效综合评价分析

根据表6－19 中的各指标权重，结合表6－15～表6－17 中的指标数据标准化值，运用 $S = \sum_{i=1}^{n} \omega_i A_i$，计算农业生态补偿绩效综合评价指数，其中，S 表示农业生态补偿绩效综合评价值，ω_i 表示各指标的权重，A_i 表示各指标数据标准化值。具体数值如表6-20所示。

表6-20　　农户层面的农业生态补偿绩效综合评价指数

年份	经济效益	生态效益	社会效益	综合值（S）
2004	-0.96	-0.34	-1.43	-0.91
2005	-0.89	-0.32	-1.13	-0.78
2006	-0.85	-0.4	-1.00	-0.75
2007	-0.66	-0.43	-0.81	-0.63
2008	-0.48	-0.62	-0.67	-0.59
2009	-0.41	0.4	-0.13	-0.05
2010	-0.22	0.52	0.05	0.12
2011	-0.08	-0.31	0.14	-0.08
2012	0.18	0.02	0.46	0.22
2013	0.41	0.62	1.12	0.72
2014	1.83	0.11	1.33	1.09
2015	2.12	0.74	1.50	1.45

根据表6-20中的农业生态补偿综合评价中的综合值（S），描绘出2004~2015年农业生态补偿绩效的变化趋势，如图6-12所示。

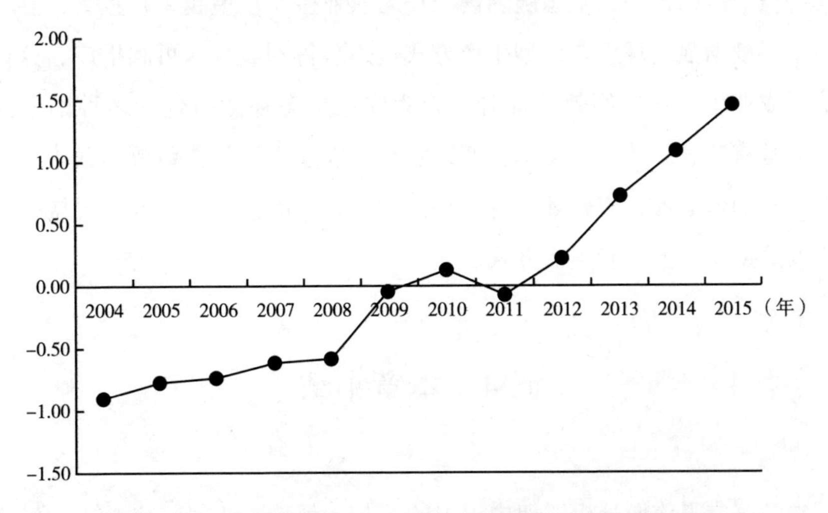

图6-12　农户层面的农业生态补偿绩效综合指数变化趋势

从图 6 - 12 可知，2004 ~ 2015 年，我国生态脆弱区农业生态补偿绩效评价得分总体来看呈上升趋势，农业生态补偿绩效评价得分由 2004 年的 -0.91，增加到 2015 年的 1.45。但 2010 ~ 2011 年出现了波动较小的下降。从表 6 - 20 可知，2010 ~ 2011 年，社会效益和经济效益得分都在上升，而生态效益得分在下降，且生态效益下降效应超过了社会效益和经济效益的增长效应。这说明，此期间经济发展和社会发展较快，取得了较好成绩，但生态环境有所恶化。从图 6 - 12 还可知，农业生态补偿绩效从 2011 ~ 2015 年持续提高，这与 2011 年农业部颁布的《关于加快推进农业清洁生产的意见》等政策文件有关，支持农户采用清洁农业生产方式，在一定程度上促进了农业生态补偿绩效的提升。

6.3.3.5 结论

本节运用了 AHP 方法，对农户层面的农业生态补偿绩效进行了综合评价。评价结果表明，2004 ~ 2015 年，我国生态脆弱区农业生态补偿绩效评价得分总体呈上升趋势，虽然在 2010 ~ 2011 年出现了波动幅度较小的下降，但这并不影响整体变化趋势。这一结果充分说明，2004 ~ 2015 年，随着农业生态补偿政策的推进，生态脆弱区农户对农业生态环境越来越重视，参与环保意识逐渐增强，环境友好型生产方式也逐步得到农户认可和推广，这些都促进了农业生态补偿绩效的提升。因为农业生态补偿绩效受多种因素的影响，一旦有疏忽，就容易反弹，所以农户在农业生态补偿绩效实践中，一方面要不断加强学习，提升环保意识和治理污染的能力；另一方面要持续采用环境友好型生产方式和生活方式。

6.4 本章小结

本章完成了前面分析框架中提出的“如何评价农业生态补偿绩效”这一命题的实证检验。首先，介绍了农业生态补偿绩效评估的方法；其次，在基本标准的指导下，构建一个包含 1 个目标层，3 个一级指标，10 个二级指标和 42 个三级指标的农业生态补偿绩效评价指标体系；最后，采用了 DEA 方法、模糊综合评价法、AHP 分析法分别对政府、企业和农户层面的农业生态补偿绩效进行了简要评价。其评价结果表明，政府生态转移支付行为、农业企业环境友好型生产行为、农户的环境友好型生产生活行为都促进了农业生态补偿绩效的改善，但也存在有的指标效率不高、地区不平衡等问题。

| 第7章 |

结论、政策建议及研究展望

7.1 全书结论

本书以政府、企业和农户的有限理性经济人行为为研究视角，基于“问题提出→内外因解析→机制—行为分析→绩效评价分析”这一分析逻辑构建了本书的分析框架，在此基础上，结合经济发展转型的背景，通过理论和实证分析了政府、企业和农户这三个补偿主体层面与农业生态补偿绩效之间内在逻辑关系。现得出以下基本结论。

7.1.1 政府层面的结论

(1) 政府是促进农业生态补偿绩效提升的主要责任主体，政府有限理性经济人行为对农业生态补偿绩效产生最重要影响。根据第5章中央政府和地方政府、地方政府和地方政府之间的博弈分析，在一定考核目标的导向下，地方政府会更多考虑自身的政绩和地区经济增长的需要，采用过度开发策略，甚至不惜牺牲自然资源和破坏生态环境，追求经济效益的最大化，努力做到在任期内、在同级政府中成功实现自己的“职位晋升”。因此，政府层面可以通过激励机制和约束机制（惩罚问责机制）等来促进农业生态补偿绩效的提升。

（2）以政府的生态转移支付行为作为政府行为方式的代表，本书采用 DEA 方法，对政府生态转移支付绩效进行了有效性评价及分析。其结果表明，我国生态脆弱区农业生态补偿政策绩效的综合评价是有效的。这与各个省份高度重视农业生态环境，认真落实农业生态补偿政策（尤其是生态转移支付政策）密不可分。但各个省份的农业生态补偿绩效的效率存在差异，其中，西藏、甘肃、青海、宁夏四省份的技术效率是最有效的，而辽宁、山西和吉林三省份的技术效率相比较而言是最差的。这也说明各个地区在落实农业生态补偿政策时存在差异。相关部门要加强调研和检查督导工作，找到问题的症结所在，具体问题具体分析，做好依法依规督促检查，分类指导，问责追责，限期整改。

7.1.2　企业层面的结论

（1）企业是促进农业生态补偿绩效提升的重要参与主体，企业的有限理性经济人行为对农业生态补偿绩效也会产生重要影响。企业的行为对农业生态补偿绩效的影响有正面影响和负面影响之分。企业层面可以通过自我约束机制、自我创新机制和外部约束机制等来促进农业生态补偿绩效的提升。

（2）以 14 家样本企业为例，运用模糊综合评价法对样本企业的农业生态补偿绩效进行了综合评价。根据最大隶属度原则，样本企业生态补偿绩效综合评价为“较好”。这一结果表明，样本企业环境友好型生产行为促进了农业生态补偿绩效的改善，但也要加强在环保教育与培训方面的投入，提升员工环保参与度，从而提升企业“学习与成长”方面的能力。

7.1.3　农户层面的结论

（1）农户是促进农业生态补偿绩效提升的直接行动主体，农户的有限理性经济人行为对农业生态补偿绩效产生直接影响。根据前面分析，农户不仅是农业生态环境的保护者，而且是农业生态环境的破坏者，在农业生态环境方面具有双重身份，因此，对农业生态环境也有正面影响和负面影响之分。农户层面可以通过自我约束机制、自我发展机制和外部约束机制等来促进农业生态补偿绩效的提升。

（2）根据农户层面的农业生态补偿绩效评价指标体系，采用 AHP 方法，从经济绩效、生态绩效和社会绩效方面对农户层面的农业生态补偿绩效进行了综合评价。评价结果表明，2004～2015 年，我国生态脆弱区农户层面的农业生态补偿绩效整体呈上升态势，这一结果表明，农户环境友好型生产生活方式得到了农户的认可与推广，并促进了农业生态补偿绩效的提升。但也要预防农业生态补偿绩效下滑的风险。因此，农户在农业生态补偿绩效实践中，一是不断加强学习，提升环保意识和治理污染的能力；二是持续采用环境友好型生产方式和生活方式；三是政策法规的持续引导、规范和支持仍然很重要。

7.2 政策建议

7.2.1 基于政府层面的政策建议

7.2.1.1 完善农业生态补偿相关法律法规建设

完善的法律法规建设，是顺利开展农业生态补偿，并促进农业生态补偿绩效提升的制度保障。目前，我国已颁布实施了《中华人民共和国环境保护法》《中华人民共和国水污染防治法》等一系列环境保护法律法规，从农业生态补偿实践来看，取得了较好的绩效。但对于在农业生产中鼓励农户减少化肥、农药的施用量和农膜的使用量，多施用农用有机肥、采用秸秆还田技术等环境友好型农业生产方式的补偿方面的法律法规体系还不够完善，这样，很难调动农业生态补偿参与者的积极性，进而影响农业生态补偿绩效的巩固和提升。因此，要进一步完善农业生态补偿相关的法律法规建设，对促进农业生态补偿绩效的提升尤为重要。一方面，需要重点制定颁布农业环境保护条例、自然资源保护法、农业清洁生产法、垃圾处理法、农业循环经济促进法等环境保护单项法律法规，为农业生态环境保护提供明确的法律依据①。另一方面，政府可以在《中华人民共和国宪法》《中华人民共和国环境保护法》《中华人民共和国农业法》等基本法的基础上制定农业生态补偿法，为农业生态补偿制度的实施提供法律依据和保障。进而各个地方政府在农业生态补偿法的基础上结合本地方实际制定侧重点不同的农业生态补偿条例以及实施细则②，以保证农业生态补偿制度顺利开展，并促进农业生态补偿绩效的切实提高。

7.2.1.2　完善农业生态补偿的财政制度

完善农业生态补偿的财政制度，主要体现在以下三个方面：（1）完善生态财政转移支付制度。一是加大中央政府对农业生态补偿的投入力度，在政府财政预算中，可以增设农业生态补偿财政预算专项，保证农业生态补偿稳定的资金投入。特别是要加大对生态脆弱区、重要生态功能区和粮食主产区等重点区域的生态财政转移支付力度。二是完善地方政府之间的横向生态财政转移支付制度。在明确各地方政府在农业生态补偿的责任和边界的基础上，设立区域农业生态补偿基金制度，让农业生态受益地区向农业生态服务提供地区缴纳农业生态补偿基金。（2）大力推行绿色补贴。将农业补贴与生态环境保护直接挂钩，只有达到环境保护规定的要求，农户才能获得农业补贴，另外，加大对生态农业的资金投入力度。（3）拓展农业生态补偿的融资渠道，完善农业生态补偿基金制度。一是发挥政府资金投入的主导作用，拓宽政府投入的资金渠道；二是充分调动企业、公众、社会组织等力量，构建多元化的生态补偿资金投入机制，从而设立社会补偿基金；三是完善市场补

---

① 王有强，董红．德国农业生态补偿政策及其对中国的启示［J］．云南民族大学学报（哲学社会科学版），2016（5）：143－144.

② 李瑜．浅析我国农业生态补偿法律制度建设［J］．农业经济，2016（6）：88.

偿机制，培育和发展生态资本市场；四是加强政策性金融的信贷支持等。①

7.2.1.3 完善生态税和资源税等制度

进一步完善生态税、资源税等制度建设，是保护生态环境的重要举措，也是目前政府需要完善的制度建设。（1）在生态税制度建设方面。一方面，开征生态保护专项税，为生态保护筹集专项资金；另一方面，开征环境污染税。在我国环境污染日趋严重，环保资金严重不足的情况下，需要对排污企业改排污收费为课征污染税，这样可以促使企业进行生产设备更新，采用环境友好型生产方式，以减少污染的排放，从而达到保护生态环境的目的。（2）在资源税制度建设方面。一是逐步扩大资源税的征收范围。目前，我国仅对矿藏资源和盐类资源课征资源税，这种税制，征收范围比较小，容易造成资源的严重浪费，为了保护好自然资源，实现农业的可持续发展，国家需要逐步扩大资源税的征收范围。首先，在现有税制的基础上，根据试点地区的经验，推行课征水资源税，以解决我国水资源不足的问题；其次，在有条件的地方，增设森林资源税、草场资源税和湿地资源税，以防止生态环境的污染与破坏；最后，在前面的基础上，当条件成熟以后，再对生物资源、海洋资源等开征资源税。根据实际情况，分类分步骤提高资源税的税率，对那些稀缺性的自然资源课以重税。二是进一步完善资源税的计税方式。资源税的计税依据应改为按实际生产数量计征，对一切开发与利用自然资源的企业按其实际生产的产品数量采用从量计征资源税的方式，当然，也可以根据具体情况，推行从价计征资源税的方式，提高资源的利用效率。②

7.2.1.4 完善农产品生态标记制度

完善农产品生态标记制度可以影响人们对农业生态环境的重视，进而加强利益相关者对农业生态补偿绩效的关注，目前我国农产品生态标记制度还

---

① 刘尊梅．我国农业生态补偿发展的制约因素分析及实现路径选择［J］．学术交流，2014（3）：103.

② 刘丽．我国国家生态补偿机制研究［D］．青岛：青岛大学，2010.

不够完善，需要从以下四个方面加以努力：第一，进一步完善农产品质量标准体系。一是根据最新的农产品技术要求和农产地环境质量要求，修订已有的农产品质量标准体系；二是对新类别的农产品，制定生产技术标准和农产地环境质量标准，充实到已有的农产品质量标准体系中。第二，进一步完善生态农业技术研发和农产品质量安全检测技术研发制度。第三，进一步规范消费者和生产者的行为，从消费者和生产者两个方面综合考虑来培育生态认证产品市场。① 第四，进一步完善农产品生态标记认证管理制度。一是严格审核有关申请者的基本信息、申报资格、申报类型等相关材料；二是认证通过后，还必须加强抽查、监督及管理工作。

7.2.1.5 创新农业生态补偿绩效第三方评价机制

创新农业生态补偿绩效第三方评价机制的做法，主要包括三个方面：第一，谁来评价。农业生态补偿绩效评价结果的运用关系到下一步如何更好地开展农业生态补偿工作，也关系到农业的可持续发展。因此，选择谁来作为农业生态补偿绩效的第三方尤为重要。第三方评价的选择应该独立于政府和实施主体之外，是一个集专业性、权威性、公正性于一体的非政府性组织机构，这个第三方评价组织应该包括受补偿的农户和企业代表。第二，如何评价。第三方应该根据农业生态补偿的目的和价值来开展评价工作。一是构建科学的评价指标体系；二是选择合适的评价方法；三是确定评价内容。评价内容主要包括补偿目标、补偿对象、补偿标准、补偿方式等，补偿区域生态环境的改善情况，农业生态补偿政策的政治性、成本性及有效性，补偿区域农户的参与度与满意度等。② 第三，评价结果分析与运用。第三方对评价结果要进行认真分析，尤其是对存在的问题进行原因分析和因素分析，并有针对性地提出整改措施，为政策决策者和执行者提供科学依据。

---

① 金京淑．中国农业生态补偿研究［M］．北京：人民出版社，2015：153－155.

② 刘尊梅．我国农业生态补偿发展的制约因素分析及实现路径选择［J］．学术交流，2014（3）：103.

7.2.2 基于企业层面的政策建议

7.2.2.1 加强企业对农业生态补偿及其绩效的重视程度

提高企业的生态环境保护意识是强化企业对农业生态补偿及其绩效的重视程度的重要举措。根据第5章企业的行为功能分析，传统企业往往认为生态环境资源是取之不尽、用之不竭的，在新古典经济学理论的指导下，以利润最大化为行为目标原则开展生产经营活动。长期受这种生产经营理念的影响，造成了我国大量资源浪费和生态环境污染。转型以来，在可持续发展理论和新发展观的绿色发展理念的指导下，企业必须转变生产经营观念，提高生态保护意识，否则将被淘汰出局。那么，如何提高企业的生态环境保护意识呢？第一，把环保文化作为企业文化的重要组成部分，加强对企业管理者、企业员工的环保理念教育与学习，让他们树立绿色生产、绿色营销、绿色消费的生产经营观念。第二，加强生态环保宣传，尤其是对环境友好型企业的典型事迹采用多种形式进行宣传与学习，对企业形成环境友好型的学习模仿氛围。第三，加强企业之间交流学习，学习先进企业的环保理念和实践做法，让企业认识到绿色生产的重要性和紧迫性。

7.2.2.2 提高企业对农业生态补偿及其绩效的参与力度

1. 加快企业生产经营方式转变

企业转变生产经营方式是落实绿色发展的重要举措，也是企业促进农业生态补偿绩效提升的手段，更是企业可持续发展的重要支撑。这方面，转变企业生产经营方式，提升生态补偿绩效的具体做法为：第一，大力发展环保产业。在市场机制的作用下，根据“谁治理、谁受益”原则，鼓励专业治污企业集中实施污染治理。对于这样的环保产业，受益主体应给予合理的生态补偿，另外，进一步加快环保事业单位的企业化改革，激励他们积极开展环保技术的开发与产业化，从而提高环保企业的市场竞争力①。第二，鼓励企业进一步加强技术创新和管理创新。企业加强技术创新主要体现在增加投入，进行技术研发，包括清洁生产、节能减排、绿色低碳等关键技术的研发与推广。管理创新主要体现为加强培训与学习，提升管理者的企业管理能力与治理水平，主要包括管理理念、管理模式和管理技术方面的创新。另外，还必须要求企业在管理创新中要充分融合环保观念和绿色发展理念。

2. 完善企业对农户发展生产的帮扶机制

根据第5章对企业与农户的博弈行为分析，企业和农户都是农业生产经营活动的微观主体，它们的生产行为直接影响到农业生态补偿绩效。两者虽然目标函数和利益诉求不一样，但两者为了可持续发展，也可以合作博弈。企业的生产经营活动离不开农户所提供的原材料，农作物原材料质量的好坏直接影响企业生产的产品质量，进而影响企业的利润。因此，企业会选择对农户进行农业生态补偿和发展生产的帮扶。具体做法为：第一，企业对农户提供补偿资金。如农户为了保护农业生态环境而失去发展的机会成本和减少的经济利益，企业可以为其分摊一部分，在政府、企业和社会多方参与下，农户开展农业生态补偿，并有效提升农业生态补偿绩效的积极性才会高。第二，企业对农户提供融资支持，帮助农户开展生态农业、绿色农业、有机农业。这样，农户的清洁生产行为就起到保护农业生态环境的效果。第三，企业对农户提供技术支持。一方面，企业要进行环境友好型的农用技术研发，并将其技术对农户进行推广，例如，秸秆还田技术，有机肥料技术或者高效低毒的化肥、农药使用技术，河流、池塘污染防治技术，防沙固林技术等；另一方面，企业要加强对农户绿色生产进行技术指导，例如，替代性施肥技术（包括平衡施肥、化肥深施和配方施肥技术等）。

7.2.3　基于农户层面的政策建议

7.2.3.1　加强农户对农业生态补偿及其绩效的重视程度

提高农户的生态环境保护意识是强化企业对农业生态补偿及其绩效的重

---

① 尤艳馨. 我国国家生态补偿体系研究［D］. 天津：河北工业大学，2007.

视程度的重要举措。俗话说“农民是靠天吃饭的”。农业是生态最脆弱的产业，容易受自然条件和生态环境的影响。保护好了农业生态环境，就是守住了农民的命根子。由于农民群众的生产生活就在农村的生态环境之中，因此，保护好农业生态环境，要先提高农民的生态保护意识。具体做法如下：第一，加强学习，增加生态环保知识。第二，加强宣传教育，提升农民的环保素质。一是充分利用“互联网+环保”等方式，大力宣传农业生态环境保护的重要性和紧迫性。二是充分利用“土地日”“地球日”等重要宣传时间节点，深入农村开展形式多样的宣传教育活动，让生态环境保护理念深入每个农民的心中，落实在具体行动上。[①] 三是树立“人与自然是生命共同体”的生态观。人类对待生态环境就应该像对待自己生命一样，人类只有尊重自然，爱护自然，遵循自然规律，才不会伤及人类自己，与自然和谐相处，才能保证人类社会的永续发展动力。

7.2.3.2 提高农户对农业生态补偿及其绩效的参与力度

1. 加快农户的生产经营方式转变和生活方式的改良

根据前面的分析，转变农业生产经营方式是促进农业生态补偿绩效提升的重要举措。农业生产经营方式的转变，农户在生产经营中需要做到以下四点：第一，加强农业技术方面的学习与培训，这是转变生产经营方式的前提。第二，在农业生产实践中，积极主动采用农业清洁生产模式，例如开展农作物秸秆资源化和畜牧废弃物综合利用以及增加有机肥的使用等。第三，进行绿色生产，减少高毒性的农药、化肥和不可降解的农膜的使用等。第四，创新农业生产经营体制机制，例如适度规模的农业生产方式、农业专业合作社经营方式等，这样可以提高整个农业资源的利用效率，减少资源的浪费，进而起到保护农业生态资源，保护农业生态环境的目的。另外，农户在生活方式改良方面也要引起重视：一是加大教育与宣传力度，提高农民的环保意识，让农民养成良好健康的生活方式；二是加强环境污染治理投资，完

① 曹力元．马克思主义生态观视野下的农村环境保护研究［D］．太原：太原理工大学，2016.

善基础设施和设备建设。例如，农村的垃圾回收设备，公共厕所改建等；三是推广人畜饮用水清洁安全技术，保证饮用水安全达标，同时实施节约用水行动，试行用水收费梯度价格机制。

2. 建立农户广泛参与农业生态补偿的政策渠道

在农业生态补偿政策制定和实施过程中，需要建立农户广泛参与的政策渠道。主要做法可考虑：第一，畅通信息公开和信息反馈渠道。政府部门可以通过官网、权威媒体、宣传橱窗、专业信息员解读等渠道向农户告知农业生态环境目标、农业生态补偿政策、补偿标准、补偿方式，以及资金使用情况等，这样便于农户及时了解农业生态补偿政策及实践开展情况，另外，开通信息反馈渠道，例如，网络互动、信访接待等途径，及时掌握农户对农业生态补偿的意见和建议。第二，建立农业生态补偿项目的评估和执行监督渠道。重视维护处于弱势地位农户的监督权，并能够基于农户的层面对农业生态补偿绩效进行综合评价。农业生态补偿绩效的好与坏，直接影响农户的衣、食、住、行等各个方面。因此，构建农户对农业生态补偿的广泛参与的政策渠道最接地气，最有解释力。一是充分发挥农户的监督权利，对那些挪用、乱用、贪污农业生态补偿资金的违法行为进行举报，对成功举报者给予一定的奖励。二是农户作为农业生态补偿绩效的直接受益者，也要积极主动参与到农业生态环境保护中，参与到农业生态补偿实践中。在农业生产中自觉地保护农业生态环境，采用环境友好型的生产方式和生活方式，以实现农业增收和生态保护的和谐发展。

3. 加快培养新型职业农民

前面分析了农户采用环境友好型生产经营行为对促进农业生态补偿绩效的提升具有重要作用。转变农业发展方式，大力发展生态农业、绿色农业和高效农业，必须努力培养一批有文化、懂技术、会经营的新型职业农民。而培养新型职业农民是一项系统型工程，需要从理论学习和实际操作两个方面来加强：第一，加强对农民生态环境保护方面的理论学习。一是要结合实际加强生态马克思主义的经典文献学习，提升理论水平。二是要学习农业生态补偿的政策条例及实施办法、相关法律法规及生态文明建设的相关文献等，不断提升法律意识和政策水平。第二，加强对环境友好型农业生产的技术指导。一是要组织农技专家对农民进行农业科技知识普及与推广；二是要组织农技专家对农民进行职业技能培训；三是要组织农技专业人员对农业生产进行现场技术指导。

7.3 研究展望

农业生态补偿绩效是一个现实意义很强的研究选题。本书以经济发展转型下的农业生态补偿绩效为研究对象，这个研究对象比较新。本书只是在前人研究的基础上做了一些拓展，这还需要笔者在理论与实证方面加强完善与深入研究。下面主要从两个方面进一步设想以后的研究。第一，跨学科研究是未来经济学问题研究的一个趋势。本书选题就是一个跨学科研究的尝试，涉及经济学、生态学、社会学、管理学、法学等多学科的知识。笔者希望从多学科的角度，采用复合型的研究方法，深入分析政府、企业和农户的行为对农业生态补偿绩效的影响机理。第二，农业生态补偿绩效评价的关键是构建科学评价指标体系。本书尝试构建了 1 个目标层，3 个一级指标，10 个二级指标和 42 个三级指标的农业生态补偿绩效评价指标体系，这个指标体系还很粗略，尤其是这套指标体系的应用还需要在以后的学术研究中深入思考，不断完善。

参考文献

［1］阿尔弗雷德·马歇尔．经济学原理［M］．长沙：湖南文艺出版社，1970.

［2］埃莉诺·奥斯特罗姆．公共事物的治理之道：集体行动制度的演进［M］．余逊达，陈旭东，译．上海：上海三联书店，2000.

［3］本·阿格尔．西方马克思主义概论［M］．慎之等，译．北京：中国人民大学出版社，1991.

［4］保罗·A. 萨缪尔森，威廉·D. 诺德豪斯．经济学［M］．高鸿业等，译．北京：中国发展出版社，1992.

［5］庇古．福利经济学（上册）［M］．台北：台湾银行经济研究室，1971.

［6］陈东琪．探索与创新：东欧经济学［M］．西安：陕西人民出版社，1988.

［7］董肇君．系统工程与运筹学［M］．北京：国防工业出版社，2003.

［8］龚高健．中国生态补偿若干问题研究［M］．北京：中国社会科学出版社，2011.

［9］胡家勇．转型经济学［M］．合肥：安徽人民出版社，2003.

［10］环境科学大辞典编委会．环境科学大辞典［M］．北京：中国环境科学出版社，1991.

[11] 西蒙. 西蒙选集 [M]. 黄涛, 译. 北京: 首都经济贸易大学出版社, 2002.

[12] 经济研究编辑部. 中国社会主义经济理论的回顾与展望 [M]. 北京: 经济日报出版社, 1986.

[13] 金波. 区域生态补偿机制研究 [M]. 北京: 中央编译出版社, 2012.

[14] 金京淑. 中国农业生态补偿研究 [M]. 北京: 人民出版社, 2015.

[15] 靳涛. 诺贝尔殿堂里的管理学大师－赫尔伯特·西蒙 [M]. 石家庄: 河北大学出版社, 2005.

[16] 康继军. 中国转型期的制度变迁与经济增长 [M]. 北京: 科学出版社, 2009.

[17] 科斯, 等. 财产权利与制度变迁 [M]. 上海: 上海三联书店, 1994.

[18] 兰格. 社会主义经济理论 [M]. 北京: 中国社会科学出版社, 1981.

[19] 厉以宁. 西方福利经济学 [M]. 北京: 商务印书馆, 1984.

[20] 刘尊梅, 中国农业生态补偿机制路径选择与制度保障研究 [M]. 北京: 中国农业出版社, 2012.

[21] 马克思. 资本论 (第1卷) [M]. 北京: 人民出版社, 1975.

[22] 罗伯特·吉本斯. 博弈论基础 [M]. 高峰, 译, 魏玉根, 校. 北京: 中国社会科学出版社, 1999.

[23] 诺思. 经济史中的结构与变迁 [M]. 上海: 上海三联书店, 1994.

[24] 裴子英, 刘元春. 企业经营与管理基础 [M]. 北京: 化学工业出版社, 2005.

[25] 任勇, 冯东方, 俞海, 等. 中国生态补偿理论与政策框架设计 [M]. 北京: 中国环境出版社, 2008.

[26] 世界环境与发展委员会 (WCED). 我们共同的未来 [M]. 长春: 吉林人民出版社, 1997.

[27] 世界银行. 2008 年世界发展报告: 以农业促进发展 [M]. 北京:

清华大学出版社，2008.

[28] 舒尔茨．改造传统农业 [M]．北京：商务印书馆，1987.

[29] 斯密．国民财富的性质和原因的研究 [M]（上卷）．北京：商务印书馆，2002.

[30] 谭崇台．发展经济学的新发展 [M]．武汉：武汉大学出版社，1999.

[31] 王朝明．社会资本视角下政府反贫困政策绩效管理研究——基于典型社区与村庄的调查数据 [M]．北京：经济科学出版社，2013.

[32] 王晓宇．生态农业建设与水资源可持续利用 [M]．北京：中国水利水电出版社，2008.

[33] 吴光炳．转型经济学 [M]．北京：北京大学出版社，2008.

[34] 西蒙．西蒙选集 [M]．北京：首都经济贸易大学出版社，2000.

[35] 徐云霄．公共选择理论 [M]．北京：北京大学出版社，2006.

[36] 谢识予，经济博弈论 [M]．上海：复旦大学出版社，2007.

[37] 习近平．决胜全面建成小康社会　夺取新时代中国特色社会主义伟大胜利——在中国共产党第十九次全国代表大会上的报告 [M]．北京：人民出版社，2017.

[38] 习近平．决胜全面建成小康社会　夺取新时代中国特色社会主义伟大胜利——在中国共产党第十九次全国代表大会上的报告，载入党的十九大报告辅导读本 [M]．北京：人民出版社，2017.

[39] 约翰·伊特韦尔，默里，米尔盖特，彼特·纽曼．新帕尔格雷夫经济学大辞典（第二卷）[M]．北京：经济科学出版社，1996.

[40] 严立冬．绿色农业生态发展论 [M]．北京：人民出版社，2008.

[41] 伊迪丝·彭罗斯．企业成长理论 [M]．赵晓，译．上海：上海人民出版社，2007.

[42] 伊特韦尔．新帕尔格雷夫经济学大辞典 [M]．北京：经济科学出版社，1992.

[43] 张跃庆．经济大辞海 [M]．北京：海洋出版社，1992.

[44] 张维迎．博弈论与信息经济学 [M]．上海：上海三联书店，1996.

［45］张卓元．政治经济学大辞典［M］．北京：经济科学出版社，1998.

［46］张培刚．新发展经济学［M］．郑州：河南人民出版社，1999.

［47］张培刚．农业与工业化——农业国工业化问题再论［M］．武汉：华中科技大学出版社，2002.

［48］中国21世纪议程管理中心，可持续发展战略研究组．生态补偿：国际经验与中国实践［M］．北京：社会科学文献出版社，2007.

［49］中国生态补偿机制与政策研究课题组．中国生态补偿机制与政策研究［M］．北京：科学出版社，2007.

［50］张培刚，等．发展经济学［M］．北京：北京大学出版社，2009.

［51］曾贤刚，虞慧怡，刘纪新．社会资本对生态补偿绩效的影响机制［M］．北京：中国环境出版社，2017.

［52］中共中央宣传部．习近平新时代中国特色社会主义思想三十讲［M］．北京：学习出版社，2018.

［53］蔡宁，郭斌．从环境资源稀缺性到可持续发展：西方环境经济理论的发展变迁［J］．经济科学，1996（6）.

［54］陈根长．森林生态效益补偿制度的起因、现状及发展趋势［J］．林业工作究，2002（6）.

［55］蔡庆华，余晓龙．对西部大开发中建立生态环境经济补偿机制的探讨［J］．西部论坛，2004（6）.

［56］曹明德．对建立我国生态补偿制度的思考［J］．法学，2004（3）.

［57］陈丹红．构建生态补偿机制，实现可持续发展［J］．生态经济，2005（12）.

［58］陈兆开．我国湿地生态补偿问题研究［J］．生态经济，2009（5）.

［59］陈锡文．要在家庭承包经营基础上实现农业现代化［J］．农村工作通讯，2010（1）.

［60］曹洪华，景鹏，王荣成．生态补偿过程动态演化机制及其稳定策略研究［J］．自然资源学报，2013（9）.

［61］陈刚，陈海军．耕地保护与农业生态补偿研究——以云南红河沿

岸为例 [J]. 云南社会科学，2015 (6).

[62] 段禄峰，等. 制度创新与城乡一体化和谐发展问题研究 [J]. 江苏农业科学，2012 (3).

[63] 邓远建，肖锐，严立冬. 绿色农业产地环境的生态补偿政策绩效评价 [J]. 中国人口 · 资源与环境，2015 (1).

[64] 冯昊青，等. 理性经济人的道德辨析及逻辑演进 [J]. 现代经济探讨，2006 (11).

[65] 樊胜岳，韦环伟，琭婧. 沙漠化地区基于农户的退耕还林政策绩效评价研究 [J]. 干旱区资源与环境，2009 (10).

[66] 葛颜祥，菲菲，王蓓蓓等. 流域生态补偿：政府补偿与市场补偿比较与选择 [J]. 山东农业大学学报 (社会科学版)，2007 (4).

[67] 郭碧銮，李双凤. 农业生态补偿机制初探——基于外部性理论的视角. 福州党校学报 [J]. 2010 (4).

[68] 国务院发展研究中心课题组. 加快转变经济发展方式的目标要求和战略举措 [J]. 理论学刊，2010 (5).

[69] 郭珍. 中国耕地保护制度的演进及其实施绩效评价 [J]. 南通大学学报 (社会科学版)，2018 (1).

[70] 洪银兴. 经济增长方式和可持续发展战略 [J]. 南京经济学院学报，2000 (1).

[71] 何国梅. 构建西部全方位生态补偿机制保证国家生态安全 [J]. 贵州财经学院学报，2005 (4).

[72] 胡启兵. 日本发展生态农业的经验 [J]. 经济纵横，2007 (11).

[73] 黄泰岩. 转变经济发展方式的内涵与实现机制 [J]. 求是，2008 (18).

[74] 侯东民，等. 西部生态移民跟踪调查——兼对西部扶贫战略的再思考 [J]. 人口与经济，2014 (3).

[75] 蒋爱军，饶日光，闫宏伟，等. 国家级公益林管理绩效评价方法探讨 [J]. 林业资源管理，2013 (3).

[76] 梁明. 马克思的生态学 [J]. 国外理论动态，2001 (1).

[77] 刘璨，等. 我国森林资源环境服务市场创建制度分析 [J]. 林业科技管理，2002 (3).

[78] 李克国，代伟. 税收手段在环境保护中的应用与发展 [J]. 经济论坛，2006 (17).

[79] 刘仁胜. 生态马克思主义发展概况 [J]. 当代世界与社会主义，2006 (3).

[80] 梁丽娟，葛颜祥. 关于我国构建生态补偿机制的思考 [J]. 软科学，2006 (4).

[81] 李文卿，等. 甘肃省退牧还草工程实施绩效、存在问题和对策 [J]. 草业科学，2007 (1).

[82] 赖力，黄贤金，刘伟良. 生态补偿理论、方法研究进展 [J]. 生态学报，2008 (6).

[83] 李晓燕. 四川发展低碳农业的必然性和途径 [J]. 西南民族大学学报（人文社科版），2009 (3).

[84] 李一花，李曼丽. 农业面源污染控制的财政政策研究 [J]. 财贸经济，2009 (9).

[85] 刘尊梅. 我国农业生态补偿发展的制约因素分析及实现路径选择 [J]. 学术交流，2014 (3).

[86] 李萌. 2014 年中国生态补偿制度建设总体评估 [J]. 生态经济，2015 (12).

[87] 梁丹，金书秦. 农业生态补偿：理论、国际经验与中国实践 [J]. 南京工业大学学报（社会科学版），2015 (3).

[88] 李瑜. 浅析我国农业生态补偿法律制度建设 [J]. 农业经济，2016 (6).

[89] 梁流涛，等. 基于 MA 框架的农户生产行为环境影响机制研究——以河南省传统农区为例 [J]. 南京农业大学学报（社会科学版），2016 (5).

[90] 刘甜，等. 三方博弈视角下秸秆产业的政府、企业和农户行为研

究 [J]. 安徽农业科学，2016 (7).

[91] 李红兵，等 . 基于 DEA 模型的绿色农业生态补偿绩效评价研究——以西安市蓝田县某村落整治项目为例 [J]. 华中师范大学学报（自然科学版），2018 (4).

[92] 毛显强，钟瑜，张胜 . 生态补偿的理论探讨 [J]. 中国人口 . 资源与环境，2002 (4).

[93] 马国勇，陈红 . 基于利益相关者理论的生态补偿机制研究 [J]. 生态经济，2014 (4).

[94] 诺思 . 制度变迁理论纲要 [J]. 改革，1995 (3).

[95] 潘晓成 . 三峡工程库区生态移民政策绩效分析及建议 [J]. 农业经济问题，2006 (6).

[96] 逄锦聚 . 经济发展方式转变与经济结构调整 [J]. 财会研究，2010 (5).

[97] 饶芳萍等 . 国内外生态补偿模式构建与绩效评价的研究综述与启示 [J]. 中国生态经济学会第八届会员代表暨生态经济与转变发展方式研讨会论文集，2012 (8).

[98] 孙钰 . 探索建立中国式生态补偿机制——访中国工程院院士李文华 [J]. 环境保护，2006 (19).

[99] 沈根祥，黄丽华，钱晓雍，等 . 环境友好农业生产方式生态补偿标准探讨——以崇明岛东滩绿色农业示范项目为例 [J]. 农业环境科学学报，2009 (5).

[100] 申广斯 . 我国经济发展方式转变的制约因素与对策分析 [J]. 统计与决策，2009 (22).

[101] 申进忠 . 关于农业生态补偿的政策思考 [J]. 中国—欧盟农业可持续发展及生态补偿政策研究项目专刊，2011 (4).

[102] 苏芳等 . 农户参与生态补偿行为意愿影响因素分析 [J]. 中国人口·资源与环境，2011 (4).

[103] 石爱虎 . 论农业发展方式的科学内涵与转变途径 [J]. 东南学

术，2012（1）.

［104］宿丽霞，郭旭升，王兆华等．水资源保护区生态补偿机制运行的影响因素——以北京市密云水库为例［J］．技术经济，2012（11）.

［105］陶文娣，张世秋，艾春艳，等．退耕还林工程费用有效性的影响因素分析［J］．中国人口·资源与环境，2007（4）.

［106］唐龙．再论从“转变经济增长方式”到“转变经济发展方式”［J］．探索，2009（1）.

［107］唐铁朝，等．环境友好农业生产的生态补偿机制探索与实践［J］．农业环境与发展，2011（4）.

［108］吴敬琏．怎样才能实现增长方式的转变［J］．经济研究，1995（11）.

［109］王欧．建立农业生态补偿机制的探讨［J］．农业经济问题，2005（6）.

［110］王学林．农业产业化龙头企业的认定及其性质思考［J］．经济问题，2005（9）.

［111］王一鸣．转变经济发展方式的现实意义和实现途径［J］．理论视野，2008（1）.

［112］吴向伟．转变农业发展方式的内涵与途径［J］．经济纵横，2008（2）.

［113］王清军．生态补偿主体的法律建构［J］．中国人口·资源与环境，2009（1）.

［114］危朝安．明确目标 把握重点 切实推进农业发展方式转变［J］．农村工作通讯，2010（15）.

［115］王兴杰，张蹇之，刘晓雯，等．生态补偿的概念、标准及政府的作用——基于人类活动对生态系统作用类型分析［J］．中国人口·资源与环境，2010（5）.

［116］王风，高尚宾，杜会英，等．农业生态补偿标准核算——以洱海流域环境友好型肥料应用为例［J］．中国—欧盟农业可持续发展及生态补偿

政策研究项目专刊，2011（4）.

［117］吴铀生．农业生态环境建设是实现农业发展方式转变的基础［J］．农村经济，2011（2）.

［118］汪秀琼，吴小节．中国生态补偿制度与政策体系的建设路径——基于路线图方法［J］．中南大学学报（社会科学版），2012（6）.

［119］王有强，董红．德国农业生态补偿政策及其对中国的启示［J］．云南民族大学学报（哲学社会科学版），2016（5）.

［120］王宾．中国绿色农业生态补偿政策：理论及研究述评［J］．生态经济，2017（3）.

［121］希克斯．消费者剩余的复兴［J］．经济学，1941（2）.

［122］谢高地，等．青藏高原生态资产价值评估研究［J］．自然资源学报，2003（2）.

［123］薛彩霞，等．我国环境友好型农业施肥技术补贴探讨［J］．农机化研究，2012（12）.

［124］徐大伟，李斌．基于倾向值匹配法的区域生态补偿绩效评估研究［J］．中国人口·资源与环境，2015（3）.

［125］袁艺，茅宁．从经济理性到有限理性：经济学研究理性假设的演变［J］．经济学家，2007（2）.

［126］杨丽韫，甄霖，吴松涛．我国生态补偿主客体界定与标准核算方法分析［J］．生态经济，2010（1）.

［127］余维海．克沃尔的生态社会主义理论初探［J］．南昌航空大学学报（社会科学版），2010（3）.

［128］杨欣，蔡银莺．武汉市农田生态环境保育补偿标准测算［J］．中国水土保持科学，2011（1）.

［129］余敏江，刘超．生态治理中地方与中央政府的“智猪博弈”及其破解［J］．江苏社会科学，2011（2）.

［130］严立冬，等．农业生态补偿研究进展与展望［J］．中国农业科学，2013（17）.

［131］于法稳．习近平绿色发展新思想与农业的绿色转型发展［J］．中国农村观察，2016（5）．

［132］虞慧怡，许志华，曾贤刚．生态补偿绩效及其影响因素研究进展［J］．生态经济，2016（8）．

［133］于法稳．中国农业绿色转型发展的生态补偿政策研究［J］．生态经济，2017（3）．

［134］赵荣钦，等．农田生态系统服务功能及其评价方法研究［J］．农业系统科学与综合研究，2003（4）．

［135］周映华．流域生态补偿及其模式初探［J］．四川行政学院学报，2007（6）．

［136］张来章，等．黄河流域水土保持生态补偿机制及实施效果评价［J］．水土保持通报，2010（3）．

［137］张春舒．转变农业发展方式研究观点综述［J］．经济纵横，2011（3）．

［138］张卓元．我国转变经济发展方式的难点在哪里［J］．经济纵横，2010（6）．

［139］张燕，等．我国农业生态补偿法律制度之探讨［J］．华中农业大学学报（社会科学版），2011（4）．

［140］张宝林，潘焕学，秦涛．林业治沙重点工程公共投资绩效研究［J］．资源科学，2013（8）．

［141］张才国．克沃尔生态社会主义思想研究［J］．教学与研究，2014（5）．

［142］张方圆，赵雪雁．基于农户感知的生态补偿效应分析——以黑河中游张掖市为例［J］．中国生态农业学报，2014（3）．

［143］蔡运涛．农业生态补偿机制研究［D］．武汉：中南财经政法大学，2011．

［144］陈希勇．农业企业环境友好战略的影响因素及绩效研究——基于四川的实证［D］．成都：四川农业大学，2013．

[145] 曹力元. 马克思主义生态观视野下的农村环境保护研究 [D]. 太原：太原理工大学，2016.

[146] 董捷. 退耕还林绩效问题研究 [D]. 武汉：华中农业大学，2004.

[147] 刁巍杨. 我国区域资源保障程度评价及空间分异特征研究 [D]. 长春：吉林大学，2013.

[148] 杜洪燕. 生态补偿项目对农村就业的影响及环境结果研究——北京市延庆区为例 [D]. 北京：中国农业大学，2017.

[149] 郝栋. 绿色发展的哲学基础 [D]. 北京：中央党校，2012.

[150] 黄立洪. 生态补偿量化方法及其市场运作机制研究 [D]. 福州：福建农林大学，2013.

[151] 黄洪金. 居次分析和模赖综合评价方法在公共政策评价中的应用 [D]. 武汉：华中师范大学，2014.

[152] 侯广平. 政府生态转移支付绩效评价方法与应用研究 [D]. 济南：山东师范大学，2015.

[153] 胡继魁. 中国农地污染与农业可持续发展 [D]. 成都：西南财经大学，2016.

[154] 李萍. 经济增长方式转变的制度分析——从市场机制角度给出的一个基本理论框架 [D]. 成都：西南财经大学，1999.

[155] 蓝虹. 中国土地产权制演进的制度经济分析 [D]. 成都：西北农林科技大学，2002.

[156] 刘金石. 中国转型期地方政府双重行为的经济学分析 [D]. 成都：西南财经大学，2007.

[157] 刘文燕. 国有森林资源产权制度改革研究 [D]. 哈尔滨：东北林业大学，2007.

[158] 刘彦. 转型期农业生态安全问题研究 [D]. 哈尔滨：东北林业大学，2007.

[159] 张建伟. 转型期中国生态补偿机制——一个多中心自主补偿的分析框架 [D]. 成都：西南财经大学，2009.

[160] 刘丽．我国国家生态补偿机制研究 [D]．青海：青岛大学，2010.

[161] 李虹．中国生态脆弱区的生态贫困与生态资本研究 [D]．成都：西南财经大学，2011.

[162] 李佳．石羊河流域生态补偿效果评价与分析 [D]．兰州：兰州大学，2012.

[163] 李斌．区域生态补偿绩效评估研究——以辽东山区为例 [D]．大连：大连理工大学，2015.

[164] 李秋萍．流域水资源生态补偿制度及效率测度研究 [D]．武汉：华中农业大学，2015.

[165] 马爱慧．耕地生态补偿及空间效益转移研究 [D]．武汉：华中农业大学，2011.

[166] 彭诗言．中国环境产业中的生态补偿问题研究 [D]．长春：吉林大学，2011.

[167] 唐璐．天保工程十年来的政府绩效分析及政策建议——以四川省天全县为例 [D]．成都：西南财经大学，2011.

[168] 王永龙．中国农业转型发展的金融支持研究 [D]．福州：福建师范大学，2004.

[169] 汪锋．农户利益视角下的四川省退耕还林政策绩效研究 [D]．成都：四川省社会科学院，2012.

[170] 王有利．向海湿地补水生态补偿机制研究 [D]．长春：吉林大学，2012.

[171] 王哲．基于农户支持视角的中国农业环境政策研究 [D]．北京：中国农业大学，2013.

[172] 毋晓蕾．耕地保护补偿机制研究 [D]．北京：中国矿业大学，2014.

[173] 杨涛．经济转型期农业资源环境与经济协调发展研究 [D]．武汉：华中农业大学，2003.

[174] 尤艳馨．我国国家生态补偿体系研究 [D]．天津：河北工业大

学，2007.

［175］张卉．中国西部地区退耕还林政策绩效评价与制度创新［D］．北京：中央民族大学，2009.

［176］中国西部地区退耕还林政策绩效评价与制度创新［D］．北京：中央民族大学，2009.

［177］张晓媚．绿色发展视野下的自然价值建构研究［D］．北京：中央党校，2016.

［178］董小君．建立生态补偿机制关键要解决的四个核心问题［N］．中国经济时报，2008－01－03（001）.

［179］新华社．中共中央　国务院关于加快推进生态文明建设的意见［N］．人民日报，2015－05－06（001）.

［180］盛明富．新一轮退耕还林补助年限、标准仍需提高［N］．人民政协报，2017－03－27（006）.

［181］王琳琳．十七年退耕还林，绿了山川富了民［N］．重庆日报，2017－05－18（006）.

［182］王翔．新一轮退耕还林助力精准扶贫［N］．重庆日报，2017－07－17（002）.

［183］新华社．中共中央 国务院关于实施乡村振兴战略的意见［N］．人民日报，2018－02－05（001）.

［184］顾仲阳．习近平在全国生态环境保护大会上强调 坚决打好污染防治攻坚战 推动生态文明建设迈上新台阶［N］．人民日报，2018－05－20（001）.

［185］Anthony C F. Resource and Environmental Economics［M］．Cambridge：Cambridge University Press，1981.

［186］Barnett J H，Morse C. Scarcity and Economic Growth：The Economics Natural Resource Availiablity Baltimore［M］．Johns Hopkins University，1963.

［187］Bulte，Engel. Conversation of Tropic Forests：Addressing Market Failure［M］. New York：Oxford University Press，2006.

[188] Daily G C. Nature's Services: Socictal Dependence on Natural Ecosystems [M]. Washington: Island Press: 1 – 22.

[189] Daly H E. Steady-State Economics [M]. San Francisco: Freeman, 1977.

[190] Fish A C. Resource & Environmental Economics [M]. National Resource & the Environment in Economics. Cambridge: Mass, 1981.

[191] Freeman R E. Strategic Management: A Stakeholder Approach [M]. Boston: Pitman, 1984.

[192] Gaines S E, Westin R A. Taxation for Environmental Protection: A Multinational Legal Study [M]. New York: Quorum Books, 1991.

[193] Igoransoff H. Corporate Strategy: An Analytic Approach to Business Policy for Growth and Expansion [M]. New York: McGraw Hill, 1965.

[194] Morton Paglin. Malthus and Lauderdale: The Anti-Ricardian Tradition [M]. New York: Augusyus M. Kelley, 1961.

[195] Pagiola S, Platais G. Payments for Environmental Services: From Theory to Practice [M]. Washington: World Bank, 2007.

[196] Partha Dasgupta. The Control of Resources [M]. Oxford: Basil Blackwell, 1982.

[197] Sen A. Growth Economics [M]. Penguin, Harmondsworth, 1970.

[198] Talbot Page. Conservation and Economic Efficiency: Approach to Materials Policy [M]. Baltimore: Hopkins University Press, 1977.

[199] Wunder S. Payments for Environmental Services: Some Nuts and Bolts [R]. Jakarta: Center for International Forestry Research, 2005: 3 – 8.

[200] Albrecht Matthias, Schmid Bernhard Obrist Martin K, et al., Effects of ecological compensation meadows on arthropod diversity in adjacent intensively managed grassland [J]. Biological Conservation, 2010, 143 (3).

[201] Allen A O, Feddema J J, Wetland loss and substitution by the permit program in southern California [J]. US. Environmental Management, 1996, 20

(2): 263 -274.

[202] Brunstad R J. Multifunctionality of agricuture: an inquiry into the complementarities between landscape preservation and food security European review of Agricultural [J]. Economics, 2005, 32 (4): 469 -488.

[203] Carins J. Protecting the delivery of ecosystem service [J]. Ecosystem Health, 1997, 3 (3): 185 -194.

[204] Claassen R, Cattaneo A, et al. Cost-effective design of agri-environmental payment programs: U. S experience in theory and practice [J]. Ecological Economics, 2008, 65: 737 -752.

[205] Costanza, et al.. The value of the world's ecosystem services and natural capital [J]. Nature, 1997, 387: 253 -260.

[206] Cowell R. Environmental compensation and the mediation of environmental change: making capital out of Cardiff Bay [J]. Journal of Environmental Planning and Management, 2000, 43 (5): 689 -710.

[207] Cranford M, Mourato S. Community conservation and a two-stage approach to payments for ecosystem services [J]. Ecological Economics, 2011, 71 (15): 89 -98.

[208] Cuperus R, Caters K J, Piepers A A G. Ecological compensation of the impacts of a road: preliminary method of ASO road link [J]. Eeologieal Engineering,1996 (7): 327 -349.

[209] Engel S, Pagiola S, Wunder S. Designing payments for environmental services in theory and practice: An overview of the issues [J]. Ecological Economics, 2008, 65 (4): 663 -674.

[210] Gauvin C, Uchida E, Rozelle S, et al. Cost-effectiveness of payments for ecosystem services with dual goals of environment and poverty Alleviation [J]. Environmental Management, 2010, 45: 488 -501.

[211] Heimlich R E. The U. S. experience with land retirement for natural resource conservation [Z]. Presented to Forest Trends-China Workshop on " Forests

and Ecosystem Services in China", 2002.

[212] Holden E, Linnerud K, Banister D. Sustainable development: our common future revisited [J]. Global Environmental Change-Human and Policy Dimensions, 2014, 26 (1): 130 – 139.

[213] Jenkins M. Scherr S, Inbar M. Markets for biodiversity services: potential roles and challenges [J]. Environment, 2004, 46 (6): 32 – 42.

[214] Key S. Toward a new theory of the firm: a critique of stake holder theory [J]. Management Decision, 1999, 37 (4): 317 – 328.

[215] Liu J, Diamond J. China's environment in a globalizing world: how China and the rest of the world affect each other [J]. Nature, 2005, 435 (7046): 1179 – 1186.

[216] Liu J. China's road to sustainability [J]. Science, 2010, 328 (5974): 50.

[217] Locatelli Bruno, Rojas Varinia, Salinas Zenia, Impacts of payments for environmental services on local development in northern Costa Rica: a fuzzy multi-criteria analysis [J]. Forest Policy and Economics, 2008, 10 (5).

[218] Ludivine Eloy, Philippe, Thomas Ludewigs, et al.. Payments for ecosystem services in Amazonia: the challenge of land use heterogeneity in agricultural frontiers near Cruzeiro do Sul [J]. Journal of Environmental Planning and Management, 2012, 55 (6).

[219] Lynch L, Wesley N. Musser. A relative efficient analysis of farmland preservation programs [J]. Land Economics, 2001 (7): 577 – 594.

[220] Margaret M B. For whom should corporations be run: an economic rationale for stakeholder management [J]. Long Range Planning, 1998, 31 (2): 195 – 200.

[221] Martin A, Gross-Camp N, Kebede B, et al.. Measuring effectiveness, efficiency and equity in an experimental payments for ecosystemservices trial [J]. Global Environmental Change, 2014, 28: 216 – 226.

[222] Munier B, Selten R, Bouyssou D, et al. . Bounded Rationality Modeling [J]. Marketing Letters, 1999, 10 (3): 233 -248 (16).

[223] Nathan, Rosenberg. Innovative Responses to Materials shortages. American Economic Review [J]. 1973, 13: 116.

[224] Ostrom E. Polycentric systems for coping with collective action and global environmental change [J]. Global Environmental Change, 2010 (4).

[225] Pagiola S, Areenas A, Platais G, Can payments for environmental services help reduce poverty? An exploration of the issues and the evidence to date from Latin America [J]. World Development, 2005, 33 (2): 237 -253.

[226] Pagiola S, Rios A R, Arcenas A. Can the poor participate in payments for environmental services? Lessons from the Silvopastoral project in Nicaragua [J]. Environment and Development Economics, 2008, 13 (3): 299 -325.

[227] Rollins K . Moral hazard externalities and compensation for corp damages from wildlife [J]. Journal of Environmental Economics and Management, 1996, 31: 368 -386.

[228] Schultz T W. Institutions and the rising economic value of man American [J]. Jounal of Agricultural Economics, 1968 (5).

[229] Sierra R, Russman E. On the efficiency of environmental servicepayments: a forest conservation assessment in the Osa Peninsula, Costa Rica [J]. Ecological Economics, 2006, 59 (1): 131 -141.

[230] Smith V. kery, Krutilla V. John. Resource and environmental constraints on growth [J]. American Journal of Agricultural Economics 1979, 61: 395 -408.

[231] Westman W E. How much are nature's services worth? measuring the social benefits of ecosystem functioning is both controversial and illuminating [J]. Science, 1977, 197: 960 -964.

[232] Wunder S. Payments for environmental services some nuts and bolts [J]. CIFOR occasional paper, 2005, (1).

[233] Landell-Mills N, Bishop J, Porras I Silver Bullet or Fools Gold-a Global Review of Markets for Forest Environmental Services and their Impacts for the Poor [EB/OL]. Instruments for Sustainable Private Sector Forestry Series. LIED, London, 2001. http://www.iied.org/lenveco.

[234] Johnson N, White A, Perrot-Maitre D. Developing Markets for Water Services From Forests: Issues and Lessons for Innovators [EB/OL]. Forest Trends, Washington DC, 2001. World Resources Institute, the Katoomba Group. http://www.forest-trends.org.

附　　录

企业层面的农业生态补偿绩效评价问卷调查

尊敬的女士/先生：

您好！本次调查是为全面了解企业行为对农业生态补偿绩效的影响，从而更好地对企业层面的农业生态补偿绩效进行评价。这是促进农业企业节约资源、保护生态环境，推动“美丽中国、美丽乡村”建设，也是践行“乡村振兴战略”的重要举措。本问卷资料数据仅用于学术研究，我们一定恪守职业道德，不做任何商业用途，保护好贵公司的商业秘密，请您放心填写。衷心感谢您抽出宝贵的时间，配合我们完成此次问卷调查，感谢您的支持和帮助！

本问卷调查填写说明：

1. 本调查问卷请熟悉本企业的管理人员填写；2. 请您在横线上填写，或在括号内填写您认同的备选字母，或在认同的方格内打“√”；3. 如有不熟悉的项目请您向调研员咨询后再填写。

一、企业基本情况

1. 贵企业名称：________________

公司所在________省________市________县（区）；

2. 贵企业的所有权性质是：(　　)

A. 国有（国有控股）　　B. 集体

C. 民营　　D. 农业合作经济组织

E. 其他

3. 贵企业所属主要行业是：(　　)

A. 化学制品企业（化肥、农药等）　　B. 农林牧渔机械制造企业

C. 农业种植企业　　D. 林业企业

E. 畜牧业饲养　　F. 渔业企业

G. 农林牧渔服务企业　　H. 食品加工企业

I. 其他

4. 贵企业的固定资产总额：(　　)

A. 500 万元及以内　　B. 501 万 ~ 1000 万元

C. 1001 万 ~ 3000 万元　　D. 3001 万 ~ 5000 万元

E. 5001 万 ~ 1 亿元　　F. 1 亿元以上

5. 贵企业是否通过 ISO14001 认证体系：(　　)

A. 已通过　　B. 未通过　　C. 通过其他环境认证

6. 贵企业获得环境友好型生产方面的政府补贴或者优惠政策吗？

A. 有　　B. 没有（选择填“有”的完成第 7、第 8、第 9 题）

7. 贵企业对政府补贴政策措施满意吗？(　　)

A. 非常满意　　B. 比较满意　　C. 基本满意　　D. 不满意

E. 非常不满意

8. 贵企业对政府的优惠政策满意吗？(　　)

A. 非常满意　　B. 比较满意　　C. 基本满意　　D. 不满意

E. 非常不满意

9. 政府对企业生态环境保护方面的补偿标准，贵企业认为：(　　)

A. 很高　　B. 偏好　　C. 差不多　　D. 偏低

E. 很低

二、企业层面的农业生态补偿绩效评价指标调查

（一）财务方面的指标

题项	最低	较低	一般	较高	最高
10. 绿色产品销售收入占总销售收入的比重	1	2	3	4	5
11. 绿色产品投资回报率	1	2	3	4	5
12. 绿色产品收入增长率	1	2	3	4	5

（二）利益相关者方面的指标

题项	最低	较低	一般	较高	最高
13. 绿色产品市场占有率	1	2	3	4	5
14. 绿色产品客户保持率	1	2	3	4	5
15. 绿色产品新客户获得率	1	2	3	4	5
16. 绿色产品顾客获利率	1	2	3	4	5
17. 环保组织认可程度	1	2	3	4	5
18. 资助社会环保支出比重	1	2	3	4	5
19. 对公众生态环境的补偿额占净利润的比重	1	2	3	4	5
20. 公众的环境满意度	1	2	3	4	5
21. 一年内媒体的不良曝光次数降低	1	2	3	4	5

（三）内部流程方面的指标

题目	最低	较低	一般	较高	最高
22. 万元产值能耗量	1	2	3	4	5
23. 原材料和能源减量化率	1	2	3	4	5
24. 万元产值“三废”排放量	1	2	3	4	5
25. “三废”处理达标率	1	2	3	4	5
26. 废弃物综合利用率	1	2	3	4	5
27. 环保研发投入比重	1	2	3	4	5
28. 环保技术改造投入比重	1	2	3	4	5
29. 清洁能源使用量占能源使用总量的比重	1	2	3	4	5

（四）学习与成长方面的指标

题目	最低	较低	一般	较高	最高
30. 员工环保参与度	1	2	3	4	5
31. 环保教育与培训人员占比	1	2	3	4	5
32. 环保教育与培训经费占比	1	2	3	4	5